Excel大百科全书

Excel VBA
完整代码1109例
速查手册（上册）

韩小良◎著

中国水利水电出版社
www.waterpub.com.cn
·北京·

内 容 提 要

《Excel VBA完整代码1109例速查手册》分上下两册，共有1109个示例代码。上册共有7章，675个示例代码，主要介绍Excel的4大核心对象的应用技能、技巧和实用代码，包括操作Excel应用程序的Application对象、操作工作簿的Workbook对象、操作工作表的Worksheet对象和操作单元格的Range对象，以及操作形状的Shape对象和操作图表的Chart对象的技能技巧和使用代码等。本书汇集了实际工作中最实用的VBA代码，凝聚了作者十几年Excel培训和咨询的心血。通过学习本书，读者的工作效率会有飞速的提高。

《Excel VBA完整代码1109例速查手册》适合具有Excel基础知识的各类人员阅读，特别适合经常处理大量数据的各类人员阅读。本书也可作为大专院校经济类本科生、研究生和MBA学员的教材或参考书。

图书在版编目（CIP）数据

Excel VBA 完整代码 1109 例速查手册. 上册 / 韩小良
著 . — 北京：中国水利水电出版社，2021.6（2024.5 重印）
ISBN 978-7-5170-9187-5

Ⅰ. ①E… Ⅱ. ①韩… Ⅲ. ①表处理软件 Ⅳ.
① TP391.13

中国版本图书馆 CIP 数据核字 (2020) 第 240158 号

书　　名	Excel VBA完整代码1109例速查手册（上册） Excel VBA WANZHENG DAIMA 1109 LI SUCHA SHOUCE (SHANGCE)
作　　者	韩小良　著
出版发行	中国水利水电出版社 （北京市海淀区玉渊潭南路1号D座100038） 网址：www.waterpub.com.cn E-mail：zhiboshangshu@163.com 电话：(010) 62572966-2205/2266/2201（营销中心）
经　　售	北京科水图书销售有限公司 电话：（010）68545874、63202643 全国各地新华书店和相关出版物销售网点
排　　版	北京智博尚书文化传媒有限公司
印　　刷	河北文福旺印刷有限公司
规　　格	180mm×210mm　24开本　18.125印张　557千字　1插页
版　　次	2021年6月第1版　2024年5月第2次印刷
印　　数	5001—6500册
定　　价	79.80元

前言
Preface

    我为很多企业作数据管理和数据分析咨询时，基本上都要用到Excel VBA。这让我在编程时，需要不断地去搜索、查找相关代码，非常耗时。

    很多的VBA代码是基本通用的。Excel VBA的核心是各种对象的频繁使用，这就要求不断使用这些对象的各种属性和方法来编程、查阅帮助文件、录制宏等，因此会耗费大量的时间。

    由于我编写了很多Excel VBA书籍，因此在编程时，很多代码就是从某个案例复制过来，然后再进行编辑加工，变成个性化的代码，从而我的编程效率要高于他人。因为自己在查阅搜索代码时感到不便，就动了一个念头：把各种实用的VBA代码做个整理归集，综合案例操作，分门别类地进行介绍。这样既方便自己查阅使用，也方便他人直接套用，进而提升大家的工作效率。

    故此，编写了这本《Excel VBA完整代码1109例速查手册》，让大家从烦琐的搜索帮助信息中解放出来。一册在手，按照目录搜索，就能迅速得到现成的代码参考。

    本书分上下两册，由我亲自编写并测试了1109个实用的完整VBA代码。这些代码基本涵盖了Excel VBA的各种应用、各种对象的操作方法，以及常见数据管理与数据分析的实用技能技巧。这些代码，凝聚了本人十几年Excel培训和咨询的心血，现在整理出来，分享给读者朋友。

    本书的编写得到了朋友和家人的支持和帮助，在此表示衷心的感谢！

    中国水利水电出版社的刘利民老师和秦甲老师也给予了很多帮助和支持，使得本书能够顺利出版，在此表示衷心的感谢！

在之后的时间里，我会继续完善补充各种VBA实用代码，让大家学习和应用起来更加方便、快捷。

欢迎加入QQ群一起交流，QQ群号676696308。

韩小良

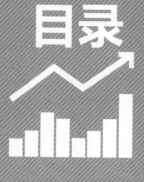

目录

Contents

01
Chapter

03

Chapter

第3章　Worksheet对象：操作工作表　/100

04
Chapter

Chapter

01

Application对象：操作Excel

利用VBA可以获取Excel基本信息，如Excel版本、安装路径和用户名等，也可以使用VBA来设置Excel的常规选项，如警告选项、窗口选项和操作选项等。

这些信息的获取或选项设置，基本上都需要使用Application对象的相关属性。这些属性有些是读/写的，有些是只读的，在使用时要注意区分。

获取Excel相关信息：

= Application.属性

设置Excel相关选项：

Application.属性 = 值

1.1 获取Excel基本信息

本节介绍如何获取 Excel 常用基本信息的实用代码，包括版本信息、打印机信息和路径信息等。

代码 1001 获取 Excel 版本信息

Version属性用于获取Excel版本信息。Version属性的返回值是数字，代表不同的版本。参考代码如下。

```vba
Sub 代码1001()
    Select Case Application.Version
        Case "9.0"
            MsgBox "Excel 版本是: 2000"
        Case "10.0"
            MsgBox "Excel 版本是: 2002"
        Case "11.0"
            MsgBox "Excel 版本是: 2003"
        Case "12.0"
            MsgBox "Excel 版本是: 2007"
        Case "14.0"
            MsgBox "Excel 版本是: 2010"
        Case "15.0"
            MsgBox "Excel 版本是: 2013"
        Case "16.0"
            MsgBox "Excel 版本是: 2016 或 365"
        Case Else
            MsgBox "Excel 版本未知"
    End Select
End Sub
```

图 1-1 所示是程序的运行结果。

图1-1 获取Excel版本信息

代码 1002 获取 Excel 的安装路径

Path属性用于获取Excel的安装路径（不包括尾部的分隔符"\"）。参考代码如下。

```
Sub 代码1002()
    MsgBox "Excel 的安装路径是: " & Application.Path
End Sub
```

图1-2所示是程序的运行结果。

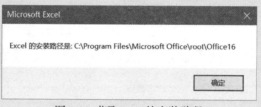

图1-2 获取Excel的安装路径

代码 1003 获取 Excel 的启动路径

StartupPath属性用于获取Excel的启动路径（不包括尾部的分隔符"\"）。参考代码如下。

```
Sub 代码1003()
    MsgBox "启动Excel的路径是: " & Application.StartupPath
End Sub
```

图1-3所示是程序的运行结果。

图1-3　获取Excel的启动路径

代码 1004　获取打开和保存 Excel 文件时的默认路径

DefaultFilePath属性用于获取打开或保存Excel文件时使用的默认路径（不包括尾部的分隔符"\"）。参考代码如下。

```
Sub 代码1004()
    MsgBox "打开和保存Excel文件时的默认路径是: " & Application.DefaultFilePath
End Sub
```

图1-4所示是程序的运行结果。

图1-4　获取打开和保存Excel文件时的默认路径

代码 1005　获取自动恢复的默认路径

联合使用Application对象的**AutoRecover**属性和AutoRecover对象的**Path**属性，可以获取自动恢复的默认路径。参考代码如下。

```
Sub 代码1005()
    MsgBox "自动恢复的默认路径是: " & Application.AutoRecover.Path
End Sub
```

图1-5所示是程序的运行结果。

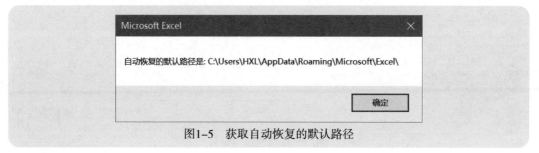

图1-5　获取自动恢复的默认路径

代码 1006　获取自动恢复的默认时间间隔

联合使用Application对象的**AutoRecover**属性和AutoRecover对象的**Time**属性，可以获取自动恢复的默认时间间隔。参考代码如下。

```
Sub 代码1006()
    MsgBox "自动恢复的默认时间间隔是(min): " & Application.AutoRecover.Time
End Sub
```

图1-6所示是程序的运行结果。

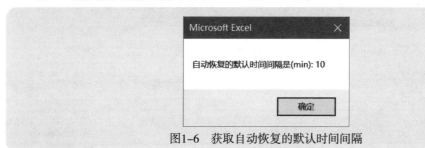

图1-6　获取自动恢复的默认时间间隔

代码 1007　获取当前用户名

UserName属性可以获取Excel的当前用户名，即安装Office的用户名。参考代码如下。

```
Sub 代码1007()
    MsgBox "当前用户名是: " & Application.UserName
End Sub
```

图1-7所示是程序的运行结果。

图1-7　获取当前用户名

代码 1008　获取当前打印机名称

ActivePrinter属性可以获取当前打印机名称。参考代码如下。

```
Sub 代码1008()
    MsgBox "当前打印机名称是:" & Application.ActivePrinter
End Sub
```

图1-8所示是程序的运行结果。

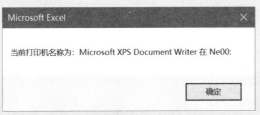

图1-8　获取当前打印机名称

代码 1009　获取 Excel 主窗口标题栏的名称

Caption属性可以获取Excel主窗口标题栏的名称。参考代码如下。

```
Sub 代码1009()
    MsgBox "Excel主窗口标题栏的名称是：" & Application.Caption
End Sub
```

图1-9所示是程序的运行结果。

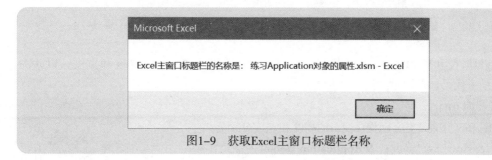

图1-9　获取Excel主窗口标题栏名称

代码 1010　获取 Excel 窗口的大小状态

WindowState属性可以获取Excel窗口的"最大化""最小化"或"一般显示"显示状态。参考代码如下。

```
Sub 代码1010()
    Dim State As String
    State = Application.WindowState
    If State = xlMaximized Then
        MsgBox "Excel窗口现在是最大化", vbInformation
    ElseIf State = xlMinimized Then
        MsgBox "Excel窗口现在是最小化", vbInformation
    ElseIf State = xlNormal Then
        MsgBox "Excel窗口现在是一般显示", vbInformation
    End If
End Sub
```

图1-10所示是程序的运行结果。

图1-10　获取Excel窗口的大小状态

代码 1011 获取 Excel 主应用程序窗口的大小（高度和宽度）

Height属性和**Width**属性可以获取Excel主应用程序窗口的大小（高度和宽度，以磅为单位）。参考代码如下。

```
Sub 代码1011()
    MsgBox "Excel主应用程序窗口的高度和宽度分别为:" _
        & vbCrLf & "高度:" & Application.Height _
        & vbCrLf & "宽度:" & Application.Width
End Sub
```

图1-11所示是程序的运行结果。

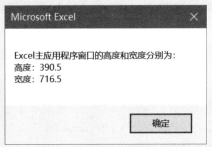

图1-11　获取Excel主应用程序窗口的大小（高度和宽度）

代码 1012 获取 Excel 主应用程序窗口的最大可用高度和宽度

UsableHeight属性和**UsableWidth**属性用于获取Excel主应用程序窗口中，可以使用的最大可用高度和最大可用宽度，以磅为单位。参考代码如下。

```
Sub 代码1012()
    MsgBox "Excel主应用程序窗口的最大可用高度和宽度分别为:" _
        & vbCrLf & "高度:" & Application.UsableHeight _
        & vbCrLf & "宽度:" & Application.UsableWidth
End Sub
```

图1-12所示是程序的运行结果。

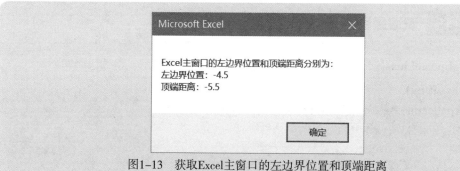

图1-12　获取Excel主应用程序窗口的最大可用高度和宽度

代码 1013　获取 Excel 主窗口的左边界位置和顶端距离

Left属性和**Top**属性用于获取Excel主窗口的左边界位置和顶端距离。参考代码如下。

```
Sub 代码1013()
    MsgBox "Excel主窗口的左边界位置和顶端距离分别为:" _
        & vbCrLf & "左边界位置:" & Application.Left _
        & vbCrLf & "顶端距离:" & Application.Top
End Sub
```

图1-13所示是程序的运行结果。

图1-13　获取Excel主窗口的左边界位置和顶端距离

代码 1014　获取 Excel 的手动 / 自动计算状态

Calculation属性用于判断当前Excel的手动/自动计算状态。参考代码如下。

```
Sub 代码1014()
    Select Case Application.Calculation
        Case xlCalculationAutomatic
            MsgBox "目前计算状态：自动计算"
        Case xlCalculationManual
            MsgBox "目前计算状态：手动计算"
        Case xlCalculationSemiautomatic
            MsgBox "除模拟运算表外，自动计算"
    End Select
End Sub
```

图1-14所示是程序的运行结果。

图1-14　获取Excel的手动/自动计算状态

代码 1015　获取是否打开更新链接对话框信息

AskToUpdateLinks属性用于获取是否打开更新链接对话框信息。参考代码如下。

```
Sub 代码1015()
    If Application.AskToUpdateLinks = True Then
        MsgBox "自动打开更新链接的对话框"
    Else
        MsgBox "不打开更新链接的对话框"
    End If
End Sub
```

图1-15所示是程序的运行结果。

图1-15　获取是否打开更新链接对话框信息

1.2　设置个性化Excel窗口

通过设置 Application 对象的某些属性，可以很方便地将 Excel 窗口设置为需要的样式，如改变 Excel 窗口的大小、隐藏或显示 Excel 窗口、设置标题栏文字等。

代码 1016　改变 Excel 窗口的大小

通过设置Application对象的**Height**属性和**Width**属性可以改变Excel窗口的高度和宽度。

注意

如果窗口处于最大化，也就是WindowState是xlMaximized时，则无法设置窗口的高度和宽度，必须先将WindowState设置为xlNormal状态。

下面的程序将Excel窗口的宽度（Width）和高度（Height）分别设置为500和300。

```
Sub 代码1016()
    With Application
        .WindowState = xlNormal
        .Width = 500
        .Height = 300
    End With
End Sub
```

运行此程序，Excel窗口的大小变化如图1-16所示。

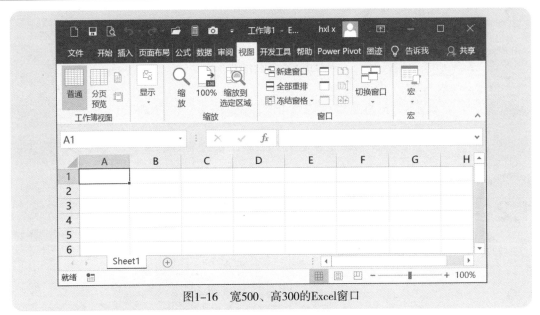

图1-16　宽500、高300的Excel窗口

代码1017　改变 Excel 的显示位置

通过设置Application的**Left**属性和**Top**属性可以改变Excel窗口在屏幕的显示位置。

> **注意**
>
> 当设置Excel窗口显示在指定位置时，Excel窗口的大小是上次设置的大小。

下面的程序将Excel窗口距屏幕顶部位置（Top）和左边位置（Left）分别设置为30和50。

```
Sub 代码1017()
    With Application
        .WindowState = xlNormal
        .Top = 30
        .Left = 50
    End With
End Sub
```

运行此程序，Excel窗口的位置变化如图1-17所示。

图1-17　Excel窗口显示在指定位置

代码 1018　将 Excel 设置为全屏显示

将Excel设置为全屏显示后，仅仅显示工作簿名称的横条，其他所有选项卡、编辑栏等全部隐藏，如图1-18所示。若要再正常显示，就双击窗口顶部的横条。

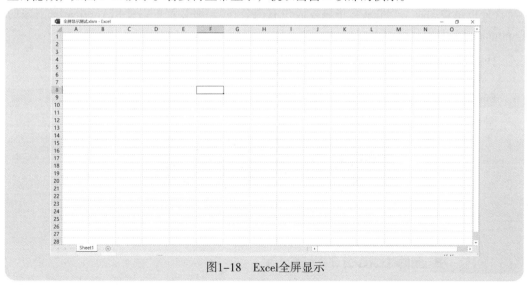

图1-18　Excel全屏显示

在Excel VBA中，控制Excel是否全屏显示，要使用Application对象的**DisplayFullScreen**属性，将其设置为True，Excel为全屏显示；将其设置为False，就恢复Excel的默认显示状态。

下面的程序就是将Excel设置为全屏显示。在弹出消息框并单击"是"按钮后，再恢复Excel的默认显示状态。

```
Sub 代码1018()
    Application.DisplayFullScreen = True
    MsgBox "Excel已经全屏显示! 下面将恢复默认的显示状态!"
    Application.DisplayFullScreen = False
End Sub
```

代码 1019　改变 Excel 的标题文字

在默认情况下，Excel的标题文字是"文件名 - Excel（或Microsoft Excel）"，如图1-19所示。

图1-19　默认的Excel标题文字

如果想将标题里的Excel换成其他字符。例如，把"经营分析报告.xlsm - Excel"换成"经营分析报告.xlsm － 北京鑫华科技股份有限公司"，那么就可以使用Application对象的Caption属性。参考代码如下。

```
Sub 代码1019()
    Application.Caption = "北京鑫华科技股份有限公司"
End Sub
```

图1-20所示是程序运行结果。

图1-20　自定义标题文字

代码 1020　删除 Excel 的标题文字

将Application对象的Caption属性设置为空，就恢复默认标题文字Excel或Microsoft Excel（见图1-19）。参考代码如下。

```
Sub 代码1020()
    Application.Caption = ""
End Sub
```

代码 1021　显示 / 隐藏公式编辑栏

DisplayFormulaBar属性用来设置是否显示公式编辑栏，为True时显示，为False时不显示。参考代码如下。

```
Sub 代码1021()
    MsgBox "下面将隐藏公式编辑栏"
    Application.DisplayFormulaBar = False
    MsgBox "下面将显示公式编辑栏"
    Application.DisplayFormulaBar = True
End Sub
```

图1-21所示就是不显示公式编辑栏的Excel窗口。

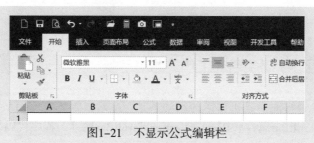

图1-21　不显示公式编辑栏

代码 1022　显示 / 隐藏所有工作簿的滚动条

DisplayScrollBars属性用来设置是否显示工作簿的滚动条（包括水平滚动条和垂直滚动条），为True时显示，为False时不显示。

这种设置对每个工作簿都是有效的。参考代码如下。

```
Sub 代码1022()
    MsgBox "下面将隐藏水平滚动条和垂直滚动条"
    Application.DisplayScrollBars = False
    MsgBox "下面将显示水平滚动条和垂直滚动条"
```

```
    Application.DisplayScrollBars = True
End Sub
```

图1-22所示就是隐藏所有工作簿的水平滚动条和垂直滚动条。

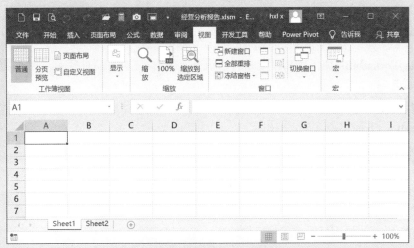

图1-22　隐藏水平滚动条和垂直滚动条

代码 1023 显示 / 隐藏活动工作簿的滚动条

如果要单独设置当前活动工作簿的滚动条是否显示，则需要使用ActiveWindow对象的**DisplayHorizontalScrollBar**属性和**DisplayVerticalScrollBar**属性。程序代码如下。

```
Sub 代码1023()
    MsgBox "下面将隐藏工作簿窗口的水平滚动条和垂直滚动条"
    ActiveWindow.DisplayHorizontalScrollBar = False
    ActiveWindow.DisplayVerticalScrollBar = False
    MsgBox "下面将显示工作簿窗口的水平滚动条和垂直滚动条"
    ActiveWindow.DisplayHorizontalScrollBar = True
    ActiveWindow.DisplayVerticalScrollBar = True
End Sub
```

若仅显示垂直滚动条，不显示水平滚动条，程序代码如下。

ActiveWindow.DisplayHorizontalScrollBar = False

```
ActiveWindow.DisplayVerticalScrollBar = True
```

运行结果如图1-23所示。

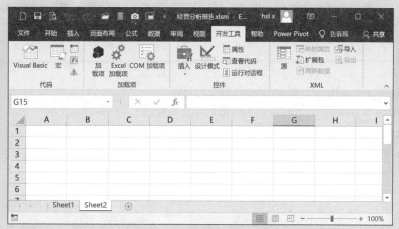

图1-23　显示垂直滚动条，不显示水平滚动条

若仅显示水平滚动条，不显示垂直滚动条，程序代码如下。

```
ActiveWindow.DisplayHorizontalScrollBar = True
ActiveWindow.DisplayVerticalScrollBar = False
```

运行结果如图1-24所示，仅显示水平滚动条，不显示垂直滚动条。

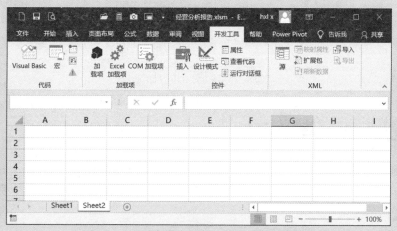

图1-24　显示水平滚动条，不显示垂直滚动条

代码 1024 显示 / 隐藏工作表标签

使用ActiveWindow对象的**DisplayWorkbookTabs**属性，可以显示或隐藏当前活动工作簿的工作表标签。其值为True时显示，为False时隐藏。参考代码如下。

```
Sub 代码1024()
    MsgBox "下面将隐藏当前活动工作簿的工作表标签"
    ActiveWindow.DisplayWorkbookTabs = False
    MsgBox "下面将显示当前活动工作簿的工作表标签"
    ActiveWindow.DisplayWorkbookTabs = True
End Sub
```

图1-25所示是隐藏工作表标签。

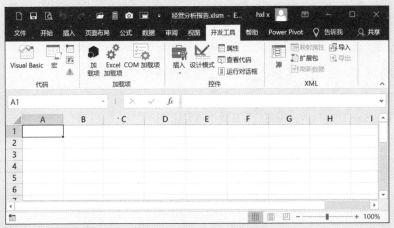

图1-25　隐藏工作表标签

代码 1025 显示 / 隐藏状态栏

工作簿底部是状态栏，如果要隐藏状态栏，可以将Application对象的DisplayStatusBar属性设置为False。若将DisplayStatusBar属性设置为True，则会显示状态栏。参考代码如下。

```
Sub 代码1025()
    MsgBox "下面将隐藏状态栏"
    Application.DisplayStatusBar = False
```

```
    MsgBox "下面将显示状态栏"
    Application.DisplayStatusBar = True
End Sub
```

代码 1026 显示 / 隐藏行标题和列标题

使用ActiveWindow对象的**DisplayHeadings**属性，可以显示或隐藏当前活动窗口的工作表行标题和列标题。其值为True时显示，为False时不显。参考代码如下。

```
Sub 代码1026()
    MsgBox "下面将隐藏当前工作表窗口的行标题和列标题"
    ActiveWindow.DisplayHeadings = False
    MsgBox "下面将显示当前工作表窗口的行标题和列标题"
    ActiveWindow.DisplayHeadings = True
End Sub
```

图1-26所示就是隐藏当前活动窗口的工作表行标题和列标题。

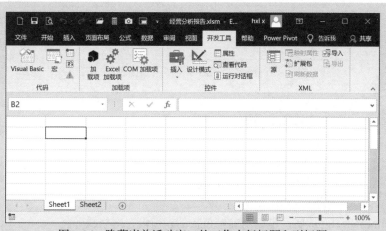

图1-26 隐藏当前活动窗口的工作表行标题和列标题

代码 1027 显示 / 隐藏网格线

使用ActiveWindow对象的**DisplayGridlines**属性，可以显示或隐藏当前活动窗口的工作表网格线。其值为True时显示，为False时不显示。参考代码如下。

```
Sub 代码1027()
    MsgBox "下面将隐藏当前工作表窗口的网格线"
    ActiveWindow.DisplayGridlines = False
    MsgBox "下面将显示当前工作表窗口的网格线"
    ActiveWindow.DisplayGridlines = True
End Sub
```

图1-27所示是隐藏当前活动窗口的工作表网格线。

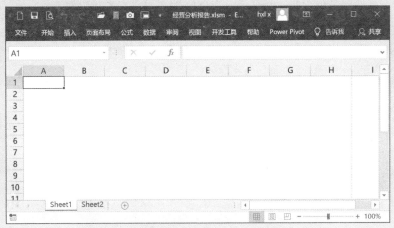

图1-27　隐藏当前活动窗口的工作表网格线

代码 1028　设置工作表网格线颜色

默认情况下，工作表网格线颜色是灰色的，如果想改变活动工作表的网格线颜色，可以使用GridlineColor属性或者GridlineColorIndex属性。

● GridlineColor属性是以RGB值返回或设置网格线颜色。
● GridlineColorIndex属性是以当前调色板的索引设置网格线颜色。

下面的程序是将当前活动工作表的网格线颜色设置为绿色。

```
Sub 代码1028()
    ActiveWindow.GridlineColor = vbRed
    '或者下面的语句
    ActiveWindow.GridlineColorIndex = 3
End Sub
```

如果要恢复默认的网格线颜色，就使用下面的语句。

```
ActiveWindow.GridlineColorIndex = xlColorIndexAutomatic
```

代码 1029　缩放显示比例

在Excel里，按住Ctrl键，再滚动鼠标轮，就能将工作表窗口界面放大或缩小。在VBA中，可以使用ActiveWindow对象的**Zoom**属性来实现自动缩放。

下面的程序是放大120%。

```
Sub 代码1029()
    ActiveWindow.Zoom = 120
End Sub
```

代码 1030　在指定单元格位置拆分成 / 取消拆分 4 个窗格

使用ActiveWindow对象的**SplitColumn**属性和**SplitRow**属性，可以在指定单元格位置拆分/取消拆分窗格。

SplitRow属性指定拆分线以上的行数；**SplitColumn**属性指定拆分线左边的列数。

SplitColumn属性和SplitRow属性都设置为0就是取消拆分。

下面的程序是在单元格F6（也就是第6行、第5列）处拆分窗格，但不冻结窗格。

```
Sub 代码1030()
    MsgBox "下面在单元格F6处拆分窗格"
    With ActiveWindow
        .SplitRow = 6
        .SplitColumn = 5
    End With
    MsgBox "下面取消拆分窗格"
    With ActiveWindow
        .SplitRow = 0
        .SplitColumn = 0
    End With
End Sub
```

图1-28所示的是拆分效果。

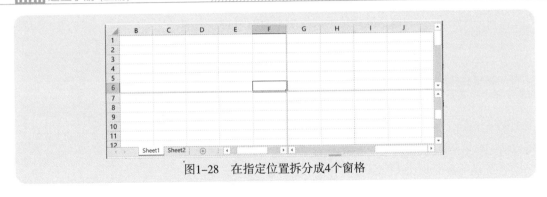

图1-28　在指定位置拆分成4个窗格

代码 1031　拆分成上下两个窗格

单独使用ActiveWindow对象的**SplitRow**属性，可以在指定行位置将窗口拆分成上下两个窗格。

```
Sub 代码1031()
    MsgBox "下面在第6行处拆分成上下两个窗格"
    ActiveWindow.SplitRow = 6
    MsgBox "下面取消拆分窗格"
    ActiveWindow.SplitRow = 0
End Sub
```

图1-29所示的是拆分效果。

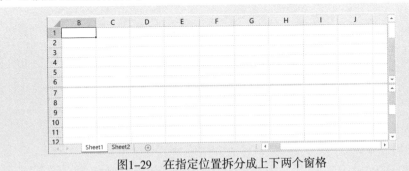

图1-29　在指定位置拆分成上下两个窗格

也可以使用**SplitVertical**属性将窗口拆分成上下两个窗格（垂直窗格），该属性以磅为单位。例如，下面的语句是在150磅处拆分。

ActiveWindow.SplitVertical = 150

代码 1032　拆分成左右两个窗格

单独使用ActiveWindow对象的**SplitColumn**属性，可以在指定列位置将窗口拆分成最右两个窗格。参考代码如下。

```
Sub 代码1032()
    MsgBox "下面在第F列处拆分成左右2个窗格"
    ActiveWindow.SplitColumn = 5
    MsgBox "下面取消拆分窗格"
    ActiveWindow.SplitColumn = 0
End Sub
```

图1-30所示的是拆分效果。

图1-30　在指定位置拆分成左右两个窗格

也可以使用**SplitHorizontal**属性将窗口拆分成左右两个窗格（水平窗格），该属性以磅为单位。例如，下面的语句是在300磅处拆分。

```
ActiveWindow.SplitHorizontal = 300
```

代码 1033　拆分并冻结窗格

如果要冻结拆分的窗格，可以使用FreezePanes属性，其值为True是冻结，为False是取消冻结。

下面的程序就是在第2行、第1列处拆分并冻结窗格。

```
Sub 代码1033()
    With ActiveWindow
        .SplitRow = 2
```

```
        .SplitColumn = 1
        .FreezePanes = True
    End With
End Sub
```

程序运行结果如图1-31所示。

图1-31　拆分并冻结窗格

代码 1034　创建并排工作表窗口

利用**NewWindow**方法创建新窗口，然后再利用**Arrange**方法对窗口进行并排。并排的方式有以下4种。

- xlArrangeStyleVertical：垂直排列窗口。
- xlArrangeStyleHorizontal：水平排列窗口。
- xlArrangeStyleCascade：层叠窗口。
- xlArrangeStyleTiled：平铺窗口。

下面的程序就是在当前工作簿中新建2个窗口，然后对3个窗口进行垂直并排。

```
Sub 代码1034()
    ActiveWindow.NewWindow
    ActiveWindow.NewWindow
    ActiveWorkbook.Windows.Arrange ArrangeStyle:= xlArrangeStyleVertical
End Sub
```

代码 1035　删除多余新建窗口，最大化原始窗口

如果新建了几个窗口并进行并排，现在要恢复原始状态，就需要先使用**Close**方法关闭

多余的窗口，保留一个窗口然后最大化。程序代码如下。

```
Sub 代码1035()
    Dim i As Long
    If ActiveWorkbook.Windows.Count > 1 Then
        For i = 1 To ActiveWorkbook.Windows.Count − 1
            ActiveWindow.Close
        Next i
    End If
    ActiveWindow.WindowState = xlMaximized
End Sub
```

这里的**ActiveWorkbook.Windows.Count**是统计当前活动工作簿窗口的个数。

代码 1036　对打开的几个工作簿进行并排

使用Arrange方法对几个打开的工作簿进行垂直并排。程序代码如下。

```
Sub 代码1036()
    Windows.Arrange ArrangeStyle:=xlVertical
End Sub
```

1.3　设置Excel常规操作选项

Excel 有很多操作选项，可以通过"Excel 选项"对话框来设置，当然也可以通过 VBA 来自动化设置。下面介绍几个常用的设置代码。

代码 1037　显示 / 隐藏浮动工具栏

浮动工具栏是一个很有用的工具栏，当在单元格里选择全部字符或者部分字符时，会在旁边出现一个浮动工具栏，可以快速对字体、颜色、字号等常规格式进行设置，如图1–32所示。

图1-32　浮动工具栏

是否显示这个工具栏，可以通过使用Application对象的**ShowSelectionFloaties**属性来设置。当设置为False时，显示浮动工具栏；当设置为True时，不显示浮动工具栏。程序代码如下。

```
Sub 代码1037()
    '下面显示浮动工具栏
    Application.ShowSelectionFloaties = False
    '下面不显示浮动工具栏
    Application.ShowSelectionFloaties = True
End Sub
```

代码 1038　显示 / 隐藏快速分析选项

快速分析选项是一个非常实用的数据快速分析工具，当选择数据区域后，在选择区域的右下角出现快速分析选项，展开就显示常用的快速分析工具，如图1-33所示。

图1-33　快速分析选项

在VBA中，设置显示或隐藏快速分析选项，可以通过使用Application对象的**ShowQuickAnalysis**属性来设置。当设置为True时，显示快速分析选项；当设置为False时，不显示快速分析选项。程序代码如下。

```
Sub 代码1038()
    '下面显示快速分析选项
    Application.ShowQuickAnalysis = True
    '下面不显示快速分析选项
    Application.ShowQuickAnalysis = False
End Sub
```

代码 1039　设置新建工作簿的字体

对于新建工作簿，可以设置默认的标准字体和字号，其中，使用**StandardFont**属性设置字体，使用**StandardFontSize**属性设置字号。程序代码如下。

```
Sub 代码1039()
    '下面设置新建工作簿的字体和字号
    With Application
        .StandardFont = "微软雅黑"
        .StandardFontSize = "11"
    End With
End Sub
```

注意

这种设置将一直保留在Excel中，除非重新进行设置。

代码 1040　设置新建工作簿的工作表个数

使用**SheetsInNewWorkbook**属性来设置新建工作簿的工作表个数。程序代码如下。

```
Sub 代码1040()
    '下面设置新建工作簿的工作表个数为5个
    Application.SheetsInNewWorkbook = 5
End Sub
```

注意

这种设置将一直保留在Excel中，除非重新进行设置。

代码 1041　切换手动计算／自动计算

使用**Calculation**属性切换工作簿的计算方式。当工作表设置有大量公式时，不妨先设置为手动计算，当全部数据输入和处理完毕后，再设置为自动计算，进行统一计算，这样可以节省时间。

> **注意**
>
> 这种设置将一直保留在Excel中，除非重新进行设置。

下面的代码就是先设置为手动计算，再设置为自动计算，最后进行统一计算。

```
Sub 代码1041()
    Dim i As Integer
    '下面设置手动计算
    Application.Calculation = xlCalculationManual
    '处理数据
    Range("A11").Value = "=SUM(A2:A10)"
    '下面设置为自动计算
    Application.Calculation = xlCalculationAutomatic
End Sub
```

代码 1042　切换 A1 引用样式 /R1C1 引用样式

Excel单元格引用样式有两种：A1引用样式和R1C1引用样式。在VBA中，使用Application对象的**ReferenceStyle**属性来切换单元格的引用样式。参考代码如下。

```
Sub 代码1042()
    Application.ReferenceStyle = xlA1
    MsgBox "已经切换为A1引用样式"
    Application.ReferenceStyle = xlR1C1
    MsgBox "已经切换为R1C1引用样式"
End Sub
```

> **注意**
>
> 这种设置将一直保留在Excel中，除非重新进行设置。

代码 1043 改变鼠标指针形状

利用Application对象的Cursor 属性可以改变鼠标指针形状。Cursor 属性有以下4种鼠标指针的参数常量。

- xlDefault：默认指针。
- xlIBeam：I型指针。
- xlNorthwestArrow：西北向箭头指针。
- xlWait：沙漏型指针。

下面的代码就是将鼠标指针由系统的默认指针改为西北向箭头指针。

```
Sub 代码1043()
    '将鼠标指针改为西北向箭头指针
    Application.Cursor = xlNorthwestArrow
    MsgBox "鼠标指针已被改为西北向箭头指针! 下面将恢复默认! "
    Application.Cursor = xlDefault
End Sub
```

注意

当宏停止运行时，Cursor属性不会自动重设。因此，在宏停止运行前，应将鼠标指针重设为xlDefault。

代码 1044 设置按 Enter 键后单元格移动的方向

Excel默认情况下，按Enter键后单元格移动的方向是向下。

可以在"Excel选项"对话框中设置按Enter键后单元格移动的方向，也可以在VBA中利用Application对象的MoveAfterReturnDirection属性来设置按Enter键后单元格移动的方向。

下面的代码就是VBA对单元格移动方向的各种设置。

```
Sub 代码1044()
    Application.MoveAfterReturn = True
    Application.MoveAfterReturnDirection = xlToRight    '向右移动
    MsgBox "已经改为单元格向右移动"
    Application.MoveAfterReturnDirection = xlDown       '向下移动
    MsgBox "已经改为单元格向下移动"
    Application.MoveAfterReturnDirection = xlToLeft     '向左移动
```

```
    MsgBox "已经改为单元格向左移动"
    Application.MoveAfterReturnDirection = xlUp          '向上移动
    MsgBox "已经改为单元格向上移动"
End Sub
```

> **注意**
>
> 　　如果MoveAfterReturn属性设置为False，则无论MoveAfterReturnDirection属性如何设置，在按下Enter键后都不会移动单元格。
>
> 　　因此，为了使设置有效，必须将MoveAfterReturn设置为True。
>
> 　　这种设置将一直保留在Excel中，除非重新进行设置。

代码 1045　允许／禁止自动插入小数点

　　要在输入数字后直接按照指定的位数插入小数点，可以设置自动插入小数点选项。例如，输入数字305后自动变为3.05。在VBA里可以通过同时使用Application对象的**FixedDecimal**属性和**FixedDecimalPlaces**属性实现，前者用于是否允许自动插入小数点，后者用于设置小数点位置。

　　将**FixedDecimal**属性设置为True，为允许自动插入小数点；将**FixedDecimal**属性设置为False，为不允许自动插入小数点。参考代码如下。

```
Sub 代码1045()
    '下面设置自动插入两位小数点
    Application.FixedDecimal = True
    Application.FixedDecimalPlaces = 2
    '下面取消自动插入小数点功能
    Application.FixedDecimal = False
End Sub
```

代码 1046　允许／禁止在单元格内编辑数据

　　默认情况下，既可以在编辑栏里编辑单元格数据，也可以双击单元格将光标移到单元格里编辑数据。

　　如果不允许在单元格里编辑数据，即双击单元格失效，则可以使用Application对象的

EditDirectlyInCell属性，设置为True是允许，设置为False是不允许。参考代码如下。

```
Sub 代码1046()
    '下面设置不允许在单元格编辑数据
    Application.EditDirectlyInCell = False
    '下面设置允许在单元格编辑数据
    Application.EditDirectlyInCell = True
End Sub
```

代码 1047　启用/禁止单元格拖放功能

默认情况下，单元格右下角有一个填充柄，可以快速拖放单元格。如果要启用或者禁止这个功能，可以使用Application 对象的**CellDragAndDrop**属性，设置为True是启用，设置为False是禁止。参考代码如下。

```
Sub 代码1047()
    '下面启用单元格拖放功能
    Application.CellDragAndDrop = True
    '下面禁止单元格拖放功能
    Application.CellDragAndDrop = False
End Sub
```

代码 1048　启用/禁止记忆式键入功能

为了提高数据输入效率，可以启用记忆式键入功能并快速填充数据；也可以禁止这个功能，防止输入错误数据。这个功能的启用或禁止是使用Application 对象的**EnableAutoComplete**属性，设置为True是启用，设置为False是禁止。

在启用记忆式键入功能后，如果还想实现自动填充，可以使用**FlashFill**属性，设置为True是允许自动填充，设置为False是禁止。参考代码如下。

```
Sub 代码1048()
    '下面启用记忆式键入功能，同时允许自动填充
    Application.EnableAutoComplete = True
    Application.FlashFill = True
```

'下面禁止记忆式键入功能

Application.EnableAutoComplete = False
End Sub

代码1049　显示/隐藏粘贴选项按钮

当复制、粘贴数据到新的单元格时，会在单元格右下角出现粘贴选项按钮，方便做选择性粘贴，如图1-34所示。

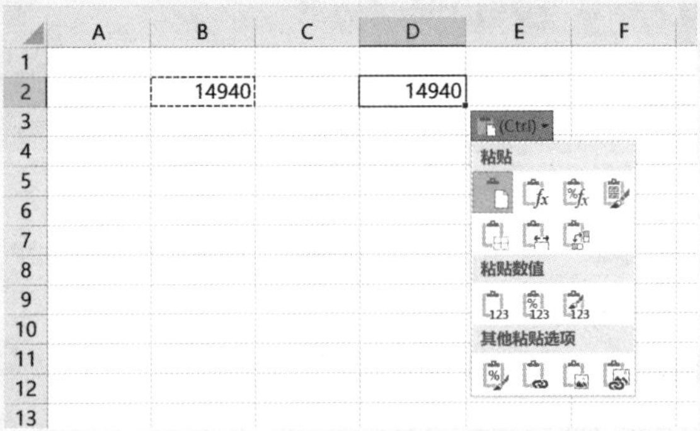

图1-34　粘贴选项按钮

在VBA中，可以使用Application对象的**DisplayPasteOptions**属性来设置是否显示这个粘贴选项按钮，设置为True是显示，设置为False是隐藏。参考代码如下。

```
Sub 代码1049()
    '下面显示粘贴选项按钮
    Application.DisplayPasteOptions = True
    '下面隐藏粘贴选项按钮
    Application.DisplayPasteOptions = False
End Sub
```

代码1050　显示/隐藏插入选项按钮

在格式不同的单元格之间插入单元格、行、列，并复制和粘贴数据到新的单元格时，会在插入的位置的右下角出现插入选项按钮，方便做格式选择，如图1-35所示。

32

图1-35　插入选项按钮

在VBA中，可以使用Application 对象的DisplayInsertOptions属性来设置是否显示这个插入选项按钮，设置为True是显示，设置为False是隐藏。参考代码如下。

```
Sub 代码1050()
    '下面显示插入选项按钮
    Application.DisplayInsertOptions = True
    '下面隐藏插入选项按钮
    Application.DisplayInsertOptions = False
End Sub
```

代码 1051　显示 / 隐藏显示函数的提示工具

在单元格输入函数时，会在单元格下方显示函数的参数提示工具，如图1-36所示。很多情况下，这个提示工具是不需要的，可以将其隐藏起来。参考代码如下。

图1-36　函数下方的参数提示工具

显示/隐藏显示函数的提示工具，可以使用Application 对象的**DisplayFunctionToolTips**属性，设置为True是显示，设置为False是隐藏。参考代码如下。

```
Sub 代码1051()
    '下面显示函数提示工具
    Application.DisplayFunctionToolTips = True
    '下面隐藏函数提示工具
```

```
    Application.DisplayFunctionToolTips = False
End Sub
```

代码 1052 显示 / 隐藏工作表的 0 值

如果工作表中存在大量的数字0，这些0值可能是输入的，也可能是公式的计算结果。这些大量的0值会影响表格的阅读性，可以将其隐藏起来。

可以使用ActiveWindow对象的**DisplayZeros**属性显示或隐藏工作表中的0值，设置为True是显示，设置为False是隐藏。参考代码如下。

```
Sub 代码1052()
    '下面显示当前工作表窗口的0值
    ActiveWindow.DisplayZeros = True
    '下面不显示当前工作表窗口的0值
    ActiveWindow.DisplayZeros = False
End Sub
```

1.4 文件打开与保存操作

为了便于打开和保存工作簿文件，可以设置一些关于文件操作的选项，如最近使用的文件列表、默认文件夹、恢复文件夹等。

代码 1053 打开 / 关闭最近使用的文件列表

对于经常使用的一些工作簿文件，可以从用户界面里快速选择并打开，此时，需要打开最近使用的文件列表。如果出于隐私目的，不想显示最近使用过的文件，也可以关闭。

可以使用Application对象的**DisplayRecentFiles**属性打开或关闭最近使用的文件列表，设置为True是打开，设置为False是关闭。参考代码如下。

```
Sub 代码1053()
    '打开最近使用的文件列表
    Application.DisplayRecentFiles = True
```

```
'关闭最近使用的文件列表
Application.DisplayRecentFiles = False
End Sub
```

代码 1054　设置最近使用的文件列表中的最多文件数

使用Application对象的RecentFiles属性所返回的RecentFiles集合的Maximum属性，可以设置最近使用的文件列表中的最多文件数。

下面的代码就是VBA将最近使用的文件列表中的最多文件数设置为10。

```
Sub 代码1054()
    '最近使用的文件列表中的最多文件数设置为10
    Application.RecentFiles.Maximum = 10
End Sub
```

代码 1055　设置文件的打开和保存默认位置

通过设置Application对象的DefaultFilePath属性，可以改变文件的打开和保存默认位置。下面的代码就是将文件的默认位置设置为文件夹"D:\经营分析"。

```
Sub 代码1055()
    Dim myPath As String
    myPath = " D:\经营分析"
    Application.DefaultFilePath = myPath
    MsgBox "文件的默认位置被设置为 " & myPath
End Sub
```

● 说明

这种设置将一直保留在Excel中，除非重新进行设置。

代码 1056　设置保存"自动恢复"文件的时间间隔和路径

通过设置Application对象的AutoRecover属性的Path和Time选项，可以设置保存"自动恢复"文件的时间间隔和路径。

下面的程序是将"自动恢复"文件的路径设置为"D:\temp"，保存时间间隔设置为30分钟。

```
Sub 代码1056()
    With Application.AutoRecover
        .Path = "D:\temp"
        .Time = 30
    End With
End Sub
```

代码 1057 通过"打开文件"对话框打开一个工作簿

利用Application对象的**FileDialog**属性，返回一个不同类型的FileDialog对象，就可以设置通过"打开文件"对话框打开工作簿。

FileDialog对象的类型是通过指定其参数fileDialogType的值来确定的，其值有以下4种类型。

● msoFileDialogOpen：打开文件。
● msoFileDialogSaveAs：保存文件。
● msoFileDialogFilePicker：选择文件。
● msoFileDialogFolderPicker：选择文件夹。

下面的程序就是通过"打开文件"对话框，从文件夹中选择要打开的工作簿。

```
Sub 代码1057()
    With Application.FileDialog(msoFileDialogOpen)
        .AllowMultiSelect = False
        .Show
        Workbooks.Open.SelectedItems(1)
    End With
End Sub
```

运行这个程序，弹出"打开文件"对话框，选择工作簿，单击"打开"按钮，即可打开选定的工作簿，如图1-37所示。

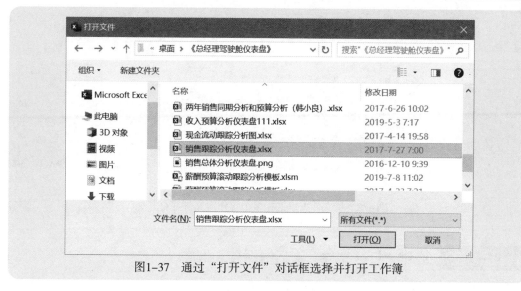

图1-37　通过"打开文件"对话框选择并打开工作簿

代码 1058　通过"打开文件"对话框打开多个工作簿

将FileDialog对象的AllowMultiSelect属性设置为True，就可以通过"打开文件"对话框，一次选择并打开多个文件。程序代码如下。

```
Sub 代码1058()
    Dim i As Long
    With Application.FileDialog(msoFileDialogOpen)
        .AllowMultiSelect = True
        .Show
        For i = 1 To .SelectedItems.Count
            Workbooks.Open .SelectedItems(i)
        Next i
    End With
End Sub
```

运行程序，就可以从文件夹里选择多个工作簿文件并打开，如图1-38所示。

图1-38 从文件夹里选择多个工作簿文件并打开

代码 1059 通过"打开文件"对话框保存工作簿

将FileDialog对象的参数fileDialogType设置为msoFileDialogSaveAs，就可以实现对工作簿必须通过"打开文件"对话框进行保存的目的。程序代码如下。

```
Sub 代码1059()
    With Application.FileDialog(msoFileDialogSaveAs)
        .Show
        .Execute
    End With
End Sub
```

代码 1060 保存文件前必须进行计算

如果在保存工作簿之前对其进行计算，则需要把Applicaton对象的CalculateBeforeSave属性设置为True；否则，不计算就保存的话就设置为False。程序代码如下。

```
Sub 代码1060()
    '设置保存之前进行计算
    Application.CalculateBeforeSave = True
    '设置保存之前不进行计算
    Application.CalculateBeforeSave = False
End Sub
```

代码 1061　设置默认的工作簿保存格式

通过Application对象的**DefaultSaveFormat**属性，可以设置工作簿的默认保存格式，常见的保存格式有以下6种。

- xlWorkbookDefault：默认工作簿 *.xlsx。
- xlWorkbookNormal：常规工作簿 *.xls。
- xlExcel8：Excel 97-2003工作簿 *.xls。
- xlOpenXMLWorkbookMacroEnabled：启用宏的工作簿宏*.xlsm。
- xlCSV：CSV格式文本文件 *.csv。
- xlText：制表符分隔的文本文件 *.txt。

下面的程序是将工作簿的默认保存格式设置为CSV格式文本文件，然后再恢复为默认格式。

```
Sub 代码1061()
    '设置默认CSV文件保存格式
    Application.DefaultSaveFormat = xlCSV
    '恢复默认工作簿格式
    Application.DefaultSaveFormat = xlWorkbookDefault
End Sub
```

代码 1062　GetOpenFilename 方法获取文件名

Application对象的GetOpenFilename方法可以显示标准的"打开"对话框，以获取用户文件名，而不必真正打开任何文件。

下面的程序就是通过"打开"对话框获取包括完整路径的用户文件名，并将文件名显示在当前工作簿的单元格A1中。

```
Sub 代码1062()
    Range("A1") = Application.GetOpenFilename
End Sub
```

代码 1063　GetOpenFilename 方法获取某类文件名

Application对象的GetOpenFilename方法还可以快速获取某类文件名。下面的程序就是通过"打开"对话框获取文本型文件名，并将文件名显示在当前工作簿的单元格A1中。

```
Sub 代码1063()
    Range("A1")=Application.GetOpenFilename("文本文件(*.txt;*.csv),*.txt;*.csv")
End Sub
```

代码 1064　GetSaveAsFilename 方法获取文件名

也可以使用Application对象的GetSaveAsFilename方法来显示标准的"另存为"对话框，以获取用户文件名，而无须真正保存任何文件。GetSaveAsFilename方法的使用与GetOpenFilename方法的使用完全相同。

下面是使用GetSaveAsFilename方法获取文件名的示例代码。

```
Sub 代码1064()
    Range("A1") = Application.GetSaveAsFilename
End Sub
```

代码 1065　GetSaveAsFilename 方法获取某类文件名

Application对象的GetSaveAsFilename方法也可以快速获取某类文件名。下面的程序就是通过"打开"对话框获取文本型文件名，并将文件名显示在当前工作簿的单元格A1中。

```
Sub 代码1065()
    Range("A1") = Application.GetSaveAsFilename( _
            fileFilter:="文本文件(*.txt;*.csv),*.txt;*.csv")
End Sub
```

1.5　设置自动更正选项

为了快速输入数据，可以在 Excel 里建立自动更正词典。例如，输入 yhck 就自动变为"银行存款"；输入 hr 就自动变为"人力资源部"等，大大提高了数据输入的效率。

代码 1066　向自动更正选项中添加项

向自动更正选项中添加项的方法是使用Application对象的AutoCorrect属性来引用AutoCorrect对象，再使用AutoCorrect对象的AddReplacement方法添加替换项。

例如，当输入yhck时，就自动变为"银行存款"；当输入xj时，就自动变为"现金"。程序代码如下。

```
Sub 代码1066()
    With Application.AutoCorrect
        .AddReplacement "yhck", "银行存款"
        .AddReplacement "xj", "现金"
    End With
End Sub
```

运行此程序，然后在单元格中输入xj和yhck，看看会得到什么结果。

代码 1067　向自动更正选项中批量添加项：数组方法

如果要向自动更正选项中批量添加项，可以使用两个方法：构建数组，或者在工作表中输入列表。下面的程序是使用数组方法来批量向自动更正选项中添加项。

```
Sub 代码1067()
    Dim ary1 As Variant
    Dim ary2 As Variant
    Dim i As Integer
    ary1 = Array("xj", "yhck", "yszk", "ch", "gdzc", "yysr")
    ary2 = Array("现金", "银行存款", "应收账款", "存货", "固定资产", "营业收入")
    With Application.AutoCorrect
        For i = 0 To UBound(ary1)
            .AddReplacement ary1(i), ary2(i)
        Next i
    End With
End Sub
```

代码 1068 向自动更正选项中批量添加项：工作表数据法

当要添加的项很多时，使用前面介绍的数组方法会很烦琐，此时可以使用工作表数据法，也就是在工作表中提前输入要替换的简码和要得到的实际数据，如图1–39所示，然后使用下面的程序代码一键完成批量添加项。

```
Sub 代码1068()
    Dim i As Integer
    With Application.AutoCorrect
        For i = 2 To 11
            .AddReplacement Range("A" & i), Range("B" & i)
        Next i
    End With
End Sub
```

	A	B
1	要替换的简码	要得到的实际数据
2	xj	现金
3	yhck	银行存款
4	yszk	应收账款
5	ch	存货
6	gdzc	固定资产
7	yysr	营业收入
8	yfzk	应付账款
9	gdqy	股东权益
10	ldzc	流动资产
11	ldfz	流动负债
12		

图1–39　准备好数据

代码 1069 删除自动更正的项

当不需要自动更正项时，可以使用AutoCorrect对象的DeleteReplacement方法进行删除。例如，下面的语句就是删除自动更正项xj：

Application.AutoCorrect.DeleteReplacement "xj"

如要批量删除不需要的自动更正项，可以使用数组构建要删除项的列表再循环删除。参考代码如下。

Sub 代码1069()

```
On Error Resume Next
Dim ary As Variant
Dim i As Integer
ary = Array("xj","yhck","yszk","ch","gdzc","yysr","yfzk","gdqy","ldzc","ldfz")
For i = 0 To UBound(ary)
    Application.AutoCorrect.DeleteReplacement ary(i)
Next i
End Sub
```

注意

　　如果自动更正选项中没有要删除的项，就会出现错误值。因此，需使用错误值忽略语句，让删除动作继续执行。参考代码如下：

```
On Error Resume Next
```

　　如果要删除的项目很多，不妨在工作表中先列出来，再循环删除。

代码 1070　获取自动更正项列表

　　使用AutoCorrect对象的ReplacementList属性可以获取自动更正项列表里的项，这个属性的结果是一个二维数组。

　　下面的程序是获取当前Excel中现有的更正项，分别将其保存在工作表的A列和B列。

```
Sub 代码1070()
    Dim ary As Variant
    Dim i As Integer
    ary = Application.AutoCorrect.ReplacementList
    For i = 1 To UBound(ary)
        Range("A" & i + 1) = ary(i, 1)
        Range("B" & i + 1) = ary(i, 2)
    Next i
End Sub
```

运行此程序，就得到如图1-40所示的结果。

	A	B
1	要替换的值	要得到的实际值
2	(c)	©
3	(e)	€
4	(r)	®
5	(tm)	™
6	…	…
7	AAA	啊啊啊
8	abbout	about
9	abotu	about
1856	默守成规	墨守成规
1857	默默含情	脉脉含情
1858	鼓午鼓午	鼓舞鼓舞
1859	鼓惑人心	蛊惑人心
1860	龇牙咧咀	龇牙咧嘴
1861	龙飞凤午	龙飞凤舞
1862		

图1-40　当前Excel里存在的自动更正项列表

1.6 设置自定义序列

在Excel中，当进行自动排序时，会自动按照拼音排序，但在很多情况下这种排序方式并不能满足实际要求。因为需要按照实际要求的特定次序进行排序时，就需要进行自定义排序，而要进行自定义排序，就必须先有自定义序列。

代码1071　向Excel里添加自定义序列：数组方法

默认情况下，Excel里虽然已经存在十几个自定义序列了，但这些远远满足不了实际工作的需要，因此常常需要向Excel里添加自定义序列。

使用Application对象的AddCustomList方法是向Excel里添加自定义序列。下面的程序就是向Excel里添加自定义序列。

```
Sub 代码1071()
    On Error Resume Next
    Application.AddCustomList Array("1月", "2月", "3月", "4月", "5月", "6月", _
                "7月", "8月", "9月", "10月", "11月", "12月")
    On Error GoTo 0
End Sub
```

> **注意**
>
> 如果这个序列已经存在就会报错，因此，此时使用On Error Resume Next语句可以忽略错误。

运行程序后，打开"自定义序列"对话框，可以看到添加的这个自定义序列，如图1-41所示。

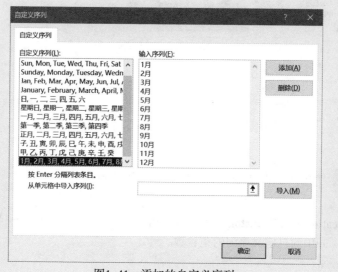

图1-41　添加的自定义序列

代码 1072　向 Excel 里添加自定义序列：从单元格区域导入

除了前面介绍的利用数组Array添加自定义序列外，还可以通过直接导入工作表单元格区域里的数据来添加。

下面的代码是将当前工作表单元格区域A1:A9的数据添加到自定义序列中。程序运行结果如图1-42所示。

```
Sub 代码1072()
    On Error Resume Next
    Application.AddCustomList Range("A1:A9"), True
    On Error GoTo 0
End Sub
```

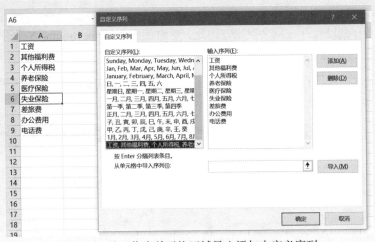

图1-42　从工作表单元格区域导入添加自定义序列

代码 1073　获取自定义序列条目数

使用Application对象的**CustomListCount**属性来获取自定义序列的条目数。下面的代码就是获取当前Excel中的自定义序列的条目数。

```
Sub 代码1073()
    MsgBox "Excel的自定义序列条目数：" & Application.CustomListCount
End Sub
```

代码 1074　获取某条自定义序列数据

使用Application对象的**GetCustomListContents**方法获取自定义序列数据。下面的代码就是获取当前Excel中的第6条自定义序列数据，并将数据保存到当前工作表的A列。

```
Sub 代码1074()
    Dim ListArray As Variant
    Dim i As Integer
    ListArray = Application.GetCustomListContents(6)
    For i = 1 To UBound(ListArray)
        Range("A" & i) = ListArray(i)
```

```
    Next i
End Sub
```

代码 1075 删除自定义序列

如果要删除自定义序列，需要使用Application对象的**DeleteCustomList**方法。下面的代码就是删除当前Excel中的第12条自定义序列。

```
Sub 代码1075()
    If Application.CustomListCount > 11 Then
        Application.DeleteCustomList 12
    Else
        MsgBox "没有要删除的自定义序列，目前存在的是不可删除的的内置序列"
    End If
End Sub
```

> **注意**
>
> 默认情况下，Excel有11个不可删除的内置自定义序列。因此，指定删除的自定义序列的条目数不能小于11。

1.7 程序运行控制

当运行程序时，可以使用 Application 对象的有关属性和方法来监控程序运行情况，让程序高效运行。

代码 1076 显示／隐藏警告消息框

Application对象的DisplayAlerts属性可以用来设置显示或隐藏警告信息。设置为True时，显示警告信息；设置为False时，隐藏警告信息。

警告消息框是指在删除工作表、保存修改过的工作簿等情况下出现的消息框。

下面的代码就是在关闭工作簿时，不保存对工作簿的改动，并且不显示"是否保存对×××的更改？"的警告信息。

```
Sub 代码1076()
    Range("A1") = "不显示警告消息框"
    Application.DisplayAlerts = False
    ThisWorkbook.Close
    Application.DisplayAlerts = True
End Sub
```

💡注意

　　在程序的最后，需要将DisplayAlerts属性再设置为默认的True状态。

　　如果准备删除某个工作表时，默认情况下会弹出一个警告消息框，此时无论如何都必须要删除这个工作表，因为这个警告消息框是不需要的，那么就可以设置DisplayAlerts属性来屏蔽这个警告消息框。

```
Sub 代码1076_1()
    Application.DisplayAlerts = False
    ThisWorkbook.Worksheets("Sheet2").Delete
    Application.DisplayAlerts = True
End Sub
```

代码 1077　启用／停止屏幕刷新

　　如果一个宏很大，或者要不断更新工作表中的各个单元格数据，就可以看到工作表不断地被刷新以显示宏刚刚做出的变更，这会消耗一部分系统资源，降低宏的运行速度。

　　为了提高宏的运行速度，如果不需要查看工作表每次的更新情况，或者不想让别人看到处理过程，可以在宏运行前将ScreenUpdating属性设置为False，停止屏幕刷新；当宏运行完毕后，再将其设置为True，重新启动屏幕刷新。

　　下面的代码是一个测试示例，演示了ScreenUpdating属性的使用方法。

```
Sub 代码1077()
    '不刷屏
    Application.ScreenUpdating = False
    startTime = Time
    For j = 1 To 10000
        For k = 1 To 200
            Cells(j, k) = j * k + Rnd()
```

```
      Next k
    Next j
    stopTime = Time
    不刷新耗时 = (stopTime – startTime) * 24 * 60 * 60 & " 秒"
    '刷屏
    Application.ScreenUpdating = True
    startTime = Time
    For j = 1 To 10000
      For k = 1 To 200
        Cells(j, k) = j * k + Rnd()
      Next k
    Next j
    stopTime = Time
    刷新耗时 = (stopTime – startTime) * 24 * 60 * 60 & " 秒"
    '打出信息
    MsgBox "不刷新耗时:" & 不刷新耗时 & " " & "刷新耗时:" & 刷新耗时
End Sub
```

代码 1078　在状态栏中显示计算过程

Excel工作表底部的状态栏除了进行正常操作的信息显示外，还可以显示计算过程，只需要设置StatusBar属性值即可。下面是一个示例。

```
Sub 代码1078()
    Dim cel As Range, Rng As Range, Adr As String
    DoEvents
    Set Rng = Sheet1.Range("A1:N70")
    For Each cel In Rng
        Adr = cel.Address(False, False)
        Application.StatusBar = "正在计算单元格 " & Adr & " 的数据..."
        cel.Value = cel.Value + 500
    Next
    Application.StatusBar = False
    MsgBox "计算完毕", vbOKOnly + vbInformation
```

End Sub

代码 1079　用语音提示程序运行

Application对象的Speech属性用来返回Speech对象，然后可以使用Speech对象的Speak方法来朗读指定文字，提醒程序运行状态。下面是示例代码。

```
Sub 代码1079()
    For i = 1 To 1000
        Cells(i) = i
    Next i
    Application.Speech.Speak "现在是北京时间" & Now() & "总共运行了1000步"
End Sub
```

下面的代码是当向单元格输入数据时，就将单元格的数据朗读出来。

```
Sub 代码1079_1()
    For i = 1 To 20
        Cells(i, 1) = i
        Application.Speech.Speak i
    Next i
End Sub
```

代码 1080　从现在开始经过一定时间后运行程序

如果希望从现在开始经过一定时间后再运行程序，就需要使用Application 对象的OnTime方法，并使用Now + TimeValue(time) 安排经过一定时间（从现在开始计时）之后运行某个过程。

下面的程序就是设置5秒后运行Cal过程（从现在开始计时）。

```
Sub 代码1080()
    Application.OnTime Now + TimeValue("00:00:05"), "Cal"
End Sub
```

```
Sub Cal()
    MsgBox "开始运行程序Cal！"
End Sub
```

● 注意

OnTime方法并不只是用来指定执行时间，被写在OnTime方法中的程序与被指定的程序是会在完全独立的情况下被执行的。也就是说，要在呼叫方（主程序）的程序完全结束的情况下，被指定的程序才会被执行，在这期间，VBA不会继续任何动作，也不影响对Excel进行其他操作。

代码 1081　在指定的特定时间运行程序

OnTime方法还可以安排在指定的某一特定时间运行程序。下面的代码就是指定在上午9点30分运行Cal过程。

```
Sub 代码1081()
    Application.OnTime TimeValue("9:30:00"), "Cal"
End Sub

Sub Cal()
    Application.Speech.Speak "亲爱的，别忘了上午10点的约会！"
    MsgBox "现在是9点30分，您在10点有一个约会哦！", vbInformation, "温馨提醒"
End Sub
```

代码 1082　每隔一段时间就运行宏

OnTime方法还可以制定每隔一段时间就运行宏的计划。

例如，编写一个计划运行程序，使之能够每隔10分钟就提醒用户保存工作簿文件。下面的程序可以完成这个功能。

```
Sub 代码1082()
    Application.OnTime Now + TimeValue("00:10:00"), "SaveBook"
End Sub
```

```
Sub SaveBook()
    Dim res
    If MsgBox("您已经有10分钟没有保存文件了，现在保存吗？ ", _
        vbQuestion + vbYesNo, "保存文件") = vbYes Then
        ThisWorkbook.Save
    End If
    Call 代码1082
End Sub
```

在子程序SaveBook中，通过调用主程序"代码1082"来实现每隔10分钟就提醒用户保存工作簿文件的功能。

代码 1083　取消已经制定的将来宏运行计划

如果制定了在将来某时间运行程序的计划，而现在要取消这个计划，此时可以将OnTime方法中的参数Schedule设置为False。

下面的程序就是取消在下午5点运行Cal过程的计划。

```
Sub 代码1083()
    Application.OnTime EarliestTime:=TimeValue("17:00:00"), _
        Procedure:="Cal", Schedule:=False
    MsgBox "运行计划已经被取消！ "
End Sub
```

> **注意**
>
> 如果制定了在将来不同时间运行许多程序的计划，而现在要取消这些计划，唯一有效的办法是关闭Microsoft Excel应用程序。

代码 1084　暂停运行宏一段时间后继续执行

使用Application对象的Wait方法可以设计暂停计划。例如，暂停运行一段时间。

下面的代码就是从现在开始让宏暂停运行10秒，然后继续执行。

```
Sub 代码1084()
    Dim waitTime As Date
```

```
    waitTime = TimeSerial(Hour(Now()), Minute(Now()), Second(Now()) + 10)
    Application.Wait waitTime
    MsgBox "时间到! 下面将继续运行程序"
End Sub
```

注意

Wait 起作用时，会禁止对Excel做其他操作。

代码 1085　暂停运行宏，到指定时间再继续运行

使用Application对象的Wait方法也可以设计暂停计划。例如，暂停运行宏，到指定时间再继续运行。

下面的代码是从现在开始暂停，到中午12点再继续执行。

```
Sub 代码1085()
    Application.Wait "12:00:00"
    MsgBox "时间到! 下面将继续运行程序"
End Sub
```

注意

Wait 起作用时，会禁止对Excel做其他操作。

代码 1086　倒计时提醒

使用Application对象的Wait方法也可以设计倒计时提醒。例如,多长时间后弹出对话框,或者语音提醒。

下面的代码是从现在开始计时，10秒后语音提醒，并弹出信息框。

```
Sub 代码1086()
    If Application.Wait(Now + TimeValue("0:00:10")) Then
        Application.Speech.Speak "时间到! 该起来干活了! "
        MsgBox "10秒时间到! "
    End If
End Sub
```

结束 Excel 应用程序

这里所说的结束应用程序是指结束Excel应用程序本身。使用Quit方法就可以关闭所有打开的工作簿文件。如果有未保存工作簿的话，就会弹出确认保存的对话框。如果不想让这个对话框出现，可以将Application.DisplayAlerts设置为False。参考代码如下。

```
Sub 代码1087()
    Application.Quit
End Sub
```

1.8 换算计量单位

Excel 工作簿中的长度和宽度单位以磅为单位，如果用户用着不习惯，可以利用 Application 对象的 CentimetersToPoints 方法将计量单位从厘米转换为磅（1 磅等于 0.035cm），使用 InchesToPoints 方法将计量单位从英寸转换为磅。

代码 1088 将厘米转换为磅

下面的代码是使用Application对象的CentimetersToPoints方法将以厘米表示的单元格的高度和宽度转换为磅。这里将某单元格的高度设置为1cm，宽度设置为2cm，运行程序后，将转换为相应磅值。

```
Sub 代码1088()
    Dim Rng As Range
    Set Rng = ActiveSheet.Range("A1")
    With Rng
        .RowHeight = Application.CentimetersToPoints(1)      '行高1cm
        .ColumnWidth = Application.CentimetersToPoints(2)    '列宽2cm
    End With
End Sub
```

代码1089 将英寸转换为磅

下面的代码是使用Application对象的InchesToPoints方法将以英寸来表示的单元格的高度和宽度转换为磅。这里将某单元格的高度设置为1英寸，宽度设置为0.5英寸，运行程序后，将其转换为相应磅值。

```
Sub 代码1089()
    Dim Rng As Range
    Set Rng = ActiveSheet.Range("A1")
    With Rng
        .RowHeight = Application.InchesToPoints(1)      '行高1英寸
        .ColumnWidth = Application.InchesToPoints(0.5)  '列宽0.5英寸
    End With
End Sub
```

1.9 显示并使用内置对话框

可以使用 Application 对象的 Dialogs 属性来操作 Excel 的许多内置对话框，利用内置对话框来操作 Excel。

代码1090 显示 Excel 内置对话框

可以用Application对象的Dialogs属性来返回一个Dialogs集合，此集合代表所有的内置对话框，然后再用Show方法显示内置对话框，并等待用户输入数据。Excel有上千个内置对话框，有些对话框可以使用**Show**方法显示，有些则不能。

例如，如果要显示内置的"打开"对话框，则可以使用下面的语句。

Application.Dialogs(xlDialogOpen).Show

内置对话框的内置常量都是以xlDialog开头，后面跟着对话框的名称。例如：

- "打开"对话框的常量为xlDialogOpen。
- "新建"对话框的常量是xlDialogNew。
- "另存为"对话框的常量是xlDialogSaveAs。

这些常量是XlBuiltinDialog的枚举类型。有关可用常量的详细信息，请参阅联机帮助的内置对话框参数列表。

下面的代码可以显示各个内置对话框。如果有时间的话，不妨看看哪些内置对话框可以通过Show方法显示出来。

```
Sub 代码1090()
    On Error Resume Next
    Dim i As Long
    For i = 0 To Application.Dialogs.Count
        Application.Dialogs(i).Show
        If MsgBox("要继续吗?", vbYesNo) = vbNo Then Exit Sub
    Next
End Sub
```

代码 1091　在程序中使用 Excel 内置对话框

下面的代码是新建一个工作簿，然后调用"另存为"对话框，让用户确定保存位置和文件名称，并在保存工作簿后关闭新工作簿。如果没有保存，就继续显示"另存为"对话框。

```
Sub 代码1091()
    Dim wb As Workbook
    Set wb = Workbooks.Add
aaa:
    Application.Dialogs(xlDialogSaveAs).Show
    If wb.Path <> "" Then
        wb.Close
        Exit Sub
    Else
        MsgBox "没有保存新工作簿! 请保存"
        GoTo aaa
    End If
End Sub
```

Chapter

02

Workbook对象：操作工作簿

Workbook对象代表Excel工作簿，它在Application对象的下一层。

Workbook对象有两个：单个的Workbook对象；多个Workbook对象的集合。

Workbook对象是Workbooks集合的成员。

Workbooks集合包含了Excel中所有当前打开的Workbook 对象。

Workbooks集合和Workbook对象是用户经常用到的对象。

2.1 引用工作簿

在对工作簿和工作表进行操作之前，首先要引用工作簿。引用工作簿的方法有很多种，例如，通过索引编号引用工作簿、通过工作簿的名称引用工作簿等。

代码 2001 通过索引编号指定工作簿

所有打开的工作簿是通过不同的索引编号来区分的。

索引编号表示创建或打开工作簿的顺序。例如：

● Workbooks(1)为创建或打开的第1个工作簿。

● Workbooks(2)为创建或打开的第2个工作簿。

● Workbooks(Workbooks.Count)为创建或打开的最后一个工作簿。

当某个工作簿被关闭后，Excel就会自动再次产生索引编号，使编号连续。

下面的代码是通过工作簿的索引编号获取第2个被打开的工作簿的名称。

```
Sub 代码2001()
    Dim wb As Workbook
    Set wb = Workbooks(2)              '指定第2个工作簿
    MsgBox "第2个被打开的工作簿的名称为:" & wb.Name
End Sub
```

代码 2002 通过名称指定工作簿

除了通过工作簿的索引编号来指定工作簿外，还可以通过名称来指定工作簿。

● 注意

通过名称引用工作簿时，这个名称必须是在Excel标题栏中看到的名称。

如果要引用的工作簿已经被保存，则在Excel标题栏中看到的工作簿名称有扩展名xlsx，此时要采用Workbooks("book1.xlsx")的引用方式；如果要引用的工作簿还没有被保存，则在Excel标题栏中看到的工作簿名称没有扩展名xlsx，此时只能采用诸如Workbooks("book1")的引用方式。参考代码如下。

```
Sub 代码2002()
    Dim wb As Workbook
    Set wb = Workbooks("工作簿3")
    MsgBox "引用的工作簿名称为: " & wb.Name
End Sub
```

代码 2003　引用当前的活动工作簿

利用Application对象的ActiveWorkbook属性可以引用当前的活动工作簿。

ActiveWorkbook属性返回一个Workbook对象，该对象代表活动窗口（最上面的窗口）的工作簿。在使用ActiveWorkbook时，可以不使用Application前缀。

下面的代码是获取当前活动工作簿的名称。

```
Sub 代码2003()
    Dim wb As Workbook
    Set wb = ActiveWorkbook
    MsgBox "当前活动工作簿的名称为: " & wb.Name
End Sub
```

代码 2004　引用最后打开的工作簿

利用Workbooks集合的Count属性可以引用最后一个打开的工作簿。参考代码如下。

```
Sub 代码2004()
    Dim wb As Workbook
    Set wb = Workbooks(Workbooks.Count)
    MsgBox "最后打开的工作簿名称为: " & wb.Name
End Sub
```

代码 2005　引用当前宏代码运行的工作簿

利用Application对象的ThisWorkbook属性可以引用当前宏代码运行的工作簿。在使用ThisWorkbook时，可以不使用Application前缀。

下面的代码是获取当前宏代码运行的工作簿路径。

```
Sub 代码2005()
    Dim wb As Workbook
    Set wb = ThisWorkbook
    MsgBox "当前宏代码运行的工作簿路径为:" & wb.Path
End Sub
```

代码 2006　引用新建的工作簿

先利用Workbooks对象的Add方法创建一个新的工作簿，再将新建的工作簿赋值给对象变量，一般用于在不需要了解工作簿名称的情况下新建工作簿。

下面的代码将完成如下操作：

● 新建一个工作簿。

● 在新工作簿里新建一个工作表。

● 将该工作簿的第1个工作表名称改为hhh。

● 在第2个工作表的单元格A1中输入"新建工作簿的第2个工作表"。

● 将工作簿以名称"引用新建工作簿练习"保存在当前工作簿所在的文件夹。

● 最后关闭新工作簿。

```
Sub 代码2006()
    Dim wb As Workbook
    Set wb = Workbooks.Add
    With wb
        .Worksheets.Add
        .Sheets(1).Name = "hhh"
        .Sheets(2).Range("A1").Value = "新建工作簿的第2个工作表"
        .SaveAs Filename:=ThisWorkbook.Path & "\引用新建工作簿练习"
        .Close
    End With
End Sub
```

代码 2007　引用名称中有特定字符的工作簿

如果打开了多个工作簿，想要引用某个名称中有特定字符的工作簿，则可以使用循环方法进行判断，以实现该工作簿的引用。

下面的代码是在打开的多个工作簿中，查找并引用名称中含有"预算"关键字的工作簿，激活该工作簿，并获取该工作簿的完整名称及路径。

```
Sub 代码2007()
    Dim wb As Workbook
    Dim wbx As Workbook
    For Each wbx In Application.Workbooks
        If InStr(1, wbx.Name, "预算") > 0 Then
            Set wb = wbx
            Exit For
        End If
    Next
    wb.Activate
    MsgBox "该工作簿路径及名称为:" & wb.FullName
End Sub
```

代码 2008 引用有特定名称工作表的工作簿

如果打开了多个工作簿，想要引用有特定名称的工作表（或者这个工作表名称含有特定关键词）的工作簿，则可以使用循环方法进行判断，以实现该工作簿的引用。

下面的代码是在打开的几个工作簿中，查找引用工作表名字中含有"应收账款"字样的工作簿，激活该工作簿，并获取该工作簿的完整名称及路径。

```
Sub 代码2008()
    Dim wb As Workbook
    Dim wbx As Workbook
    Dim ws As Worksheet
    For Each wbx In Application.Workbooks
        For Each ws In wbx.Worksheets
            If InStr(1, ws.Name, "应收账款") > 0 Then
                Set wb = wbx
                Exit For
            End If
        Next
    Next
```

```
    wb.Activate
    MsgBox "该工作簿路径及名称为:" & wb.FullName
End Sub
```

2.2 获取工作簿基本信息

获取工作簿基本信息，包括工作簿的名称、路径、属性等。利用工作簿对象的有关属性，可以很容易获得工作簿的这些基本信息。

代码 2009　获取打开工作簿的个数

获取已打开工作簿的个数，要使用Workbooks集合的Count属性。参考代码如下。

```
Sub 代码2009()
    MsgBox "已经打开的工作簿个数:" & Workbooks.Count
End Sub
```

代码 2010　获取所有打开的工作簿名称

可以利用循环的方法获取所有打开的工作簿的名称，并将这些工作簿名称显示在当前工作表的A列中。

获取工作簿名称是利用Workbook 对象的Name属性来完成的。参考代码如下。

```
Sub 代码2010()
    Dim wb As Workbook
    Columns(1).Clear
    Range("A1") = "工作簿名称"
    For Each wb In Workbooks
        Range("A10000").End(xlUp).Offset(1).Value = wb.Name
    Next
End Sub
```

> **注意**
>
> 　　利用Name属性获取的工作簿名称是不带有路径的工作簿名称。如果工作簿已经被保存过，则名称中包含扩展名；如果工作簿为新工作簿，且未被保存过，则名称中不包含扩展名。

代码 2011　获取当前活动工作簿的名称

　　如果要获取当前活动工作簿的名称，需要使用Application对象的ActiveWorkbook属性来返回一个Workbook对象，并利用Workbook对象的Name属性获得工作簿的名称。参考代码如下。

```
Sub 代码2011()
    MsgBox "当前活动工作簿的名称为:" & ActiveWorkbook.Name
End Sub
```

代码 2012　获取当前宏代码运行的工作簿名称

　　如果要获取当前宏代码运行的工作簿名称，需要使用Application对象的ThisWorkbook属性来返回一个Workbook对象，并利用Workbook对象的Name属性来获得工作簿的名称。参考代码如下。

```
Sub 代码2012()
    MsgBox "当前宏代码运行的工作簿名称为:" & ThisWorkbook.Name
End Sub
```

代码 2013　获取工作簿的基本名称

　　所谓工作簿的基本名称，是指不包括扩展名的名称。先用Name属性取出包含扩展名的名字，再通过字符串操作将工作簿的基本名称提取出来。

　　下面的代码就是获取工作簿的基本名称，这里需要考虑工作簿是打开原有工作簿，还是新建工作簿。如果是已经被保存过的工作簿，则名称中带有扩展名；如果是新建工作簿，则名称中不带有扩展名。

```
Sub 代码2013()
    Dim wb As Workbook
    Dim BaseName As String
    Set wb = ThisWorkbook         '指定任意工作簿
```

```
        If InStrRev(wb.Name, ".") > 0 Then
            BaseName = Left(wb.Name, InStrRev(wb.Name, ".") – 1)
        Else
            BaseName = wb.Name
        End If
        MsgBox "本工作簿的基本名称: " & BaseName
End Sub
```

代码 2014　获取工作簿的扩展名

工作簿的扩展名包括.xls、.xlsx和.xlsm等。先用Name属性取出包含扩展名的工作簿名称，再通过字符串操作将扩展名提取出来，即可获取工作簿的扩展名。参考代码如下。

```
Sub 代码2014()
    Dim wb As Workbook
    Dim BaseName As String
    Set wb = ThisWorkbook        '指定任意工作簿
    With wb
        If InStrRev(.Name, ".") > 0 Then
            BaseName = Mid(.Name, InStrRev(.Name, ".") + 1, 100)
        Else
            BaseName = ""
        End If
    End With
    MsgBox "本工作簿的扩展名: " & BaseName
End Sub
```

代码 2015　获取所有打开的工作簿路径

利用循环的方法可以获取所有打开的工作簿路径，并将这些工作簿路径显示在当前工作表的A列中。获取工作簿路径是利用**Workbook**对象的**Path**属性来完成的。参考代码如下。

```
Sub 代码2015()
    Dim wb As Workbook
    Columns("A:B").Clear
    Range("A1:B1") = Array("工作簿名称", "工作簿路径")
```

```
    For Each wb In Workbooks
        With Range("A1000").End(xlUp).Offset(1)
            .Value = wb.Name
            .Offset(, 1).Value = wb.Path
        End With
    Next
End Sub
```

代码 2016　获取当前活动工作簿的路径

使用Application对象的**ActiveWorkbook**属性来返回一个Workbook对象，并利用Workbook对象的**Path**属性获得当前活动工作簿的路径。参考代码如下。

```
Sub 代码2016()
    MsgBox "当前活动工作簿的路径为:" & ActiveWorkbook.Path
End Sub
```

代码 2017　获取当前宏代码运行的工作簿路径

使用Application对象的**ThisWorkbook**属性来返回一个Workbook对象，并利用Workbook对象的**Path**属性获得当前宏代码运行的工作簿路径。参考代码如下。

```
Sub 代码2017()
    MsgBox "当前宏代码运行的工作簿路径为:" & ThisWorkbook.Path
End Sub
```

代码 2018　获取包括完整路径的工作簿名称

使用Workbook对象的**FullName**属性可以获取包括完整路径的工作簿名称。
在下面的程序中，可将当前宏代码运行的工作簿的完整路径名称显示出来。

```
Sub 代码2018()
    MsgBox "包括完整路径的工作簿名称为:" & ThisWorkbook.FullName
End Sub
```

代码 2019　获取工作簿的创建时间

使用Workbook对象的**BuiltinDocumentProperties**属性可以获取工作簿的基本属性信息。
下面的代码就是获取指定工作簿的创建时间。

```
Sub 代码2019()
    Dim createTime As Date
    Dim wb As Workbook
    Set wb = ThisWorkbook          '指定任意工作簿
    createTime = wb.BuiltinDocumentProperties("Creation date")
    MsgBox "工作簿的创建时间:" & createTime
End Sub
```

代码 2020　获取工作簿的最近一次保存时间

使用Workbook对象的**BuiltinDocumentProperties**属性可以获取工作簿的最近一次保存时
间。参考代码如下。

```
Sub 代码2020()
    Dim saveTime As Date
    Dim wb As Workbook
    Set wb = ThisWorkbook          '指定任意工作簿
    saveTime = wb.BuiltinDocumentProperties("Last save time")
    MsgBox "工作簿的最近一次保存时间:" & saveTime
End Sub
```

代码 2021　获取工作簿的最近一次打印时间

使用Workbook对象的**BuiltinDocumentProperties**属性可以获取工作簿的最近一次打印时
间。参考代码如下。

```
Sub 代码2021()
    Dim printTime As Date
    Dim wb As Workbook
    Set wb = ThisWorkbook          '指定任意工作簿
```

```
    printTime = wb.BuiltinDocumentProperties("Last print date")
    MsgBox "工作簿的最近一次打印时间：" & printTime
End Sub
```

代码 2022　获取工作簿的全部文档属性信息

使用Workbook对象的**BuiltinDocumentProperties**属性可以获取工作簿的全部文档属性信息，包括标题、主体、作者、单位、类别、关键词、备注、创建时间、保存时间和打印时间等。

下面的参考代码将指定工作簿的文档属性信息输出到工作表中。

即使文档属性信息本身已经存在，也并不代表其中就有了设定值，因此在程序中设置了错误处理语句。

```
Sub 代码2022()
    Dim wb As Workbook
    Dim myProperties As DocumentProperty
    Columns("A:B").Clear
    Set wb = ThisWorkbook        '指定任意的工作簿
    Range("A1:B1").Value = Array("信息名称", "信息数据")
    For Each myProperties In wb.BuiltinDocumentProperties
        With Range("A65536").End(xlUp).Offset(1)
            .Value = myProperties.Name
            On Error Resume Next
            .Offset(, 1).Value = myProperties.Value
            On Error GoTo 0
        End With
    Next
    Columns.AutoFit
End Sub
```

代码 2023　获取工作簿的文件格式

使用Workbook对象的FileFormat属性可以获取工作簿文件的文件格式。参考代码如下。

```
Sub 代码2023()
    Dim fmt As String
```

```
    Dim wb As Workbook
    Set wb = ActiveWorkbook        '指定任意工作簿
    Select Case wb.FileFormat
       Case xlWorkbookDefault
          fmt = "默认工作簿 *.xlsx"
       Case xlWorkbookNormal
          fmt = "常规工作簿 *.xls"
       Case xlOpenXMLWorkbookMacroEnabled
          fmt = "启用宏工作簿 *.xlsm"
       Case xlExcel8
          fmt = "Excel 97–2003 工作簿 *.xls"
       Case xlCSV
          fmt = "CSV格式文本 *.csv"
       Case Else
          fmt = "其他格式"
    End Select
    MsgBox "指定工作簿的文件格式是:" & fmt
End Sub
```

代码 2024　判断工作簿是否有宏

　　使用Workbook对象的HasVBProject属性可以判断指定工作簿是否有宏，这样在保存工作簿时，可以确定工作簿的保存格式，以防丢失代码。参考代码如下。

```
Sub 代码2024()
    Dim wb As Workbook
    Set wb = ActiveWorkbook        '指定任意工作簿
    If wb.HasVBProject Then
       MsgBox "该工作簿有宏，要注意保存为启用宏工作簿"
    Else
       MsgBox "该工作簿没有宏，保存为默认格式即可"
    End If
End Sub
```

代码 2025　判断工作簿是否为加载宏工作簿

当制作加载宏的时候，会将IsAddin属性设置为True后进行保存。这样，就可以利用IsAddin属性判断工作簿是否为加载宏工作簿。参考代码如下。

```
Sub 代码2025()
    Dim wb As Workbook
    Set wb = ActiveWorkbook    '指定任意的工作簿
    If wb.IsAddin = True Then
        MsgBox "本工作簿是加载宏工作簿！"
    Else
        MsgBox "本工作簿不是加载宏工作簿！"
    End If
End Sub
```

代码 2026　判断工作簿是否为只读文件

利用Workbook对象的**ReadOnly**属性可以判断工作簿是否为只读文件。
下面的代码是判断工作簿是否为只读文件，如果是，则另存为新文件。

```
Sub 代码2026()
    Dim wb As Workbook
    Set wb = ActiveWorkbook    '指定任意的工作簿
    If wb.ReadOnly = True Then
        MsgBox "工作簿是只读文件，下面将另存为新文件。"
        wb.SaveAs Filename:="d:\temp\newBook"
    Else
        MsgBox "工作簿是普通文件！"
    End If
End Sub
```

代码 2027　判断工作簿是否为建议只读文件

利用Workbook对象的**ReadOnlyRecommended**属性可以判断工作簿是否是以建议只读文件

保存的。当打开这样的文件时，会出现一个对话框，询问"是否以只读方式打开"，如图2-1所示。

图2-1　弹出对话框

下面的代码是判断工作簿是否是以建议只读文件保存的。

```
Sub 代码2027()
    Dim wb As Workbook
    Set wb = ActiveWorkbook        '指定任意的工作簿
    If wb.ReadOnlyRecommended = True Then
        MsgBox "本工作簿是建议只读文件！"
    Else
        MsgBox "本工作簿不是建议只读文件！"
    End If
End Sub
```

2.3　打开工作簿

使用 Workbooks 集合的 Open 方法即可打开工作簿。本节介绍打开工作簿的几个常用技能技巧及参考代码。

> **注意**
>
> 当打开工作簿后，该工作簿就成为活动工作簿。

代码 2028　判断工作簿是否已经打开：循环判断方法

判断工作簿是否已经打开的一个基本方法就是使用循环判断的方法，判断Workbooks集合中是否存在某个工作簿，如果存在，则表示该工作簿已经被打开；如果不存在，则表示没有打开。

```
Sub 代码2028()
    Dim wb As Workbook
    Dim wbName As String
    wbName = "引用新建工作簿练习.xlsx"    '指定任意的工作簿
    For Each wb In Workbooks
        If LCase(wb.Name) = LCase(wbName) Then
            MsgBox "工作簿 < " & wbName & " > 已经被打开！"
            Exit Sub
        End If
    Next
    MsgBox "工作簿 < " & wbName & " > 没有被打开！"
End Sub
```

代码 2029　判断工作簿是否已经打开：错误处理方法

判断工作簿是否已经被打开，还可以利用错误处理方法。参考代码如下。

```
Sub 代码2029()
    Dim BookIsOpen As Boolean
    Dim T As Excel.Workbook
    Dim wbName As String
    wbName = "引用新建工作簿练习.xlsx"    '指定任意的工作簿
    On Error Resume Next
    Set T = Application.Workbooks(wbName)
    BookIsOpen = Not T Is Nothing
    On Error GoTo 0
    If BookIsOpen = True Then
        MsgBox "工作簿<" & wbName & ">已经被打开！"
    Else
        MsgBox "工作簿<" & wbName & ">没有被打开！"
    End If
    Set T = Nothing
End Sub
```

代码 2030 通过指定文件名打开工作簿

在VBA中打开工作簿是通过调用Open方法实现的。Open方法有很多个参数，这些参数的具体含义可参阅帮助信息。下面是打开工作簿基本方法的参考代码。

```
Sub 代码2030()
    Dim wbName As String
    wbName = "d:\temp\2020年8月工资.xlsx"    '指定工作簿的名称字符串
    Workbooks.Open fileName:=wbName
End Sub
```

如果打开指定的工作簿，并将其赋值给一个Workbook对象，那么VBA代码如下。

```
Sub 代码2030_1()
    Dim wbName As String
    Dim wb As Workbook
    wbName = "d:\temp\2020年8月工资.xlsx"    '指定工作簿的名称字符串
    Set wb = Workbooks.Open(fileName:=wbName)
End Sub
```

比较以上两个程序代码中Open的使用方法，它们有如下区别：

- 单纯打开工作簿：在Open方法后面空一格，写参数即可。
- 打开工作簿并赋值对象变量：Open方法要有一对括号，参数写在括号内。

代码 2031 通过指定索引打开工作簿

下面的代码是通过Application对象的RecentFiles集合打开最近使用文件列表中的第3个工作簿。

```
Sub 代码2031()
    Application.RecentFiles(3).Open
End Sub
```

⚫注意

这种打开方式需要记住最近使用文件列表的哪个工作簿是要被打开的。

代码 2032 通过对话框打开工作簿

还可以使用Application对象的**GetOpenFilename**方法通过对话框有选择地打开工作簿。下面的程序是显示"打开"对话框，从而可以选择并打开工作簿文件。

```
Sub 代码2032()
    Dim wbName As String
    wbName = Application.GetOpenFilename("Excel工作簿(*.xls;*.xlsx),*.xls;*.xlsx")
    If wbName <> "False" Then
        Workbooks.Open fileName:=wbName
    Else
        MsgBox "没有选择工作簿"
    End If
End Sub
```

代码 2033 在不更新链接的情况下打开工作簿

一般来说，在打开有链接引用的工作簿时，会弹出一个消息框，询问是否更新外部引用。如果不希望出现这个消息框，可以将Open的参数UpdateLinks设置为False或0。

```
Sub 代码2033()
    Dim wbName As String
    wbName = "d:\temp\2020年8月工资.xlsx"    '指定工作簿的名称字符串
    Workbooks.Open fileName:=wbName, UpdateLinks:=False
End Sub
```

代码 2034 以只读方式打开工作簿

将Open方法的参数ReadOnly设置为True可以将指定工作簿以只读方式打开。

```
Sub 代码2034()
    Dim wbName As String
    wbName = "d:\temp\2020年8月工资.xlsx"    '指定工作簿的名称字符串
    Workbooks.Open fileName:=wbName, ReadOnly:=True
End Sub
```

代码 2035 打开有密码的工作簿

如果打开的工作簿有密码，则需要设置Open方法的Password参数，输入密码才能打开该工作簿。参考代码如下。

```
Sub 代码2035()
    Dim wbName As String
    wbName = "d:\temp\2020年8月奖金.xlsx"    '指定工作簿的名称字符串
    Workbooks.Open fileName:=wbName, Password:="12345"
End Sub
```

代码 2036 一次打开多个工作簿

如果要一次打开多个工作簿，可以在程序中设置一个数组，保存要打开工作簿的名称，然后循环打开即可。

如果要打开的工作簿比较多，可以先在工作表上做一个要打开的工作簿名称列表，然后再循环打开即可。

下面的代码是利用数组的方法来打开同一个文件夹中指定的多个工作簿，然后在第一个工作表的A1单元格中输入打开的工作簿名称，最后保存并关闭工作簿。这里假设这些工作簿都没有密码。

```
Sub 代码2036()
    Dim arr As Variant
    Dim i As Integer
    Dim wb As Workbook
    arr = Array("2015年", "2016年", "2017年", "2018年", "2019年", "2020年")
    For i = 0 To UBound(arr)
        Set wb = Workbooks.Open(fileName:="d:\temp\" & arr(i) & ".xlsx")
        wb.Worksheets(1).Range("A1") = arr(i)
        wb.Close SaveChanges:=True
    Next i
End Sub
```

2.4 新建工作簿

创建新工作簿要使用 Workbooks 集合的 Add 方法，下面介绍几个新建工作簿的应用技能和参考代码。

代码 2037 新建一个工作簿

使用Workbooks 集合的Add方法可以新建一个工作簿。为了便于操作这个新创建的工作簿，最好将其赋值给一个对象变量。

下面的代码就是创建一个新工作簿，并以名字123.xlsx保存到文件夹d:\temp中。

```
Sub 代码2037()
    Dim wb As Workbook
    Set wb = Workbooks.Add
    wb.SaveAs fileName:="d:\temp\123.xlsx"
    MsgBox "已经创建了一个新工作簿，并以名字123.xlsx保存"
End Sub
```

● 注意

当创建完新工作簿后，新工作簿就成为了活动工作簿。

代码 2038 一次新建多个工作簿

如果要一次新建多个工作簿，最简单的方法是循环执行Workbooks.Add命令。下面的代码就是一次创建5个新工作簿，并分别保存为指定的名字。

```
Sub 代码2038()
    Dim arr As Variant
    Dim i As Integer
    Dim wb As Workbook
    arr = Array("华东", "华南", "华北", "西南", "西北")
    For i = 0 To UBound(arr)
```

```
        Set wb = Workbooks.Add
        wb.SaveAs fileName:="d:\temp\" & arr(i) & ".xlsx"
        wb.Close
    Next i
End Sub
```

2.5 保存工作簿

保存工作簿很简单，使用 Save 方法、SaveAs 方法和 SaveCopyAs 方法等，并设置相应的参数，就可以根据需要保存工作簿。

代码 2039 判断新建工作簿是否已经保存过

如果工作簿从未保存过，则Workbook对象的Path属性将返回一个空字符串 ("")。利用这个性质，可以判断某个工作簿是否已经保存过。参考代码如下。

```
Sub 代码2039()
    Dim wb As Workbook
    Dim wbName As String
    wbName = "引用新建工作簿练习.xlsx"      '指定任意的工作簿
    On Error Resume Next
    Set wb = Workbooks(wbName)
    On Error GoTo 0
    If wb Is Nothing Then
        MsgBox "指定的工作簿不存在!"
        Exit Sub
    Else
        If wb.Path = "" Then
            MsgBox "指定的工作簿没有保存过!"
        Else
            MsgBox "指定的工作簿上次保存时间是:" _
            & wb.BuiltinDocumentProperties("Last Save Time")
```

```
      End If
    End If
End Sub
```

代码 2040　判断已有工作簿是否进行了保存

如果指定工作簿发生了更改却没有保存，那么Workbook对象的Saved属性为True。利用这个性质，可以判断某个工作簿是否有未保存的更改。参考代码如下。

```
Sub 代码2040()
    Dim wb As Workbook
    Set wb = Workbooks("引用新建工作簿练习.xlsx")    '指定任意的工作簿
    If Not wb.Saved Then
        MsgBox "工作簿 " & wb.Name & " 发生了变更，还未进行保存！"
    Else
        MsgBox "工作簿 " & wb.Name & " 从上次保存到现在没有任何变更！"
    End If
End Sub
```

代码 2041　将工作簿设定为已保存

当打开工作簿后，如果对工作簿进行了任何的改动，那么Saved属性就变为False，这样，如果关闭工作簿的话，就会弹出一个确认保存的消息框。

为了避免这个消息框出现，可以强制将Saved属性设置为True。

在下面的程序中，将指定工作簿的Saved属性设置为True，使之成为已保存状态，这样在关闭工作簿时就不会出现确认保存的消息框。

```
Sub 代码2041()
    Dim wb As Workbook
    Set wb = Workbooks(1)        '指定任意的工作簿
    wb.Saved = True
End Sub
```

> ● 注意
>
> 这种设定会放弃保存对工作簿所做的任何改动。

代码 2042　保存工作簿

保存工作簿的最简单方法是使用Workbook对象的Save方法。

下面的代码是将指定工作簿保存到默认位置。

```
Sub 代码2042()
    Dim wb As Workbook
    Set wb = ThisWorkbook        '指定任意工作簿
    wb.Save
End Sub
```

代码 2043　另存工作簿

另存工作簿的方法是使用Workbook对象的**SaveAs**方法。

SaveAs方法有很多参数，详细情况可参阅帮助信息。在SaveAs方法的参数中，最主要的参数Filename用于指定保存的位置和新文件名。

下面的代码是以名字tempbook.xlsx将指定工作簿另存到文件夹d:\temp中。

```
Sub 代码2043()
    Dim wb As Workbook
    Dim wbName As String
    Dim wbPath As String
    Set wb = Workbooks(3)            '指定要另存的工作簿
    wbName = "tempbook.xlsx"         '指定文件名
    wbPath = "d:\temp\"              '指定文件夹
    wb.SaveAs fileName:=wbPath & wbName
End Sub
```

注意

由于当前工作簿以另一个文件名保存，所以以原来文件名命名的工作簿仍存在，但已经关闭。当前活动工作簿是新命名的工作簿。

代码 2044　设定保护密码并另存工作簿

有时候需要为指定工作簿设定保护密码并另存，这时可以使用Workbook对象的SaveAs

方法中的参数**Password**来设定保护密码。

下面的代码是以名字pswork.xlsx将当前工作簿另存到文件夹d:\temp中，并设定保护密码为hxl666。

```
Sub 代码2044()
    Dim wb As Workbook
    Dim wbName As String
    Dim wbPath As String
    Set wb = Workbooks(3)        '指定要设置密码保存的工作簿
    wbName = "pswork.xlsx"       '指定文件名
    wbPath = "d:\temp\"          '指定文件夹
    wb.SaveAs Filename:=wbPath & wbName, Password:="hxl666"
End Sub
```

这样，当以后打开这个工作簿时，会弹出一个要求输入密码的对话框，只有输入了正确的密码，才能打开这个工作簿。

代码 2045　设定写保护密码并另存工作簿

有时候需要为指定工作簿设定写保护密码并另存，以便在不输入密码的情况下也能打开工作簿，但该工作簿只能以只读方式打开。

这时，可以使用Workbook 对象的SaveAs方法中的参数**WriteResPassword**来设定写保护密码。

下面的代码是以名字pswrwork.xlsx将当前工作簿另存到文件夹d:\temp中，并设定保护密码为hxl666。

```
Sub 代码2045()
    Dim wb As Workbook
    Dim wbName As String
    Dim wbPath As String
    Set wb = Workbooks(3)        '指定要设置密码保存的工作簿
    wbName = " pswrwork.xlsx "   '指定新文件名
    wbPath = "d:\temp\"          '指定文件夹
    wb.SaveAs Filename:=wbPath & wbName, WriteResPassword:="hxl666"
End Sub
```

代码 2046　保存工作簿副本

利用Workbook 对象的**SaveCopyAs**方法可以将指定工作簿的副本保存到文件中，但不更改内存中已打开的工作簿。

当需要为工作簿创建备份，同时又不改变工作簿的位置时，这个方法非常有用。

下面的代码是保存当前活动工作簿的副本，它将当前的活动工作簿以新的名字bkwork.xlsx保存在文件夹d:\temp中。

```
Sub 代码2046()
    Dim wb As Workbook
    Dim wbName As String
    Dim wbPath As String
    Set wb = Workbooks(3)          '指定要备份的工作簿
    wbName = "bkwork.xlsx"         '指定新文件名
    wbPath = "d:\temp\"            '指定文件夹
    wb.SaveCopyAs fileName:=wbPath & wbName
End Sub
```

代码 2047　通过对话框指定名字和保存位置并保存工作簿

利用Application对象的GetSaveAsFilename方法可以显示"另存为"对话框，然后从对话框中输入文件名，选择保存位置，最后再进行保存。参考代码如下。

```
Sub 代码2047()
    Dim wb As Workbook
    Dim wbname As String
    Set wb = ActiveWorkbook        '指定任意工作簿
    wbname = Application.GetSaveAsFilename(, "Excel工作簿(*.xlsx),*.xlsx")
    If wbname = "False" Then
        MsgBox "没有指定工作簿名字！"
        Exit Sub
    End If
    wb.SaveAs fileName:=wbname
End Sub
```

代码2048 　关闭工作簿，不保存

关闭工作簿可以使用Workbook 对象的Close方法。

该方法有以下3个参数。

● 第1个参数SaveChanges用于指定在关闭工作簿时是否保存，其值为True表示保存，为False表示不保存。

● 第2个参数FileName用于指定文件名。

● 第3个参数RouteWorkbook用于指定是否将工作簿传送给下一个收件人。

下面的代码是在关闭当前工作簿时不进行保存。

```
Sub 代码2048()
    Dim wb As Workbook
    Set wb = ThisWorkbook        '指定任意工作簿
    wb.Close SaveChanges:=False
End Sub
```

代码2049 　关闭工作簿前进行保存

将Workbook 对象的Close方法中的参数SaveChanges设置为True可以将工作簿保存后再关闭。参考代码如下。

```
Sub 代码2049()
    Dim wb As Workbook
    Set wb = ThisWorkbook        '指定任意工作簿
    wb.Close SaveChanges:=True
End Sub
```

代码2050 　关闭所有打开的工作簿，不保存

当需要一次性地将所有打开的工作簿全部关闭，但要求不保存各个工作簿的改动时，仍可以使用Close方法，但必须使用语句"Application.DisplayAlerts = False"来避免出现"确认保存"对话框。参考代码如下。

```
Sub 代码2050()
    Application.DisplayAlerts = False
```

```
    Workbooks.Close
End Sub
```

● 说明

这种关闭所有打开的工作簿的方法，仅仅是关闭工作簿本身，但并没有关闭Microsoft Excel应用程序。如果要在关闭工作簿的同时也关闭Microsoft Excel应用程序，可使用Application对象的Quit方法。

代码 2051 关闭所有打开的工作簿，保存所有更改

当需要一次性地将所有打开的工作簿全部关闭，但要求保存各个工作簿的改动时，仍可以使用Close方法，并且在出现的"确认保存"对话框中单击"全部保存"按钮即可。参考代码如下。

```
Sub 代码2051()
    Workbooks.Close
End Sub
```

● 说明

这种关闭所有打开的工作簿的方法，仅仅是关闭工作簿本身，并没有关闭Microsoft Excel应用程序。

代码 2052 关闭所有工作簿，同时关闭 Excel

如果要在关闭工作簿的同时也关闭Microsoft Excel应用程序，可以使用Application对象的Quit方法。参考代码如下。

```
Sub 代码2052()
    Application.Quit
End Sub
```

2.6 设置工作簿保护密码

保护工作簿是一件很重要的工作，尤其对保存着敏感数据的工作簿，或者不希望被人修改数据的工作簿。

保护工作簿分为以下两种情况。

- 工作簿打开权限密码保护。
- 保护工作簿结构和窗口。

代码 2053　判断工作簿是否有打开权限密码

判断工作簿是否有打开权限密码，可以使用Workbook对象的HasPassword属性。参考代码如下。

```
Sub 代码2053()
    Dim wb As Workbook
    Set wb = ThisWorkbook       '指定任意工作簿
    If wb.HasPassword = True Then
        MsgBox "该工作簿有打开权限密码"
    Else
        MsgBox "该工作簿没有打开权限密码"
    End If
End Sub
```

代码 2054　设定工作簿打开权限密码：利用 SaveAs 方法

要为工作簿设置打开权限密码，可以使用Workbook对象的SaveAs方法。参考代码如下。

```
Sub 代码2054()
    Application.DisplayAlerts = False
    Dim wb As Workbook
    Set wb = ThisWorkbook       '指定任意工作簿
    wb.SaveAs Filename:=wb.FullName, Password:="12345"
```

```
        Application.DisplayAlerts = True
        wb.Close
End Sub
```

在这个程序中，将工作簿设置为打开权限密码另存，并使用Application对象的 DisplayAlerts属性来屏蔽覆盖源文件时的警告信息。

代码 2055　设定工作簿打开权限密码：利用 Password 属性

使用Workbook对象的Password属性也可以为工作簿设置打开权限密码。参考代码如下。

```
Sub 代码2055()
    Dim wb As Workbook
    Set wb = ThisWorkbook    '指定任意工作簿
    With wb
        .Password = "12345"
        .Save
        .Close
    End With
End Sub
```

代码 2056　取消工作簿打开权限密码：利用 SaveAs 方法

要取消工作簿的打开权限密码，同样需要使用Workbook对象的SaveAs方法，将Password 参数设置为空密码即可。参考代码如下。

```
Sub 代码2056()
    Application.DisplayAlerts = False
    Dim wb As Workbook
    Set wb = ThisWorkbook    '指定任意工作簿
    wb.SaveAs Filename:=wb.FullName, Password:=""
    wb.Close
    Application.DisplayAlerts = True
End Sub
```

代码 2057 取消工作簿打开权限密码：利用 Password 属性

利用Password属性也可以设置取消工作簿打开权限密码。参考代码如下。

```
Sub 代码2057()
    Dim wb As Workbook
    Set wb = ThisWorkbook    '指定任意工作簿
    With wb
        .Password = ""
        .Save
        .Close
    End With
End Sub
```

代码 2058 设定工作簿写密码

要为工作簿设置写密码，可以使用Workbook对象的SaveAs方法。参考代码如下。

```
Sub 代码2058()
    Application.DisplayAlerts = False
    Dim wb As Workbook
    Set wb = ThisWorkbook    '指定任意工作簿
    wb.SaveAs Filename:=wb.FullName, WriteResPassword:="54321"
    wb.Close
    Application.DisplayAlerts = True
End Sub
```

代码 2059 取消工作簿写密码

将SaveAs方法的WriteResPassword参数设置为空值可以取消写密码。参考代码如下。

```
Sub 代码2059()
    Application.DisplayAlerts = False
    Dim wb As Workbook
    Set wb = ThisWorkbook    '指定任意工作簿
```

```
        wb.SaveAs Filename:=wb.FullName, WriteResPassword:=""
        wb.Close
        Application.DisplayAlerts = True
End Sub
```

同时设置SaveAs方法的Password参数和WriteResPassword参数可以为工作簿同时设置打开权限密码和写密码。在下面的代码中，同时指定了建议只读方式。

```
Sub 代码2060()
        Application.DisplayAlerts = False
        Dim wb As Workbook
        Set wb = ThisWorkbook        '指定任意工作簿
        wb.SaveAs Filename:=wb.FullName, _
                Password:="12345", _
                WriteResPassword:="54321", _
                ReadOnlyRecommended:=True
        wb.Close
        Application.DisplayAlerts = True
End Sub
```

工作簿的保护有工作表结构保护和工作簿窗口保护两种。在下面的程序中，将显示当前宏代码运行的工作簿的保护状态。

```
Sub 代码2061()
        Dim wb As Workbook
        Set wb = ThisWorkbook        '指定任意的工作簿
        If wb.ProtectStructure = True Then
            MsgBox "本工作簿已经实施了工作表结构保护！"
        End If
        If wb.ProtectWindows = True Then
```

```
        MsgBox "本工作簿已经实施了工作簿窗口保护！"
    End If
    If wb.ProtectStructure = False And wb.ProtectWindows = False Then
        MsgBox "本工作簿没有实施任何保护！"
    End If
End Sub
```

代码 2062　保护工作表结构和工作簿窗口

保护工作簿有如下两种。

- 工作表结构保护：将Structure设置为True，可以对工作表结构进行保护，从而禁止对工作表的复制、移动和删除。
- 工作簿窗口保护：将Windows设置为True，可以对工作簿窗口进行保护，从而禁止对工作簿窗口的操作（如冻结窗格、拆分窗口等）。

保护工作簿要使用Protect方法，该方法有如下3个参数。

- Password：指定保护密码。
- Structure：指定工作表结构保护。
- Windows：指定工作簿窗口保护。

下面的代码就是对当前工作簿设置工作表结构保护和工作簿窗口保护，保护密码为12345。

```
Sub 代码2062()
    Dim wb As Workbook
    Set wb = ThisWorkbook    '指定任意工作簿
    wb.Protect Password:="12345", Structure:=True, Windows:=True
    Set wb = Nothing
End Sub
```

代码 2063　撤销对工作表结构和工作簿窗口的保护

撤销工作簿保护要使用Unprotect方法，该方法有一个参数Password，用于指定工作簿的保护密码。

下面的代码就是撤销对当前工作簿的保护，工作簿的原保护密码为12345。

```
Sub 代码2063()
    Dim wb As Workbook
    Set wb = ThisWorkbook    '指定任意工作簿
    wb.Unprotect Password:="hxl123"
    Set wb = Nothing
End Sub
```

2.7 编辑工作簿的文档信息

现在既可以获取工作簿的文档属性信息，也可以设置这些信息，不论是获取信息还是设置信息，都可以通过 Workbook 对象的 BuiltinDocumentProperties 属性来实现。

代码 2064　设定工作簿的文档属性信息

在下面的程序中，利用Workbook对象的BuiltinDocumentProperties属性可以设置当前工作簿的标题、主题、作者、单位、备注和关键词。

```
Sub 代码2064()
    Dim wb As Workbook
    Set wb = ThisWorkbook          '指定任意的工作簿
    With wb
        .BuiltinDocumentProperties("Title") = "Workbook对象操作实用代码"
        .BuiltinDocumentProperties("Subject") = "设定工作簿的文档属性信息"
        .BuiltinDocumentProperties("Author") = "韩小良"
        .BuiltinDocumentProperties("Company") = "专注公司"
        .BuiltinDocumentProperties("Comments") = "VBA实用技巧之设置文档信息"
        .BuiltinDocumentProperties("Keywords") = "VBA技巧"
    End With
    MsgBox "工作簿文档属性信息设置完毕！"
End Sub
```

代码 2065　删除工作簿的全部文档信息

利用RemoveDocumentInformation方法可以删除工作簿的指定类型信息。

利用RemoveDocumentInformation方法删除信息，要指定删除信息的类型，下面列出常用的类型。

- xlRDIAll：删除所有文档信息。
- xlRDIComments：从文档信息中删除批注。
- xlRDIContentType：从文档信息中删除内容类型数据。
- xlRDIDefinedNameComments：从文档信息中删除定义的名称批注。
- xlRDIDocumentProperties：从文档信息中删除文档属性。
- xlRDIExcelDataModel：从文档信息中删除数据模型数据。
- xlRDIInactiveDataConnections：从文档信息中删除非活动数据链接数据。
- xlRDIRemovePersonalInformation：从文档信息中删除个人信息。

下面的代码是删除指定工作簿的全部信息。

```
Sub 代码2065()
    Dim wb As Workbook
    Set wb = ThisWorkbook        '指定任意的工作簿
    wb.RemoveDocumentInformation (xlRDIAll)
    MsgBox "工作簿的信息全部删除！"
End Sub
```

代码 2066　删除工作簿的文档属性信息

指定RemoveDocumentInformation方法的参数为xlRDIDocumentProperties，即可删除工作簿的文档属性信息。参考代码如下。

```
Sub 代码2066()
    Dim wb As Workbook
    Set wb = ThisWorkbook        '指定任意的工作簿
    wb.RemoveDocumentInformation (xlRDIDocumentProperties)
    MsgBox "工作簿的文档属性信息全部删除！"
End Sub
```

代码 2067　删除工作簿的个人信息

指定RemoveDocumentInformation方法的参数为xlRDIRemovePersonalInformation，即可删除工作簿的个人信息。

删除个人信息前，先使用Workbook对象的RemovePersonalInformation属性判断是否允许删除个人信息。参考代码如下。

```
Sub 代码2067()
    Dim wb As Workbook
    Set wb = ThisWorkbook          '指定任意的工作簿
    If wb.RemovePersonalInformation = True Then
        wb.RemoveDocumentInformation (xlRDIRemovePersonalInformation)
        MsgBox "工作簿的个人信息全部删除！"
    Else
        MsgBox "工作簿的个人信息不允许删除！"
    End If
End Sub
```

2.8　定义和管理名称

在设计公式处理数据时，常常需要定义很多名称，例如，固定区域的名称、动态区域的名称等。定义名称、管理名称也可以使用 VBA 编写代码实现。

定义和管理名称需要使用 Workbook 对象的 Name 属性和 Names 属性，返回一个 Name 对象和 Names 集合，然后利用 Name 对象和 Names 集合的有关属性和方法进行操作。

代码 2068　获取工作簿中所有定义的名称及其引用位置

利用Workbook对象的Names属性返回Names集合，然后循环每个Name对象，就可以获取工作簿中定义的所有名称，最后再利用Name对象的Name属性获取名称，利用RefersTo属性获取引用位置。参考代码如下。

```
Sub 代码2068()
    Dim wb As Workbook
    Dim nm As Name
    Set wb = ThisWorkbook          '指定工作簿
    For Each nm In wb.Names
        Range("A1000").End(xlUp).Offset(1) = nm.Name
        Range("B1000").End(xlUp).Offset(1) = "'" & nm.RefersTo
    Next
End Sub
```

代码 2069　判断指定的名称是否存在

通过循环方式遍历工作簿的名称列表，就可以判断指定的名称是否存在。参考代码如下。

```
Sub 代码2069()
    Dim IsExist As Boolean
    Dim wb As Workbook
    Dim nm As Name
    Dim xName As String
    Set wb = ThisWorkbook          '指定工作簿
    xName = "客户"                  '指定要查找的名称
    IsExist = False
    For Each nm In wb.Names
        If LCase(nm.Name) = LCase(xName) Then
            IsExist = True
            Exit For
        End If
    Next
    If IsExist = True Then
        MsgBox "工作簿中有定义名称: " & xName
    Else
        MsgBox "工作簿中没有定义名称: " & xName
    End If
End Sub
```

代码 2070　为常量定义名称

可以利用Names集合的Add方法为一个常量定义名称。参考代码如下。

```
Sub 代码2070()
    Dim wb As Workbook
    Set wb = ThisWorkbook        '指定工作簿
    wb.Names.Add Name:="税率", RefersTo:="=0.25"
End Sub
```

代码 2071　为单元格区域定义名称：利用 Add 方法

为单元格区域定义名称的方法很多，其中标准的方法是利用Names集合的Add方法。
下面的代码是对工作表Sheet3的单元格区域A1:Z1000定义名称"数据源区域"。

```
Sub 代码2071()
    Dim wb As Workbook
    Set wb = ThisWorkbook        '指定工作簿
    wb.Names.Add Name:="数据源区域", RefersTo:="=Sheet3!$A$1:$Z$1000"
End Sub
```

▶注意

单元格地址引用要绝对引用，即加$符号。

代码 2072　为单元格区域定义名称：利用 Name 属性

给单元格区域定义名称的另一个方法是利用Range对象的Name属性。参考代码如下。

```
Sub 代码2072()
    Dim wb As Workbook
    Set wb = ThisWorkbook        '指定工作簿
    wb.Worksheets("Sheet3").Range("A1:Z1000").Name = "数据源区域"
End Sub
```

代码 2073　批量为多个单元格区域定义以首行字符为名字的名称

当需要批量为多个单元格区域定义以首行字符为名字的名称时，可以利用Range对象的

CreateNames方法。参考代码如下。

```
Sub 代码2073()
    Dim wb As Workbook
    Set wb = ThisWorkbook                    '指定工作簿
    wb.Worksheets("Sheet3").Range("A1:A10,B1:B23,C1:C6,D1:D19").CreateNames _
        Top:=True, Left:=False, Bottom:=False, Right:=False
End Sub
```

代码 2074 定义工作表级的名称

前面介绍的是工作簿级的名称，也就是说，这些名称不需要添加工作表前缀而是直接键入使用。同样，也可以定义工作表级名称。在使用工作表级名称时，在本工作表中可以直接键入使用，在其他工作表中必须键入工作表前缀使用。不同工作表的工作表级名称可以相同。

下面是参考代码，定义了3个工作表级名称"客户"，分别引用不同的工作表区域。

```
Sub 代码2074()
    Dim wb As Workbook
    Set wb = ThisWorkbook                    '指定工作簿
    wb.Worksheets("Sheet1").Names.Add Name:="客户",RefersTo:="=Sheet1!$A$1:$A$10"
    wb.Worksheets("Sheet2").Names.Add Name:="客户",RefersTo:="=Sheet2!$A$1:$A$10"
    wb.Worksheets("Sheet3").Names.Add Name:="客户",RefersTo:="=Sheet3!$A$1:$A$10"
End Sub
```

代码 2075 删除工作簿的指定名称

删除工作簿的指定名称的基本方法是利用Name对象的Delete方法。参考代码如下。

```
Sub 代码2075()
    Dim wb As Workbook
    Set wb = ThisWorkbook                    '指定工作簿
    wb.Names("客户").Delete                  '删除名称"客户"
End Sub
```

如果要删除的名称不存在，就会报错，因此，可以使用On Error Resume Next语句屏蔽错误。代码修改如下。

```
Sub 代码2075()
    Dim wb As Workbook
    Set wb = ThisWorkbook              '指定工作簿
    On Error Resume Next
    wb.Names("客户").Delete            '删除名称"客户"
    On Error GoTo 0
End Sub
```

代码 2076　删除工作簿中所有定义的名称

利用工作簿对象的Names集合，通过循环的方法，可以一次性地将工作簿的各个工作表中的用户所定义的名称全部删除。参考代码如下。

```
Sub 代码2076()
    Dim nm As Name
    Dim wb As Workbook
    Set wb = ThisWorkbook              '指定任意工作簿
    On Error Resume Next
    For Each nm In wb.Names
        nm.Delete
    Next
    On Error GoTo 0
End Sub
```

2.9　利用事件控制工作簿

Workbook 对象事件会影响到所有工作簿内的所有工作表。利用 Workbook 对象事件，可以很方便地对工作簿或各个工作表进行管理和操作。

Workbook 对象事件的所有程序，都保存在 Microsoft Excel 对象的 ThisWorkbook 模块里。

下面介绍几个常用事件的使用方法。

代码 2077　当打开工作簿时执行程序（Open 事件）

Open事件是工作簿对象的默认事件。当打开工作簿时，这个事件就被激活。

Open事件可以用在很多方面，如初始化数据、恢复初始化界面等。

下面的代码是在打开工作簿时，自动切换到"首页"工作表，运行程序"准备数据"，并朗读一段欢迎词。

```
Private Sub Workbook_Open()
    ThisWorkbook.Worksheets("首页").Select
    Call 准备数据
    Application.Speech.Speak "Hello，欢迎使用本模板"
End Sub
```

代码 2078　当关闭工作簿时执行程序（BeforeClose 事件）

Workbook对象的BeforeClose事件发生在工作簿关闭的时候。

下面的代码是在关闭工作簿时，运行程序"清零数据"，然后切换到"首页"工作表，并保存工作簿。

```
Private Sub Workbook_BeforeClose(Cancel As Boolean)
    Call 清零数据
    ThisWorkbook.Worksheets("首页").Select
    ThisWorkbook.Save
End Sub
```

在有些情况下，需要在关闭工作簿时，不保存工作簿，即放弃对工作簿的任何修改。此时可以编写如下的BeforeClose事件程序。

```
Private Sub Workbook_BeforeClose(Cancel As Boolean)
    ThisWorkbook.Close SaveChanges:=False
End Sub
```

代码 2079　当激活工作簿时执行程序（Activate 事件）

Workbook对象的Activate事件发生在工作簿成为活动工作簿的时候。

下面的代码是在激活工作簿时，将Excel标题设置为"欣欣科技公司"，并切换到第一个工作表。

```
Private Sub Workbook_Activate()
    Application.Caption = "欣欣科技公司"
    ThisWorkbook.Worksheets(1).Select
End Sub
```

代码 2080　当工作簿不是活动状态时执行程序（Deactivate 事件）

Workbook对象的Deactivate事件发生在工作簿不是活动工作簿的时候。
下面的代码是当工作簿不是活动状态时，就恢复Excel的默认标题。

```
Private Sub Workbook_Deactivate()
    Application.Caption = ""
End Sub
```

代码 2081　当保存工作簿时执行程序（BeforeSave 事件）

Workbook对象的BeforeSave事件发生在工作簿保存的时候。
下面的代码是在保存工作簿之前询问用户是否保存此工作簿。

```
Private Sub Workbook_BeforeSave(ByVal SaveAsUI As Boolean, Cancel As Boolean)
    Dim res
    res = MsgBox("是否要保存此工作簿？ ", vbQuestion + vbYesNo)
    If res = vbNo Then Cancel = True
End Sub
```

代码 2082　当保存工作簿后执行程序（AfterSave 事件）

Workbook对象的AfterSave事件发生在保存工作簿之后。
下面的代码是在保存工作簿之后，弹出工作簿保存成功信息。

```
Private Sub Workbook_AfterSave(ByVal Success As Boolean)
    If Success Then
        MsgBox "工作簿成功保存", vbInformation
```

```
    End If
End Sub
```

代码 2083　当打印工作簿时执行程序（BeforePrint 事件）

Workbook对象的BeforePrint事件发生在工作簿被打印的时候。

下面的代码是在打印工作簿之前，在一个名字为"打印日志"的工作表中记录每次打印的日期、时间、用户名、所打印的表，以及打印的单元格区域。

```
Private Sub Workbook_BeforePrint(Cancel As Boolean)
    Dim LastRow As Long
    Dim PrintLog As Worksheet
    Set PrintLog = ThisWorkbook.Worksheets("打印日志")
    LastRow = PrintLog.Range("A10000").End(xlUp).Row + 1
    With PrintLog
        .Cells(LastRow, 1).Value = Format(Date, "yyyy-mm-dd")
        .Cells(LastRow, 2).Value = Format(Now, "hh:mm:ss")
        .Cells(LastRow, 3).Value = Application.UserName
        .Cells(LastRow, 4).Value = ActiveSheet.Name
        .Cells(LastRow, 5).Value = ActiveSheet.PageSetup.PrintArea
    End With
End Sub
```

代码 2084　当新建工作表时执行程序（NewSheet 事件）

Workbook对象的NewSheet事件发生在工作簿插入新工作表的时候。

下面的代码是在工作簿插入新工作表时，将新插入的工作表移到最后面，并在A1单元格中输入标题"只有奋斗才能生存"。

```
Private Sub Workbook_NewSheet(ByVal Sh As Object)
    Sh.Move After:=ThisWorkbook.Worksheets(ThisWorkbook.Worksheets.Count)
    Sh.Range("A1") = "只有奋斗才能生存"
End Sub
```

代码 2085 当工作表被激活时执行程序（SheetActivate 事件）

Workbook对象的SheetActivate事件发生在工作簿内的任何工作表被激活的时候。

下面的代码是当工作簿的任何工作表被激活时，弹出输入密码对话框，然后解除该工作表的密码保护。

```
Private Sub Workbook_SheetActivate(ByVal Sh As Object)
    If Sh.ProtectContents = True Then
        ps = InputBox("请输入密码:")
        If ps = "" Then Exit Sub
        On Error GoTo aaa
        Sh.Unprotect Password:=ps
        Exit Sub
aaa:
        MsgBox "密码不正确！"
    End If
End Sub
```

代码 2086 当工作表不是活动状态时执行程序（SheetDeactivate 事件）

Workbook对象的SheetDeactivate事件发生在工作簿内的任何工作表不是活动状态的时候。

下面的代码是当工作簿的某个工作表不是活动状态时，对该工作表进行密码保护。

```
Private Sub Workbook_SheetDeactivate(ByVal Sh As Object)
    Sh.Protect Password:="12345"
End Sub
```

代码 2087 当工作表被计算时执行程序（SheetCalculate 事件）

Workbook对象的SheetCalculate事件发生在工作簿内的任何工作表被重新计算的时候。

下面的代码是当工作簿的任何工作表被重新计算时弹出提示框。

```
Private Sub Workbook_SheetCalculate(ByVal Sh As Object)
    MsgBox "工作表 " & Sh.Name & " 被重新进行了计算"
End Sub
```

代码 2088　当工作表被删除之前执行程序（SheetBeforeDelete 事件）

Workbook对象的SheetBeforeDelete事件发生在工作簿内的任何工作表被删除的时候。
下面的代码是当工作簿的任何工作表被删除时，将此工作表备份。

```
Private Sub Workbook_SheetBeforeDelete(ByVal Sh As Object)
    Sh.Copy Before:=Sheets(1)
    ActiveSheet.Name = Sh.Name & "备份"
End Sub
```

代码 2089　当双击工作表时执行程序(SheetBeforeDoubleClick 事件)

Workbook对象的SheetBeforeDoubleClick事件发生在双击工作簿内的任何工作表的时候。
下面的代码是当双击工作簿内的任何工作表时，显示该工作表名称及双击的单元格
地址。

```
Private Sub Workbook_SheetBeforeDoubleClick(ByVal Sh As Object, ByVal Target As
Range, Cancel As Boolean)
    MsgBox "您双击了工作表 " & Sh.Name & " 的单元格 " & Target.Address
End Sub
```

代码 2090　当右击时执行程序（SheetBeforeRightClick 事件）

Workbook对象的SheetBeforeRightClick事件发生在用户右击工作簿内的任何工作表的时
候。
下面的代码是当右击工作簿内的任何工作表时，激活第一个工作表，并且阻止默认事件
（即右击的快捷菜单）的发生。

```
Private Sub Workbook_SheetBeforeRightClick(ByVal Sh As Object, ByVal Target As Range,
Cancel As Boolean)
    Worksheets(1).Activate
    Cancel = True
End Sub
```

Chapter

03

Worksheet对象：操作工作表

工作簿对象的下一级对象是工作表（Worksheet）对象。

Worksheet对象代表一张工作表，它是Worksheets集合的成员，而Worksheets集合包含了工作簿中所有的Worksheet对象。

通常操作Excel都是在工作表上进行的，因此，如何引用工作表、获取工作表信息、设置工作表和操作工作表等是非常重要的。

3.1 引用工作表

在操作工作表之前，首先必须确定要操作的是哪个工作表，也就是要引用工作表。引用工作表的方法有很多，下面介绍几个引用工作表的基本方法和参考代码。

代码 3001 通过索引引用工作表

通过索引引用工作表，是指通过某工作表在Worksheets集合中的位置来引用工作表。例如，Workbooks("Book1").Worksheets(2)就表示引用工作簿Book1中的第2个工作表。

如果是引用当前活动工作簿的工作表，那么可以省略工作簿对象，即Worksheets(2)。

这种通过索引引用工作表的方法特别适合于不需要知道具体的工作表名，并需要循环引用每个工作表的场合。

下面的代码是指定一个工作簿，并引用该工作簿的第2个工作表。

```
Sub 代码3001()
    Dim wb As Workbook
    Dim ws As Worksheet
    Dim wsIndex As Integer
    Set wb = ThisWorkbook          '指定工作簿
    shIndex = 2                     '指定某个表
    If shIndex > wb.Worksheets.Count Then
        MsgBox "指定的工作表超出了范围! "
        Exit Sub
    End If
    Set ws = wb.Worksheets(shIndex)
    MsgBox "指定的工作表名称为:" & ws.Name
End Sub
```

代码 3002 通过名称引用工作表

通过名称引用工作表，是指通过指定具体的工作表名称而引用工作表。

例如，Workbooks("Book1").Worksheets("Sheet3")表示引用工作簿Book1中的名称为Sheet3的工作表。

如果是引用当前活动工作簿的工作表，那么可以省略工作簿对象，即Worksheets("Sheet3")。

下面的代码将指定一个工作簿，并引用该工作簿中指定具体名称的工作表，获取该工作表的索引号。

```
Sub 代码3002()
    Dim wb As Workbook
    Dim ws As Worksheet
    Dim wsName As String
    Set wb = ThisWorkbook          '指定工作簿
    wsName = "Sheet2"              '指定某个表
    Set ws = wb.Worksheets(wsName)
    MsgBox "指定工作表的索引号是:" & ws.Index
End Sub
```

代码 3003　通过 Sheets 集合引用工作表

在VBA中，有一个名为Sheets的集合，它由工作簿中的所有工作表组成，不论这些工作表是普通的工作表还是图表工作表，都包括在Sheets集合内。

使用Sheets的集合来引用某个工作表的方法有如下两种：

● 工作表的序号引用，如Sheets(1)。

● 工作表的名称引用，如Sheets("Sheet1")。

下面的代码是通过Sheets集合引用指定的工作表。

由于Sheets集合中的某个表不一定就是工作表，因此需要对所指定表的类型进行判断。

```
Sub 代码3003()
    Dim wb As Workbook
    Dim ws As Object
    Dim wsName As String
    Set wb = ThisWorkbook               '指定工作簿
    wsName = "Sheet2"                   '指定某个表名称
    Set ws = wb.Sheets(wsName)          '指定表
    If ws.Type = xlWorksheet Then
        MsgBox "指定的工作表索引号为:" & ws.Index
```

```
        Else
            MsgBox "指定的表不是工作表! "
        End If
    End Sub
```

● 说明

判断某个表是否为普通的工作表可以使用Type属性。

Type属性返回或设置工作表类型，当其值为xlWorksheet时，就表示为普通的工作表。

代码 3004　引用当前活动工作表

利用ActiveSheet属性，可以引用当前活动工作表。不过，由于通过ActiveSheet属性所引用的表并不一定就是普通工作表，因此，在程序中需要判断引用的是不是普通工作表。参考代码如下。

```
Sub 代码3004()
    Dim wb As Workbook
    Dim ws As Object
    Set ws = ActiveSheet        '指定当前活动工作表
    If ws.Type = xlWorksheet Then
        MsgBox "当前活动工作表是普通工作表，名称是:" & ws.Name
    Else
        MsgBox "当前活动表不是普通工作表! "
    End If
End Sub
```

代码 3005　引用第一个工作表

当指定索引值为1时，就是引用第一个工作表。参考代码如下。

```
Sub 代码3005()
    Dim wb As Workbook
    Dim ws As Worksheet
    Set wb = ThisWorkbook     '指定工作簿
    Set ws = wb.Worksheets(1)
```

```
    MsgBox "第一个表名称为:" & ws.Name
End Sub
```

代码 3006   引用最后一个工作表

当指定索引值为Worksheets.Count时，就是引用最后一个工作表。参考代码如下。

```
Sub 代码3006()
    Dim wb As Workbook
    Dim ws As Worksheet
    Set wb = ThisWorkbook            '指定工作簿
    Set ws = wb.Worksheets(wb.Worksheets.Count)
    MsgBox "最后工作表的名称为:" & ws.Name
End Sub
```

代码 3007   引用工作簿的所有工作表：普通循环方法

利用循环语句对所有的工作表集合进行循环，就可以引用所有的工作表。
下面的代码是采用普通循环方法来引用所有工作表。

```
Sub 代码3007()
    Dim i As Integer
    Dim wb As Workbook
    Dim ws As Worksheet
    Set wb = ThisWorkbook            '指定工作簿
    For i = 1 To wb.Worksheets.Count
        Set ws = wb.Worksheets(i)
        ws.Select
        MsgBox "第" & i & "个表名称为:" & ws.Name
    Next i
End Sub
```

代码 3008   引用工作簿的所有工作表：变量循环方法

下面的代码是采用变量循环方法来引用所有工作表。

```
Sub 代码3008()
    Dim wb As Workbook
    Dim ws As Worksheet
    Set wb = ThisWorkbook        '指定工作簿
    For Each ws In wb.Worksheets
        ws.Select
        MsgBox "当前的工作表名称为:" & ws.Name
    Next
End Sub
```

代码 3009　同时引用工作簿的指定多个工作表

利用Array函数将多个指定的工作表名称进行保存，然后利用循环语句引用这些工作表。下面是示例程序。

```
Sub 代码3009()
    Dim wb As Workbook
    Dim shs As Sheets
    Dim ws As Worksheet
    Set wb = ThisWorkbook        '指定工作簿
    Set shs = wb.Worksheets(Array("sheet1","sheet2", "sheet3"))
    For Each ws In shs
        ws.Range("A1") = "这是被引用的工作表"
        ws.Activate
    Next
End Sub
```

这个程序也可以修改为

```
Sub 代码3009_1()
    Dim arr As Variant
    Dim i As Integer
    Dim wb As Workbook
    Dim ws As Worksheet
    Set wb = ThisWorkbook        '指定工作簿
```

```
    arr = Array("sheet1", "sheet2", "sheet3")
    For i = 0 To UBound(arr)
        Set ws = wb.Worksheets(arr(i))
        ws.Range("A1") = "这是被引用的工作表"
        ws.Activate
    Next i
End Sub
```

代码 3010 引用新建的工作表

先利用Worksheets集合的Add方法新建一个工作表，然后再引用该工作表。

下面的代码是在指定的工作簿的最后插入一个新工作表，并将该工作表重命名为"我的新工作表"，然后在单元格A1中输入8888。

```
Sub 代码3010()
    Dim ws As Worksheet
    Dim wb As Workbook
    Set wb = ThisWorkbook          '指定工作簿
    Set ws = wb.Worksheets.Add     '新建一个工作表
    With ws
        .Name = "我的新工作表"
        .Cells(1, 1) = 8888
    End With
End Sub
```

代码 3011 引用工作表名称中包含特定字符的工作表

利用Like运算符来查找工作表名称中包含特定字符的工作表。

在下面的程序中，对所有的工作表进行循环，查找工作表名称中包含"预算"字符的工作表，然后获取该工作表单元格A1的值。

```
Sub 代码3011()
    Dim wb As Workbook
    Dim wsx As Worksheet
```

```
    Dim ws As Worksheet
    Set wb = ThisWorkbook              '指定工作簿
    For Each wsx In wb.Worksheets
        If wsx.Name Like "*预算*" Then
            Set ws = wsx
            Exit For
        End If
    Next
    MsgBox "该工作表全名是:" & ws.Name & ", 单元格A1数据是:" & ws.Range("A1")
End Sub
```

Like运算符是非常有用的，可以利用Like运算符实现模糊查询。例如，上面的程序就是查找工作表名称中包含"预算"字符的工作表。

如果要查找工作表名称以"预算"字符开头的工作表，那么可以使用如下语句。

```
If ws.Name Like "预算*" Then
```

如果要查找工作表名称以"预算"字符结尾的工作表，那么可以使用如下语句。

```
If ws.Name Like "*预算" Then
```

代码 3012　引用指定工作表标签颜色的工作表

如果工作簿中有大量的工作表，手动对工作表标签设置了颜色，现在要引用某个特别指定颜色的工作表，可以使用下面的程序。

```
Sub 代码3012()
    Dim wb As Workbook
    Dim wsx As Worksheet
    Dim ws As Worksheet
    Set wb = ThisWorkbook              '指定工作簿
    For Each wsx In wb.Worksheets
        If wsx.Tab.Color = vbRed Then       '判断工作表标签颜色是否为红色
            Set ws = wsx
            Exit For
        End If
    Next
```

```
        MsgBox "标签颜色是红色的工作表全名是:" & ws.Name
End Sub
```

代码 3013 引用定义有指定名称的工作表

可以利用RefersToRange对象的Parent属性来返回有指定名称的工作表。

下面的代码是引用定义有名称"客户"的工作表，并获取该工作表名称及该名称所定义的单元格区域。

```
Sub 代码3013()
    Dim wsName As String, adr As String
    Dim wb As Workbook
    Dim ws As Worksheet
    Set wb = ThisWorkbook        '指定工作簿
    wsName = wb.Names("客户").RefersToRange.Parent.Name
    Set ws = wb.Worksheets(wsName)
    adr = wb.Names("客户").RefersToRange.Name
    MsgBox "该工作表名称为:" & wsName & ",  名称引用单元格区域为:" & adr
End Sub
```

3.2 工作表基本状况统计

有时候需要对工作表基本状况进行了解。例如，当前工作簿中有多少个工作表、指定名称的工作表是否存在及工作表的类型是什么等。此时，可以使用Worksheets 集合和 Worksheet 对象的有关属性进行处理。

代码 3014 获取工作表的类型

工作簿中的工作表有普通工作表、图表工作表、宏工作表等几种，一般的操作都是在普通工作表上进行的。判断工作表类型需要使用Object对象的Type属性。参考代码如下。

```
Sub 代码3014()
```

```
    Dim wb As Workbook
    Dim sh As Object
    Set wb = ThisWorkbook      '指定工作簿
    Set sh = wb.Sheets(3)       '指定表
    Select Case sh.Type
        Case xlWorksheet
            MsgBox "普通工作表"
        Case xlChart
            MsgBox "图表工作表"
        Case xlExcel4MacroSheet
            MsgBox "宏工作表"
        Case Else
            MsgBox "其他工作表"
    End Select
End Sub
```

代码 3015　判断是否为普通工作表

一般的操作都是在普通工作表上进行的，因此最好判断引用的工作表是不是普通工作表。参考代码如下。

```
Sub 代码3015()
    Dim wb As Workbook
    Dim sh As Object
    Set wb = ThisWorkbook        '指定工作簿
    Set sh = wb.Sheets(3)
    If sh.Type = xlWorksheet Then
        MsgBox "这个表是普通工作表，下面将在单元格A1输入100"
        sh.Range("A1") = 100
    Else
        MsgBox "这个表不是普通工作表，没有单元格"
    End If
End Sub
```

代码 3016 统计工作表总数

统计工作表总数的方法是使用Worksheets集合的Count属性，或者使用Sheets集合的Count属性，前者是统计普通工作表个数，后者是统计所有工作表个数。参考代码如下。

```
Sub 代码3016()
    Dim wb As Workbook
    Set wb = ThisWorkbook      '指定工作簿
    MsgBox "工作簿中工作表总数:" & wb.Sheets.Count _
        & vbCrLf & "其中普通工作表个数:" & wb.Worksheets.Count
End Sub
```

代码 3017 统计可见的普通工作表个数

利用**Worksheet**对象的**Visible**属性来判断工作表是否可见，进而统计工作簿中普通的可见工作表个数。参考代码如下。

```
Sub 代码3017()
    Dim wb As Workbook
    Dim ws As Worksheet
    Dim n As Integer
    Set wb = ThisWorkbook      '指定工作簿
    n = 0
    For Each ws In wb.Worksheets
        If ws.Visible = True Then
            n = n + 1
        End If
    Next
    MsgBox "工作簿中可见的普通工作表个数:" & n
End Sub
```

代码 3018 统计隐藏的普通工作表个数

同样利用**Worksheet**对象的**Visible**属性来判断工作表是否可见，进而统计工作簿中被隐藏的普通工作表个数。参考代码如下。

```
Sub 代码3018()
    Dim wb As Workbook
    Dim ws As Worksheet
    Dim n As Integer
    Set wb = ThisWorkbook      '指定工作簿
    n = 0
    For Each ws In wb.Worksheets
        If ws.Visible = False Then
            n = n + 1
        End If
    Next
    MsgBox "工作簿中隐藏的普通工作表个数:" & n
End Sub
```

代码 3019 统计可见的所有类别工作表个数

利用**Object**对象的**Visible**属性来判断工作表是否可见，进而统计工作簿中可见的所有类别工作表个数。这里的"所有类别工作表"包括普通工作表、图表工作表、宏工作表等。参考代码如下。

```
Sub 代码3019()
    Dim wb As Workbook
    Dim sh As Object
    Dim n As Integer
    Set wb = ThisWorkbook       '指定工作簿
    n = 0
    For Each sh In wb.Sheets
        If sh.Visible = True Then
            n = n + 1
        End If
    Next
    MsgBox "工作簿中所有类别的可见工作表个数:" & n
End Sub
```

统计隐藏的所有类别工作表个数

同样利用**Object**对象的**Visible**属性来判断工作表是否可见，进而统计工作簿中隐藏的所有类别工作表个数。参考代码如下。

```
Sub 代码3020()
    Dim wb As Workbook
    Dim sh As Object
    Dim n As Integer
    Set wb = ThisWorkbook        '指定工作簿
    n = 0
    For Each sh In wb.Sheets
        If sh.Visible = False Then
            n = n + 1
        End If
    Next
    MsgBox "工作簿中所有类别的隐藏工作表个数:" & n
End Sub
```

判断工作表是否存在：循环方法

通过对Worksheets集合进行循环来查找是否有指定名称的工作表，是判断工作表是否存在的基本方法。

下面的程序是根据这种方法判断工作表是否存在的。

为了防止工作表名大小写所造成的错误，程序使用了LCase将工作表名转换为小写。当然，也可以使用UCase转换为大写。

```
Sub 代码3021()
    Dim shExist As Boolean
    Dim wb As Workbook
    Dim ws As Worksheet
    Dim sh As String
    shExists = False
    Set wb = ThisWorkbook         '指定工作簿
```

```
sh = "Sheet9"                '指定工作表
For Each ws In wb.Worksheets
    If LCase(ws.Name) = LCase(sh) Then
        shExist = True
        Exit For
    End If
Next
If shExist = True Then
    MsgBox "工作表 " & sh & " 存在。"
Else
    MsgBox "工作表 " & sh & " 不存在。"
End If
End Sub
```

代码 3022　判断工作表是否存在：对象处理法

　　除了利用循环语句查找工作表是否存在外，还可以采用下面的方法：对工作表集合指定成员名称来获取对象，如果该成员不存在的话，对象变量就会返回Nothing。这样，就可以根据对象变量是否返回Nothing这一点，来判断工作表是否存在。

```
Sub 代码3022()
    Dim wb As Workbook
    Dim ws As Worksheet
    Set wb = ThisWorkbook        '指定工作簿
    sh = "Sheet3"                '指定工作表
    On Error Resume Next
    Set ws = Worksheets(sh)
    On Error GoTo 0
    If ws Is Nothing Then
        MsgBox "工作表 " & sh & " 不存在。"
    Else
        MsgBox "工作表 " & sh & " 存在。"
    End If
End Sub
```

可以设计一个判断工作表是否存在的自定义函数。参考代码如下。

```
Function shExist(sh As String) As Boolean
    Dim ws As Worksheet
    For Each ws In Worksheets
        If LCase(ws.Name) = LCase(sh) Then
            shExist = True
            Exit Function
        End If
    Next
End Function
```

这样，就可以在下面的程序中使用这个自定义函数。

```
Sub 代码3023()
    If shExist("Sheet3") = True Then
        MsgBox "工作表 Sheet3 存在。"
    Else
        MsgBox "工作表 Sheet3 不存在。"
    End If
End Sub
```

3.3　处理工作表名称

每个工作表都有名称，如何获取工作表名称、如何重命名工作表、如何判断某个工作表是否存在等问题，都可以通过处理工作表名称来解决。

代码 3024　获取某个工作表的名称

利用Worksheet对象的Name属性，可以获取工作表的名称。

下面的代码可以将当前活动工作表的名称显示出来，并输入到A1单元格。

```
Sub 代码3024()
    Dim ws As Worksheet
    Set ws = ActiveSheet        '指定工作表
    ws.Range("A1") = ws.Name
    MsgBox "当前活动工作表的名称为:" & ws.Name
End Sub
```

代码 3025　获取全部工作表的名称

对当前工作簿中的所有工作表进行循环，并利用Worksheet对象的Name属性获取全部工作表的名称。

下面的代码将当前工作簿的全部工作表的名称输出到当前活动工作表中。

```
Sub 代码3025()
    Dim ws As Worksheet
    Columns(1).Clear
    Range("A1") = "工作表名称"
    For Each ws In ThisWorkbook.Worksheets
        Cells(1000, 1).End(xlUp).Offset(1).Value = ws.Name
    Next
End Sub
```

代码 3026　重命名普通工作表

重命名普通工作表很简单，使用Worksheet对象的Name属性即可。参考代码如下。

```
Sub 代码3026()
    Dim ws As Worksheet
    Set ws = Worksheets(1)        '指定工作表
    ws.Name = "8月工资"
End Sub
```

这个代码是有BUG的，因为如果工作簿中已经存在了一个相同名称的工作表，就会报错，因此需要在程序中进行判断处理。代码修改如下。

```
Sub 代码3026_1()
```

```
    Dim Nstr As String
    Dim ws As Worksheet
    Dim w As Worksheet
    Set ws = Worksheets(1)        '指定工作表
    Nstr = "8月工资"              '指定新名称
    For Each w In Worksheets
        If LCase(w.Name) = LCase(Nstr) Then
            MsgBox "已有相同名称的工作表存在! 请重新指定名称"
            Exit Sub
        End If
    Next
    ws.Name = Nstr
End Sub
```

代码 3027 重命名任意类型工作表

重命名任意工作表的方法也很简单，不过需要使用sheet对象的Name属性。下面是参考代码，已经在程序中设计了重名检索判断处理。

```
Sub 代码3027()
    Dim Nstr As String
    Dim ws As Object
    Dim w As Object
    Set ws = Sheets(3)           '指定工作表
    Nstr = "工资"               '指定新名称
    For Each w In Sheets
        If LCase(w.Name) = LCase(Nstr) Then
            MsgBox "已有相同名称的工作表存在! 请重新指定名称"
            Exit Sub
        End If
    Next
    ws.Name = Nstr
End Sub
```

代码 3028　批量重命名多个工作表

构建一个要重命名的工作表名称数组，然后循环并重命名，就可以批量重命名多个工作表。参考代码如下。

```
Sub 代码3028()
    Dim arrOld As Variant
    Dim arrNew As Variant
    Dim i As Integer
    arrOld = Array("1月", "2月", "3月", "4月", "5月")          '指定要修改的旧表名
    arrNew = Array("Jan", "Feb", "Mar", "Apr", "May")          '指定新名称
    For i = 0 To UBound(arrOld)
        Sheets(arrOld(i)).Name = arrNew(i)
    Next i
End Sub
```

代码 3029　设置工作表标签颜色

利用工作表对象的Tab属性返回工作表的Tab对象，然后再利用Tab对象的ColorIndex属性来设置工作表标签的颜色。

下面的代码是将第一个工作表的标签颜色设置为红色，然后再取消红色。

```
Sub 代码3029()
    Dim ws As Worksheet
    Set ws = Worksheets(1)          '指定工作表
    ws.Tab.ColorIndex = 3
    MsgBox "工作表标签颜色被改为红色。下面将恢复为默认值。"
    ws.Tab.ColorIndex = xlColorIndexNone
End Sub
```

也可以使用Color属性来设置颜色，这样更容易理解些。参考代码如下。

```
Sub 代码3029_1()
    Dim ws As Worksheet
    Set ws = Worksheets(1)          '指定工作表
    ws.Tab.Color = vbRed
```

```
MsgBox "工作表标签颜色被改为红色。下面将恢复为默认值。"
    ws.Tab.ColorIndex = xlColorIndexNone
End Sub
```

3.5 新建工作表

新建工作表要利用 Worksheets 集合的 Add 方法，或者利用 Sheets 集合的 Add 方法来新建指定类型的工作表。

当新建一个工作表后，新建的工作表就成为活动工作表。

代码 3030 在当前位置插入一个普通工作表

下面是插入一个普通工作表的简单代码。

```
Sub 代码3030()
    Worksheets.Add
    MsgBox "在当前位置插入了一个新工作表，默认表名是:" & ActiveSheet.Name
End Sub
```

代码 3031 在当前位置插入多个普通工作表

将Add 方法的Count参数设置为一个数字，就可以一次创建多个工作表。
下面的代码是在当前位置插入3个新工作表。

```
Sub 代码3031()
    Worksheets.Add Count:=3
    MsgBox "在当前位置插入了3个新工作表"
End Sub
```

代码 3032 在指定位置之前插入普通工作表

对Add 方法的before参数指定一个工作表对象，新建的工作表就将置于此工作表之前。

下面的代码是在第2个工作表前面插入5个新工作表。

```
Sub 代码3032()
    Worksheets.Add before:=Worksheets(2), Count:=5
End Sub
```

代码 3033　在指定位置之后插入普通工作表

将Add方法的after参数指定为一个工作表对象，新建的工作表就将置于此工作表之后。
下面的代码是在第2个工作表后面插入5个新工作表。

```
Sub 代码3033()
    Worksheets.Add after:=Worksheets(2), Count:=5
End Sub
```

代码 3034　新工作表永远插入到最前面

指定before参数为第1个工作表，将新工作表永远插入到所有工作表的最前面。参考代码如下。

```
Sub 代码3034()
    Worksheets.Add before:=Sheets(1)
End Sub
```

代码 3035　新工作表永远插入到最后面

指定after参数为最后一个工作表，将新工作表永远插入到所有工作表的最后面。参考代码如下。

```
Sub 代码3035()
    Worksheets.Add after:=Sheets(Sheets.Count)
End Sub
```

如果要插入几个工作表，往后依次插入到最后，程序代码可以修改为

```
Sub 代码3035_1()
    Dim i As Integer
    For i = 1 To 5        '在最后依次插入5个新工作表
```

```
        Worksheets.Add after:=Sheets(Sheets.Count)
    Next i
End Sub
```

代码 3036 插入指定类型的新工作表

利用Sheets集合的Add方法可以新建指定类型的工作表，只需将type参数指定类型即可。下面的代码是在最前面插入一个图表工作表。

```
Sub 代码3036()
    Sheets.Add before:=Worksheets(1), Type:=xlChart
End Sub
```

代码 3037 插入新工作表并对其进行操作

当插入新工作表时，如果要对该工作表进行后续操作，最好将新工作表赋值为对象变量，然后在最后插入一个工作表，将其标签设置为红色，重命名为"销售统计"，在A1单元格中输入数字100。参考代码如下。

```
Sub 代码3037()
    Dim ws As Worksheet
    Set ws = Worksheets.Add(after:=Sheets(Sheets.Count))
    With ws
        .Tab.Color = vbRed
        .Name = "销售统计"
        .Range("A1") = 100
    End With
End Sub
```

3.6 删除工作表

删除工作表可以使用 Worksheet 对象的 Delete 方法或者 Sheet 对象的 Delete 方法。不过要注意，当删除工作表时，如果工作表有数据，则会弹出警告框。

> **注意**
> 当工作簿中只有一个工作表时是不能删除的。

代码 3038　删除指定的工作表

下面的程序代码是删除指定的工作表。这里使用Application.DisplayAlerts语句，来屏蔽由于工作表不存在或者工作表有数据的警告框。

```
Sub 代码3038()
    On Error Resume Next
    Application.DisplayAlerts = False
    Sheets("Sheet2").Delete       '删除指定工作表
    Application.DisplayAlerts = True
    On Error GoTo 0
End Sub
```

代码 3039　批量删除多个工作表

使用Array构建要删除工作表的数组，再使用Delete方法可以一次性批量删除。参考代码如下。

```
Sub 代码3039()
    On Error Resume Next
    Application.DisplayAlerts = False
    Sheets(Array("Sheet1", "Sheet5", "Sheet8")).Delete    '删除指定的几个工作表
    Application.DisplayAlerts = True
    On Error GoTo 0
End Sub
```

3.7　移动工作表

利用 Worksheet 对象或者 Sheet 对象的 Move 方法，可以移动工作表。
Move 方法有两个可选参数，即 Before 和 After，分别指定要移动到的位置。
如果既未指定 Before 参数也未指定 After 参数，则 Microsoft Excel 将新建一个工作簿，其中将包含要移动的工作表。

> **注意**
>
> 当工作簿中只有一个工作表时是不能移动的。

代码 3040　移动指定的某个工作表

下面的代码移动指定的某个工作表到指定的位置。

```
Sub 代码3040()
    Dim ws As Worksheet
    Set ws = Worksheets("汇总表")              '指定要移动的工作表
    ws.Move After:=Sheets(Sheets.Count)       '移动到最后面
    ws.Move Before:=Sheets(1)                 '移动到最前面
    ws.Move After:=Sheets(3)                  '移动到第3个位置
End Sub
```

代码 3041　批量移动多个工作表

下面的代码将分散在不同位置的3个表"客户分析""业务员分析"和"市场分析"批量移动到最前面。

```
Sub 代码3041()
    Sheets(Array("客户分析", "业务员分析", "市场分析")).Move Before:=Sheets(1)
End Sub
```

代码 3042　移动工作表到新工作簿

如果Move方法没有设置参数Before和After，那么就将指定工作表移动到一个新建的工作簿，则源工作簿上已经没有这个工作表。

下面的代码是将当前工作簿上的"汇总表"移动到新工作簿，并将新工作簿保存为该工作表的名字。

```
Sub 代码3042()
    Dim wb0 As Workbook
    Dim wb As Workbook
    Dim sh As String
```

```
    sh = "汇总表"                      '指定要移动的工作表名称
    Set wb0 = ThisWorkbook            '指定移动工作表所在的原工作簿
    wb0.Worksheets(sh).Move           '移动到新工作簿
    Set wb = ActiveWorkbook
    wb.SaveAs Filename:="d:\temp\" & sh & ".xlsx"
End Sub
```

代码 3043　将工作表按照指定次序排序

　　如果工作簿中有很多工作表，为了方便查阅这些工作表，可以将这些工作表按名称顺序进行重新排列。

　　这里采用的排列方法是首先获取这些工作表的名称，然后将这些名称输出到工作表中，再对这些名称进行排序，最后按名称顺序移动工作表，从而完成工作表的重新排列。参考代码如下。

```
Sub 代码3043()
    Dim ws As Worksheet
    Dim i As Integer
    Dim n As Integer
    '获取当前工作簿的工作表个数
    n = Worksheets.Count
    '在最后新建一个工作表，准备保存现有工作表名称
    Set ws = Worksheets.Add(after:=Worksheets(Worksheets.Count))
    With ws
        For i = 1 To n
            .Range("A" & i) = Worksheets(i).Name
        Next i
    End With
    '准备处理工作表排序
    With ws
        '在新工作表上对工作表名进行排序
        Range("A1:A" & n).Sort Key1:=.Range("A1"), Header:=xlNo, _
                               Orientation:=xlTopToBottom
        '按照排序后的名称，移动工作表
```

```
        For i = n To 1 Step –1
            Worksheets(.Range("A" & i).Value).Move Before:=Worksheets(1)
        Next
        '删除插入的新工作表
        Application.DisplayAlerts = False
        .Delete
        Application.DisplayAlerts = True
    End With
End Sub
```

3.8 复制工作表

利用 Worksheet 对象的 Copy 方法可以复制工作表。

Copy 方法有两个可选参数，即 Before 和 After，分别指定要复制到的位置。

如果既未指定 Before 参数也未指定 After 参数，则 Microsoft Excel 将新建一个工作簿，其中将包含复制的工作表。

⬤注意

复制的工作表一定是活动工作表。

代码 3044　复制指定的某个工作表

下面的代码可以复制指定的某个工作表到指定的位置。

```
Sub 代码3044()
    Dim ws As Worksheet
    Set ws = Worksheets("汇总表")              '指定要复制的工作表
    ws.Copy After:=Sheets(Sheets.Count)        '复制到工作表的最后面
    ws.Copy Before:=Sheets(1)                  '复制到工作表的最前面
    ws.Copy After:=Sheets(3)                   '复制到工作表的第3个位置
End Sub
```

代码 3045　批量复制多个工作表

下面的代码是将分散在不同位置的3个表"客户分析""业务员分析"和"市场分析"批量复制到工作表最前面。

```
Sub 代码3045()
    Sheets(Array("客户分析", "业务员分析", "市场分析")).Copy Before:=Sheets(1)
End Sub
```

代码 3046　复制工作表到新工作簿

如果Copy方法没有设置参数Before和After，那么就将指定工作表复制到一个新建的工作簿。

下面的代码是将当前工作簿上的"汇总表"复制到新工作簿，并将新工作簿保存为该工作表的名字。

```
Sub 代码3046()
    Dim wb0 As Workbook
    Dim wb As Workbook
    Dim sh As String
    sh = "汇总表"                    '指定要复制的工作表名称
    Set wb0 = ThisWorkbook          '指定复制工作表所在的源工作簿
    wb0.Worksheets(sh).Copy         '复制到新工作簿
    Set wb = ActiveWorkbook
    wb.SaveAs Filename:="D:\temp\" & sh & ".xlsx"
    wb.Close
End Sub
```

3.9　隐藏/显示工作表

如果要隐藏或显示工作表，需要使用 Worksheet 对象的 Visible 属性，设置为 True 就是显示；设置为 False 就是隐藏。隐藏有两种不同方式：xlSheetHidden 和 xlSheetVeryHidden。前者可以通过菜单命令使其显示出来，后者则只能通过程序或者属性设置使其显示。

代码 3047　**判断工作表是否隐藏**

利用Worksheet对象的Visible属性可以轻松获取工作表是否被隐藏。参考代码如下。

```
Sub 代码3047()
    Dim ws As Worksheet
    Set ws = Worksheets(5)          '指定工作表
    Select Case ws.Visible
       Case xlSheetHidden
          MsgBox "普通隐藏，可以通过菜单命令使其显示"
       Case xlSheetVeryHidden
          MsgBox "特殊隐藏，不可以通过菜单命令使其显示"
       Case xlSheetVisible
          MsgBox "没有隐藏"
    End Select
End Sub
```

代码 3048　**普通方式隐藏工作表**

如果将Worksheet对象的Visible属性设置为False或者xlSheetHidden，就是普通隐藏，也就是可以通过菜单命令使工作表显示出来的隐藏方式。参考代码如下。

```
Sub 代码3048()
    Dim ws As Worksheet
    Set ws = Worksheets("汇总表")          '指定要隐藏的工作表
    ws.Visible = xlSheetHidden
    '或者
    ws.Visible = False
End Sub
```

代码 3049　**特殊方式隐藏工作表**

将Worksheet对象的Visible属性设置为xlSheetVeryHidden，就是特殊隐藏，也就是不能通过菜单命令使工作表显示出来的隐藏方式。参考代码如下。

```
Sub 代码3049()
    Dim ws As Worksheet
    Set ws = Worksheets("汇总表")        '指定要隐藏的工作表
    ws.Visible = xlSheetVeryHidden
End Sub
```

代码 3050　批量隐藏多个连续位置保存的工作表

如果要隐藏的工作表是连续位置保存的，可以使用循环方法。下面的代码是将除第一个工作表外的其他所有工作表全部隐藏。

```
Sub 代码3050()
    Dim ws As Worksheet
    For Each ws In Worksheets
        If ws.Index <> 1 Then
            ws.Visible = xlSheetHidden
        End If
    Next
End Sub
```

也可以使用下面的代码。

```
Sub 代码3050_1()
    Dim i As Integer
    For i = 2 To Worksheets.Count
        Worksheets(i).Visible = xlSheetHidden
    Next i
End Sub
```

代码 3051　批量隐藏多个不连续位置保存的工作表

如果要隐藏的工作表是分散位置保存的，则可以使用数字方法。下面的代码是隐藏指定的几个工作表。

```
Sub 代码3051()
    Dim arr As Variant
```

```
    arr = Array("销售底稿", "应收底稿", "应付底稿", "成本底稿")    '指定要隐藏的工作表
    Worksheets(arr).Visible = False
End Sub
```

代码 3052　显示被隐藏的指定工作表

要显示被隐藏的工作表，只需将Worksheet对象的Visible属性设置为True或者xlSheetVisible即可。参考代码如下。

```
Sub 代码3052()
    Dim ws As Worksheet
    Set ws = Worksheets("汇总表")       '指定要显示的工作表
    ws.Visible = xlSheetVisible
End Sub
```

代码 3053　显示被隐藏的全部工作表

循环引用并显示每个工作表，即可显示被隐藏的全部工作表。参考代码如下。

```
Sub 代码3050()
    Dim ws As Worksheet
    For Each ws In Worksheets
        ws.Visible = True
    Next
End Sub
```

也可以使用下面的循环方法。

```
Sub 代码3050_1()
    Dim i As Integer
    For i = 1 To Worksheets.Count
        Worksheets(i).Visible = True
    Next i
End Sub
```

3.10 保护/取消保护工作表

保护工作表要使用 Worksheet 对象的 Protect 方法，这个方法有很多参数，分别设定不同的保护内容。

代码 3054　判断工作表是否有保护的内容

利用Worksheet对象的ProtectContents 属性可以获取工作表是否有被保护的内容。参考代码如下。

```
Sub 代码3054()
    Dim ws As Worksheet
    Set ws = Worksheets(1)         '指定工作表
    If ws.ProtectContents = True Then
        MsgBox "工作表有保护的内容"
    Else
        MsgBox "工作表没有被保护的内容"
    End If
End Sub
```

代码 3055　默认的工作表预设保护

利用**Protect**方法可以保护工作表。Protect方法有很多参数，具体含义可参阅VBA帮助。下面的代码是最简单的预设保护，也就是空密码。

```
Sub 代码3055()
    Dim ws As Worksheet
    Set ws = Worksheets(1)         '指定要保护的工作表
    ws.Protect                     '预设的保护，空密码
End Sub
```

代码 3056 **工作表设置密码保护**

下面的代码是最简单的设置密码保护的方法，要编辑工作表数据，必须输入密码。

```
Sub 代码3056()
    Dim ws As Worksheet
    Set ws = Worksheets(1)              '指定要保护的工作表
    ws.Protect Password:="12345"        '设置保护密码
End Sub
```

代码 3057 **工作表被保护后允许 / 不允许选择单元格**

如果在工作表被保护后，设置允许还是不允许选择单元格，则需要使用Worksheet对象的**EnableSelection**属性。参考代码如下。

```
Sub 代码3057()
    Dim ws As Worksheet
    Set ws = Worksheets(1)                        '指定要保护的工作表
    With ws
        .Protect Password:="12345"                '设置保护密码
        .EnableSelection = xlNoRestrictions       '在被保护的工作表上，可以选择任何内容
        .EnableSelection = xlUnlockedCells        '在被保护的工作表上，只能选择未锁定单元格
        .EnableSelection = xlNoSelection          '在被保护的工作表上，不能做任何选择
    End With
End Sub
```

代码 3058 **工作表被保护后允许 / 不允许设置单元格格式**

如果在工作表被保护后，设置允许或不允许设置单元格格式，则需要设置Protect方法的**AllowFormattingCells**参数。参考代码如下。

```
Sub 代码3058()
    Dim ws As Worksheet
    Set ws = Worksheets(1)                                          '指定要保护的工作表
    ws.Protect Password:="12345", AllowFormattingCells:=True        '允许设置单元格格式
```

```
  ws.Protect Password:="12345", AllowFormattingCells:=False  '不允许设置单元格格式
End Sub
```

代码 3059　工作表被保护后允许 / 不允许设置列格式

如果在工作表被保护后，设置允许或不允许设置列格式，如设置列宽等，则需要设置Protect方法的**AllowFormattingColumns**参数。参考代码如下。

```
Sub 代码3059()
    Dim ws As Worksheet
    Set ws = Worksheets(1)                                    '指定要保护的工作表
    ws.Protect Password:="12345", AllowFormattingColumns:=True   '允许设置列格式
    ws.Protect Password:="12345", AllowFormattingColumns:=False  '不允许设置列格式
End Sub
```

代码 3060　工作表被保护后允许 / 不允许设置行格式

如果在工作表被保护后，设置允许或不允许设置行格式，如设置行高等，则需要设置Protect方法的**AllowFormattingRows**参数。参考代码如下。

```
Sub 代码3060()
    Dim ws As Worksheet
    Set ws = Worksheets(1)                                    '指定要保护的工作表
    ws.Protect Password:="12345", AllowFormattingRows:=True   '允许设置行格式
    ws.Protect Password:="12345", AllowFormattingRows:=False  '不允许设置行格式
End Sub
```

代码 3061　工作表被保护后允许 / 不允许插入列

如果在工作表被保护后，设置允许或不允许插入列，则需要设置Protect方法的**AllowInsertingColumns**参数。参考代码如下。

```
Sub 代码3061()
    Dim ws As Worksheet
    Set ws = Worksheets(1)                                    '指定要保护的工作表
```

```
   ws.Protect Password:="12345", AllowInsertingColumns:=True    '允许插入列
   ws.Protect Password:="12345", AllowInsertingColumns:=False   '不允许插入列
End Sub
```

代码 3062　工作表被保护后允许 / 不允许插入行

如果在工作表被保护后，设置允许或不允许插入行，则需要设置Protect方法的**AllowInsertingRows**参数。参考代码如下。

```
Sub 代码3062()
   Dim ws As Worksheet
   Set ws = Worksheets(1)                                       '指定要保护的工作表
   ws.Protect Password:="12345", AllowInsertingRows:=True       '允许插入行
   ws.Protect Password:="12345", AllowInsertingRows:=False      '不允许插入行
End Sub
```

代码 3063　工作表被保护后允许 / 不允许删除列

如果在工作表被保护后，设置允许或不允许删除列，则需要设置Protect方法的**AllowDeletingColumns**参数。参考代码如下。

```
Sub 代码3063()
   Dim ws As Worksheet
   Set ws = Worksheets(1)                                       '指定要保护的工作表
   ws.Protect Password:="12345", AllowDeletingColumns:=True     '允许删除列
   ws.Protect Password:="12345", AllowDeletingColumns:=False    '不允许删除列
End Sub
```

代码 3064　工作表被保护后允许 / 不允许删除行

如果在工作表被保护后，设置允许或不允许删除行，则需要设置Protect方法的**AllowDeletingRows**参数。参考代码如下。

```
Sub 代码3064()
   Dim ws As Worksheet
```

```
    Set ws = Worksheets(1)                                          '指定要保护的工作表
    ws.Protect Password:="12345", AllowDeletingRows:=True           '允许删除行
    ws.Protect Password:="12345", AllowDeletingRows:=False          '不允许删除行
End Sub
```

代码 3065　工作表被保护后允许 / 不允许排序

如果在工作表被保护后，设置允许或不允许排序，则需要设置Protect方法的**AllowSorting**参数。参考代码如下。

```
Sub 代码3065()
    Dim ws As Worksheet
    Set ws = Worksheets(1)                                     '指定要保护的工作表
    ws.Protect Password:="12345", AllowSorting:=True           '允许排序
    ws.Protect Password:="12345", AllowSorting:=False          '不允许排序
End Sub
```

代码 3066　工作表被保护后允许 / 不允许筛选

如果在工作表被保护后，设置允许或不允许筛选，则需要设置Protect方法的**AllowFiltering**参数。参考代码如下。

```
Sub 代码3066()
    Dim ws As Worksheet
    Set ws = Worksheets(1)                                       '指定要保护的工作表
    ws.Protect Password:="12345", AllowFiltering:=True           '允许筛选
    ws.Protect Password:="12345", AllowFiltering:=False          '不允许筛选
End Sub
```

代码 3067　工作表被保护后允许 / 不允许使用数据透视表

如果在工作表被保护后，设置允许或不允许使用数据透视表，则需要设置Protect方法的**AllowUsingPivotTables**参数。参考代码如下。

```
Sub 代码3067()
```

```
    Dim ws As Worksheet
    Set ws = Worksheets(1)                                       '指定要保护的工作表
    ws.Protect Password:="12345", AllowUsingPivotTables:=True    '允许使用数据透视表
    ws.Protect Password:="12345", AllowUsingPivotTables:=False   '不允许使用数据透视表
End Sub
```

代码 3068　工作表被保护后允许 / 不允许插入超链接

如果在工作表被保护后，设置允许或不允许插入超链接，则需要设置Protect方法的**AllowInsertingHyperlinks**参数。参考代码如下。

```
Sub 代码3068()
    Dim ws As Worksheet
    Set ws = Worksheets(1)                                           '指定要保护的工作表
    ws.Protect Password:="12345", AllowInsertingHyperlinks:=True     '允许插入超链接
    ws.Protect Password:="12345", AllowInsertingHyperlinks:=False    '不允许插入超链接
End Sub
```

代码 3069　工作表被保护后允许 / 不允许编辑对象

如果在工作表被保护后，设置允许或不允许编辑对象，如编辑图表、编辑形状等，则需要设置Protect方法的**DrawingObjects**参数。参考代码如下。

```
Sub 代码3069()
    Dim ws As Worksheet
    Set ws = Worksheets(1)                                  '指定要保护的工作表
    ws.Protect Password:="12345", DrawingObjects:=True      '允许编辑对象
    ws.Protect Password:="12345", DrawingObjects:=False     '不允许编辑对象
End Sub
```

代码 3070　工作表被保护后允许 / 不允许编辑方案

如果在工作表被保护后，设置允许或不允许编辑方案，则需要设置Protect方法的**Scenarios**参数。参考代码如下。

```
Sub 代码3070()
    Dim ws As Worksheet
    Set ws = Worksheets(1)                               '指定要保护的工作表
    ws.Protect Password:="12345", Scenarios:=True        '允许编辑方案
    ws.Protect Password:="12345", Scenarios:=False       不允许编辑方案
End Sub
```

代码 3071 批量保护工作表：每个工作表密码相同

采用循环的方法或者使用数组的方法可以批量保护工作表。输入的密码可以相同也可以不同。

下面的代码是使用数组的方法对指定的几个工作表进行保护，它们的密码都是一样的。

```
Sub 代码3071()
    Dim sh As Variant
    Dim i As Integer
    sh = Array("销售台账", "应收台账", "发票台账", "回款台账", "现金")
    For i = 0 To UBound(sh)
        Worksheets(sh(i)).Protect Password:="12345"
    Next i
End Sub
```

如果是要保护工作簿的所有工作表，并且采用统一的密码，则参考代码如下。

```
Sub 代码3071_1()
    Dim ws As Worksheet
    For Each ws In Worksheets
        ws.Protect Password:="12345"
    Next
End Sub
```

代码 3072 批量保护工作表：每个工作表有不同的密码

如果要保护的几个工作表使用各自不同的密码，则可以使用数组的方法来处理。参考代码如下。

```
Sub 代码3072()
    Dim sh As Variant
    Dim pw As Variant
    Dim i As Integer
    sh = Array("销售台账", "应收台账", "发票台账", "回款台账", "现金")
    pw = Array("111", "222", "333", "444", "555")
    For i = 0 To UBound(sh)
        Worksheets(sh(i)).Protect Password:=pw(i)
    Next i
End Sub
```

代码 3073　对工作表不同单元格区域设置不同的保护密码

　　有时可以在一个工作表上划出几片区域，每片区域有自己单独的保护密码，只有输入该片区域的正确密码才能对该区域进行编辑，其他地方是不能编辑的。此时，可以使用Worksheet对象的Protection属性返回一个Protection对象，再使用Protection对象的AllowEditRanges属性返回一个AllowEditRanges对象，最后调用AllowEditRanges对象的Add方法进行设置即可。

　　下面的代码是在指定工作表上，对3个指定区域分别设置不同的密码。

```
Sub 代码3073()
    Dim ws As Worksheet
    Set ws = Worksheets(1)
    With ws.Protection.AllowEditRanges
        .Add Title:="AAA", Range:=Range("B2:C11"), Password:="111"
        .Add Title:="BBB", Range:=Range("E2:F11"), Password:="222"
        .Add Title:="CCC", Range:=Range("H2:I11"), Password:="333"
    End With
    ws.Protect Password:="12345"
End Sub
```

代码 3074　对工作表的公式进行单独保护和隐藏

　　如果要保护工作表上的公式单元格，而没有公式的单元格不予保护，这种保护就是特殊保护。处理方法是先取消整个工作表的锁定，再对公式单元格进行单独锁定，最后保护工作表即可。参考代码如下。

```
Sub 代码3074()
    Dim ws As Worksheet
    Set ws = Worksheets(1)
    With ws
        .Cells.Locked = False
        With .Cells.SpecialCells(xlCellTypeFormulas)
            .Locked = True
            .FormulaHidden = True
        End With
        .Protect Password:="12345"
    End With
End Sub
```

代码 3075 撤销工作表保护

撤销工作表保护要使用Worksheet对象的Unprotect方法。参考代码如下。

```
Sub 代码3075()
    Dim ws As Worksheet
    Set ws = Worksheets(1)                  '指定要撤销保护的工作表
    ws.Unprotect                            '空密码的语句
    ws.Unprotect Password:="12345"          '有保护密码的语句
End Sub
```

代码 3076 批量撤销工作表保护

批量撤销工作表保护，也可以使用数组循环方法来处理。例如，下面的代码是撤销指定几个工作表的保护，这里假设每个工作表的保护密码相同。

```
Sub 代码3076()
    Dim sh As Variant
    Dim i As Integer
```

```
    sh = Array("销售台账", "应收台账", "发票台账", "回款台账", "现金")
    For i = 0 To UBound(sh)
        Worksheets(sh(i)).Unprotect Password:="12345"
    Next i
End Sub
```

如果这些工作表密码不同，则可以参考下面的代码。

```
Sub 代码3076_1()
    Dim sh As Variant
    Dim pw As Variant
    Dim i As Integer
    sh = Array("销售台账", "应收台账", "发票台账", "回款台账", "现金")
    pw = Array("111", "222", "333", "444", "555")
    For i = 0 To UBound(sh)
        Worksheets(sh(i)).Unprotect Password:=pw(i)
    Next i
End Sub
```

如果解除工作簿中所有工作表的保护，并且密码相同，则可以参考下面的代码。

```
Sub 代码3076_2()
    Dim ws As Worksheet
    For Each ws In Worksheets
        ws.Unprotect Password:="12345"
    Next
End Sub
```

3.11 选择或激活工作表

选择工作表很简单，需要使用 Worksheet 对象的 Select 方法。当选择某个工作表后，该工作表变为活动工作表。Select 方法只能用于可见工作表（没有被隐藏）。

激活工作表需要使用 Worksheet 对象的 Activate 方法。可以激活一个可见的工作表，也可以激活一个被隐藏的工作表。

代码 3077 选择一个工作表

利用Select方法可以选择并激活工作表。下面的代码就是选择并激活第2个工作表。

```
Sub 代码3077()
    Dim ws As Worksheet
    Set ws = Worksheets(2)      '指定工作表
    ws.Select
End Sub
```

代码 3078 选择指定的多个工作表

如果要对几个工作表做统一的操作，可以先选择这几个工作表，此时，可以使用数组来处理。参考代码如下。

```
Sub 代码3078()
    Dim sh As Variant
    sh = Array("销售台账","应收台账","发票台账","回款台账","现金")   '指定要选择的几个表
    Worksheets(sh).Select          '同时选择了这几个工作表
End Sub
```

代码 3079 选择工作簿的全部工作表

选择工作簿中的全部工作表非常简单。参考代码如下。

```
Sub 代码3079()
    Worksheets.Select
End Sub
```

如果工作簿中不仅有普通工作表，还有图表工作表等，那么选择全部工作表的代码如下。

```
Sub 代码3079_1()
    Sheets.Select
End Sub
```

代码 3080 取消选择多个工作表

如果已经选择了几个工作表，则取消选择状态的参考代码如下。

```
Sub 代码3080()
    Dim sh As Variant
    sh = Array("销售台账", "应收台账", "发票台账", "回款台账", "现金")
    Worksheets(sh).Select
    MsgBox "选择了这几个表，下面取消工作表组"
    Worksheets(sh(0)).Select
End Sub
```

如果已经选择了全部工作表，则取消选择状态的参考代码如下。

```
Sub 代码3080_1()
    Worksheets(1).Select
End Sub
```

代码 3081 激活工作表

利用Activate方法可以激活工作表。下面的代码是激活第2个工作表。

```
Sub 代码3081()
    Dim ws As Worksheet
    Set ws = Worksheets(2)    '指定工作表
    ws.Activate
End Sub
```

3.12 计算工作表

Excel VBA 既可以设置所有打开的工作簿自动计算，也可以仅计算某个指定的工作表，使用相关的方法即可。

代码 3082　对所有工作表进行计算

如果要对所有的工作表（所有打开的工作簿中的所有表）进行计算，直接使用Calculate即可，这个结果就是直接在键盘上按F9键。参考代码如下。

```
Sub 代码3082()
    Application.Calculate
    '或者
    Calculate
End Sub
```

代码 3083　对指定的工作表进行计算

如果要对指定的工作表进行计算，其他工作表不计算，也是使用Calculate，但需要指定具体的工作表。参考代码如下。

```
Sub 代码3083()
    ThisWorkbook.Worksheets(1).Calculate        '对指定工作表进行计算
End Sub
```

代码 3084　对指定单元格区域进行计算

如果要对指定单元格区域进行计算，其他单元格不计算，也是使用Calculate，但需要指定具体的单元格区域，并且要设置为手动计算方式。参考代码如下。

```
Sub 代码3084()
    Application.Calculation = xlManual
    Worksheets(1).Range("B2:B10").Calculate    '对第1个工作表单元格区域B2:B10进行计算
End Sub
```

3.13 利用事件操作工作表

当工作表被选择、被激活、被删除、被单击、被双击时，就会触发工作表的相关事件。利用这些事件，可以实现对各个工作表的单独管理和控制。

Worksheet 对象事件的所有程序都保存在相关工作表对象（Sheet1、Sheet2、Sheet3、……）的程序代码窗口中。

代码 3085 激活工作表时执行程序（Activate 事件）

Worksheet对象的Activate事件发生在工作表成为活动工作表的时候。

联合使用工作表的Activate事件，可以实现当激活不同的工作表时，分别完成不同的任务。

例如，下面的代码是当激活该工作表时，自动刷新保存在该工作表上的数据透视表"月报"。

```vba
Private Sub Worksheet_Activate()
    ActiveSheet.PivotTables("月报").PivotCache.Refresh
End Sub
```

代码 3086 工作表非活动时执行程序（Deactivate 事件）

Worksheet对象的Deactivate事件发生在工作表成为非活动工作表的时候。

下面的代码是当该工作表非活动时，在单元格A1输入离开日期时间。

```vba
Private Sub Worksheet_Deactivate()
    Range("A1") = Format(Now, "你于yyyy年m月d日 h:m:s 离开了本工作表")
End Sub
```

代码 3087 当对工作表进行计算时执行程序（Calculate 事件）

Worksheet对象的Calculate事件发生在对工作表进行计算的时候。

下面的代码是每当工作表重新计算时，就自动调整A~F列的宽度。

```
Private Sub Worksheet_Calculate()
    Columns("A:F").AutoFit
End Sub
```

代码 3088　当单元格数据发生变化时执行程序（Change 事件）

Worksheet对象的Change事件发生在单元格数据发生变化的时候。

下面的代码是当在单元格输入数据时，该单元格变为黄色。

```
Private Sub Worksheet_Change(ByVal Target As Range)
    Cells.Interior.ColorIndex = xlNone
    Target.Interior.Color = vbYellow
End Sub
```

代码 3089　当选取单元格区域发生变化时执行程序（SelectionChange 事件）

Worksheet对象的SelectionChange事件发生在选取单元格区域发生变化的时候。

下面的代码是当选取某个单元格时，该单元格所在的行和列的颜色都被填充为黄色，而该单元格的颜色被填充为绿色，这样大大方便了定位单元格。

```
Private Sub Worksheet_SelectionChange(ByVal Target As Range)
    Cells.Interior.ColorIndex = xlNone
    Rows(Target.Row).Interior.Color = vbYellow
    Columns(Target.Column).Interior.Color = vbYellow
    Cells(Target.Row, Target.Column).Interior.Color = vbGreen
End Sub
```

代码 3090　当双击工作表时执行程序（BeforeDoubleClick 事件）

Worksheet对象的BeforeDoubleClick事件发生在双击工作表的时候。

假如工作簿有很多工作表，其中第一个工作表Sheet1为目录页，在查看完毕其他各个保存数据的工作表后，应当返回工作表Sheet1，以保护这些工作表的数据，那么就可以为这些保存数据的工作表设置BeforeDoubleClick事件。当双击这些工作表内的任一单元格时，就激活工作表Sheet1。

```
Private Sub Worksheet_BeforeDoubleClick(ByVal Target As Range, Cancel As Boolean)
    Worksheets("Sheet1").Activate
    Cancel = True
End Sub
```

● 说明

　　如果工作簿内有数十个或上百个工作表，且需要双击任何一个工作表时就激活第一个
工作表，那么对每个工作表编写上面的BeforeDoubleClick事件程序是不现实的，而是应该
使用Workbook对象的SheetBeforeDoubleClick事件。参考代码如下。

```
Private Sub Workbook_SheetBeforeDoubleClick(ByVal Sh As Object, ByVal Target As
Range, Cancel As Boolean)
    Worksheets(1).Activate
    Cancel = True
End Sub
```

代码 3091　当在工作表中右击时执行程序（BeforeRightClick 事件）

　　Worksheet对象的BeforeRightClick事件发生在工作表中右击的时候。
　　下面的代码是当右击时，就会自动激活第一个工作表，并且阻止默认事件（即右键的快
捷菜单）的发生。

```
Private Sub Worksheet_BeforeRightClick(ByVal Target As Range, Cancel As Boolean)
    Worksheets(1).Activate
    Cancel = True
End Sub
```

代码 3092　超链接被执行时执行程序（FollowHyperlink 事件）

　　Worksheet对象的FollowHyperlink事件发生在超链接被执行时的时候。
　　下面的程序就是当超链接被执行时，显示该超链接的信息。

```
Private Sub Worksheet_FollowHyperlink(ByVal Target As Hyperlink)
    MsgBox "工作表中的超链接 " & Target.SubAddress & " 被执行。 "
End Sub
```

04

Range对象：操作单元格

Worksheet对象的下一级是Range对象。Range对象可以是某个单元格、某一行、某一列和多个相邻或不相邻单元格区域。

Range对象是Excel应用程序中使用最多的对象。

在操作Excel任何单元格区域之前，都要将其表示为一个Range对象，然后使用该Range对象的属性和方法。

4.1 利用Range属性引用单元格

引用单元格或单元格区域的最常见方法是利用 Range 属性。依据实际情况，Range 属性有各种灵活的用法。

代码 4001　引用固定的某个单元格

引用固定的单元格最常用的方式是利用Range属性，即采用Range("A1") 的方式，这也是宏录制器的工作方式。这种引用单元格的方式是最为直观的一种引用方式。

下面的代码是引用当前活动工作表的单元格A2，并在此单元格中输入Date。

```
Sub 代码4001()
    Dim Rng As Range
    Set Rng = Range("A2")
    Rng.Value = Date
End Sub
```

代码 4002　引用固定的连续单元格区域

下面的代码是引用当前活动工作表的连续单元格区域A1:B5，也就是一个矩形的单元格区域，并选择此单元格区域。

```
Sub 代码4002()
    Dim Rng As Range
    Set Rng = Range("A1:B5")
    Rng.Select
End Sub
```

代码 4003　引用固定的不连续单元格区域

下面的代码是引用当前活动工作表的几个不连续的单元格区域A1:D8、单元格区域A20:C25 和单元格区域F6:G10，并选择它们。

```
Sub 代码4003()
    Dim Rng As Range
    Set Rng = Range("A1:D8,A20:C25,F6:G10")
    Rng.Select
End Sub
```

代码 4004　引用不固定的某个单元格

实际上，还可以通过字符串的方式引用不固定的单个单元格或单元格区域。

下面的代码是通过指定字符串的方式，引用当前活动工作表的指定单元格（单元格A5）。

```
Sub 代码4004()
    Dim i As Long
    Dim Rng As Range
    i = 5
    Set Rng = Range("A" & i)    '引用A列的第i行单元格
    Rng.Select
End Sub
```

代码 4005　引用不固定的连续单元格区域

下面的代码是通过指定字符串的方式，引用当前活动工作表的连续单元格区域A5:B8。

```
Sub 代码4005()
    Dim i As Long, j As Long
    Dim Rng As Range
    i = 5
    j = 8
    Set Rng = Range("A" & i & ":B" & j)
    Rng.Select
End Sub
```

代码 4006 引用固定的单列

下面的代码是通过Range属性引用当前活动工作表的B列。

```
Sub 代码4006()
    Dim Rng As Range
    Set Rng = Range("B:B")
    Rng.Select
End Sub
```

代码 4007 引用固定的连续多列

下面的代码是通过Range属性引用当前活动工作表的B~D列。

```
Sub 代码4007()
    Dim Rng As Range
    Set Rng = Range("B:D")
    Rng.Select
End Sub
```

代码 4008 引用固定的不连续多列

下面的代码是通过Range属性引用当前活动工作表的A列、C列和H~M列这三个不连续列。

```
Sub 代码4008()
    Dim Rng As Range
    Set Rng = Range("A:A,C:C,H:M")
    Rng.Select
End Sub
```

代码 4009 引用固定的单行

下面的代码是通过Range属性引用当前活动工作表的第10行。

```
Sub 代码4009()
```

```
    Dim Rng As Range
    Set Rng = Range("10:10")
    Rng.Select
End Sub
```

代码 4010　引用固定的连续多行

下面的代码是通过Range属性引用当前活动工作表的第5~20行的连续行。

```
Sub 代码4010()
    Dim Rng As Range
    Set Rng = Range("5:20")
    Rng.Select
End Sub
```

代码 4011　引用固定的不连续多行

下面的代码是通过Range属性引用当前活动工作表的第3行、第5行和第20~30行这三个不连续行。

```
Sub 代码4011()
    Dim Rng As Range
    Set Rng = Range("3:3,5:5,20:30")
    Rng.Select
End Sub
```

4.2　利用Cells属性引用单元格

引用单元格或单元格区域的另外一个方法是利用 Cells 属性，即通过指定行参数和列参数进行引用，例如，Cells(i,j) 表示第 i 行第 j 列处的单元格。

代码 4012　引用工作表的全部单元格

在Cells(i,j)中，如果没有具体的行号i和列号j，那么就代表整个工作表。

下面的代码是引用全部工作表单元格，并显示单元格总数。

```
Sub 代码4012()
    Dim Rng As Range
    Set Rng = Cells    '引用整个工作表的全部单元格
    Cells.Select
End Sub
```

代码 4013　引用指定某个单元格

在Cells属性中指定行参数和列参数，就得到指定行、指定列单元格的引用。参考代码如下。

```
Sub 代码4013()
    Dim Rng As Range
    Dim i As Long
    Dim j As Long
    i = 5          '指定行号
    j = 3          '指定列号
    Set Rng = Cells(i, j)
    MsgBox "引用的单元格是:" & Rng.Address(0, 0)
End Sub
```

代码 4014　引用区域某个单元格

如果仅指定Cells属性的一个参数，就是从左上角的第一个单元格往右下开始引用，先引用第一行的各个单元格，然后引用第二行的各个单元格，以此类推。

例如，如果当前工作表是还未使用过的空白工作表，那么Cells(1)代表第1个单元格，即A1；Cells(16400)代表第16400个单元格，即P2。

如果是指定的单元格区域，就是从该单元格区域的左上角第一个单元格开始计数。

下面的代码是循环判断当前指定单元格区域的各个单元格，如果数字是负数，就标识黄色。

```
Sub 代码4014()
    Dim c As Range
    Dim Rng As Range
    Set Rng = Range("C5:G15")
    With Rng
        For i = 1 To .Count
            If .Cells(i).Value < 0 Then
                .Cells(i).Interior.Color = vbYellow
            End If
        Next i
    End With
End Sub
```

代码 4015　引用连续的单元格区域

当要引用单元格区域时，除了使用Range属性的Range("A1")样式外，还可以联合使用Range属性和Cells属性，即在Range属性中使用Cells属性作为参数。

这种联合使用Range属性和Cells属性引用单元格的方法，特别适合于单元格区域变化的情况。

在下面的程序中，通过Cells属性引用连续的单元格区域，并将该单元格区域的各个单元格都输入随机数。

```
Sub 代码4015()
    Dim Rng As Range
    Set Rng = Range(Cells(1, 1), Cells(5, 3))      '引用单元格区域A1:C5
    Rng = Rnd
End Sub
```

代码 4016　引用位置不定、大小不定的单元格区域

指定Cells的两个参数（行号和列号），联合使用Range，可以引用任意位置、任意大小的单元格区域。参考代码如下。

```
Sub 代码4016()
```

```
    Dim Rng As Range
    Dim RowBegin As Long
    Dim RowEnd As Long
    Dim ColBegin As Long
    Dim ColEnd As Long
    RowBegin = 10              '指定起始行
    RowEnd = 20                '指定结束行
    ColBegin = 2               '指定起始列
    ColEnd = 6                 '指定结束列
    Set Rng = Range(Cells(RowBegin, ColBegin), Cells(RowEnd, ColEnd))
    Rng.Select
End Sub
```

代码 4017　引用数据区域的左上角单元格

Cells(1)就是数据区域的左上角单元格，也就是第1个单元格。参考代码如下。

```
Sub 代码4017()
    Dim Rng As Range
    Set Rng = Range("B3:M16")     '指定单元格区域
    MsgBox "单元格区域的左上角单元格是:" & Rng.Cells(1).Address
End Sub
```

代码 4018　引用数据区域的右下角单元格

Cells(Cells.Count)就是数据区域的右下角单元格，也就是最后一个单元格。参考代码如下。

```
Sub 代码4018()
    Dim Rng As Range
    Set Rng = Range("B3:M16")     '指定单元格区域
    MsgBox "单元格区域的右下角单元格是:" & Rng.Cells(Rng.Cells.Count).Address
End Sub
```

4.3 利用Rows属性引用行

如果要引用指定的行，可以利用 Rows 属性，用数字表示行。例如，Rows(5) 表示第 5 行，Rows(5:8) 表示第 5~8 行。

代码 4019 引用固定位置的单行

下面代码是引用固定位置单行的简单示例代码，直接将行号写入Rows的参数即可。

```
Sub 代码4019()
    Dim Rng As Range
    Set Rng = Rows(5)          '引用第5行
    Rng.Select
End Sub
```

代码 4020 引用不固定位置的单行

只需将引用的行号设置为变量，就能引用不固定位置的单行。参考代码如下。

```
Sub 代码4020()
    Dim Rng As Range
    Dim i As Long
    i = 10                     '指定行号
    Set Rng = Rows(i)
    Rng.Select
End Sub
```

代码 4021 引用固定位置的连续行

下面是引用固定位置的连续行的示例代码。

```
Sub 代码4021()
```

```
    Dim Rng As Range
    Set Rng = Rows("5:8")        '引用第5~8行
    Rng.Select
End Sub
```

代码 4022　引用不固定位置和大小的连续行

将要引用的起始行行号和结束行行号设置为变量，就能引用不固定位置和大小的连续行。参考代码如下。

```
Sub 代码4022()
    Dim Rng As Range
    Dim rBegin As Long
    Dim rEnd As Long
    rBegin = 6                    '指定起始行行号
    rEnd = 15                     '指定结束行行号
    Set Rng = Rows(rBegin & ":" & rEnd)
    Rng.Select
End Sub
```

4.4　利用Columns属性引用列

如果要引用指定的列，可以利用 Columns 属性，用数字或者字母表示要引用的列。

代码 4023　引用固定位置的单列：数字表示法

下面是引用固定位置单列的简单示例代码，直接将列号写入Columns的参数即可。

```
Sub 代码4023()
    Dim Rng As Range
    Set Rng = Columns(5)         '引用第5列
```

```
    Rng.Select
End Sub
```

代码 4024 **引用固定位置的单列：字母表示法**

下面是引用固定位置单列的简单示例代码，以字母表示要引用的列。

```
Sub 代码4024()
    Dim Rng As Range
    Set Rng = Columns("E:E")          '引用E列
    Rng.Select
End Sub
```

代码 4025 **引用不固定位置的单列**

只需将引用的列号设置为变量，就能引用不固定位置的单列。参考代码如下。

```
Sub 代码4025()
    Dim Rng As Range
    Dim col As Long
    col = 5                           '指定列号
    Set Rng = Columns(col)
    Rng.Select
End Sub
```

代码 4026 **引用固定位置的连续多列**

下面的代码是引用固定位置的连续多列，即引用A~M列。

```
Sub 代码4026()
    Dim Rng As Range
    Set Rng = Columns("A:M")    '引用A~M列
    Rng.Select
End Sub
```

4.5 通过定义的名称引用单元格区域

当定义了名称后，还可以通过定义的名称来引用单元格或单元格区域，方法很简单，使用 Range 属性即可。

代码 4027 引用一个名称代表的单元格区域

下面的代码是引用名称为myName所指定的单元格区域A1:B10。

```
Sub 代码4027()
    Dim Rng As Range
    Set Rng = Range("myName")
    Rng.Select
End Sub
```

代码 4028 引用多个名称代表的单元格区域

如果定义了多个名称，要全部引用这些名称的区域，则需要使用Application 对象的Union。

这里假设有3个名称Name1、Name2和Name3，分别代表不同的单元格区域，下面的代码是选择这3个区域。

```
Sub 代码4028()
    Dim Rng As Range
    Set Rng = Application.Union(Range("Name1"), Range("Name2"), Range("Name3"))
    Rng.Select
End Sub
```

4.6 利用 "[]" 引用单元格

在引用单元格或单元格区域时，还可以使用方括号"[]"。本节将介绍几个相关的例子，可以根据实际情况选择使用。

代码 4029　引用某个单元格

下面是引用某个指定的单元格的示例代码。

```
Sub 代码4029()
    Dim Rng As Range
    Set Rng = [C5]        '单元格C5
    Rng.Select
End Sub
```

代码 4030　引用连续单元格区域

下面是引用连续单元格区域的示例代码。

```
Sub 代码4030()
    Dim Rng As Range
    Set Rng = [C5:M10]        '单元格区域C5:M10
    Rng.Select
End Sub
```

代码 4031　引用不连续单元格区域

下面是引用不连续单元格区域的示例代码。

```
Sub 代码4031()
    Dim Rng As Range
    Set Rng = [A1:D8,A20:C25,F6:G10]    '单元格区域A1:D8、A20:C25 和F6:G10
    Rng.Select
End Sub
```

代码 4032　引用单列

下面是引用单列的示例代码。

```
Sub 代码4032()
```

```
    Dim Rng As Range
    Set Rng = [A:A]          'A列
    Rng.Select
End Sub
```

代码 4033　引用连续列

下面是引用连续列的示例代码。

```
Sub 代码4033()
    Dim Rng As Range
    Set Rng = [A:D]          'A~D列的连续列
    Rng.Select
End Sub
```

代码 4034　引用不连续列

下面是引用不连续列的示例代码。

```
Sub 代码4034()
    Dim Rng As Range
    Set Rng = [A:A,C:C,H:K]   'A列、C列和H~K列的几个不连续列
    Rng.Select
End Sub
```

代码 4035　引用单行

下面是引用单行的示例代码。

```
Sub 代码4035()
    Dim Rng As Range
    Set Rng = [5:5]          '第5行
    Rng.Select
End Sub
```

代码 4036　引用连续行

下面是引用连续行的示例代码。

```
Sub 代码4036()
    Dim Rng As Range
    Set Rng = [5:20]            '第5~20行的连续行
    Rng.Select
End Sub
```

代码 4037　引用不连续行

下面是引用不连续行的示例代码。

```
Sub 代码4037()
    Dim Rng As Range
    Set Rng = [1:1,3:3,5:8]     '第1行、第3行和第5~8行的几个不连续行
    Rng.Select
End Sub
```

代码 4038　引用名称代表的区域

下面是引用名称代表的区域的示例代码。

```
Sub 代码4038()
    Dim Rng As Range
    Set Rng = [myName]          '工作表中的某个名称为myName的单元格区域
    Rng.Select
End Sub
```

4.7　引用数据区域单元格

当对工作表进行操作后，就有了数据区域，可以根据需要选择有关的单元格区域。

代码 4039　引用活动单元格

利用ActiveCell属性可以引用活动单元格。下面的代码是显示活动单元格的地址。

```
Sub 代码4039()
    Dim Rng As Range
    Set Rng = ActiveCell
    MsgBox "活动单元格地址为: " & Rng.Address
End Sub
```

代码 4040　引用已选择的单元格

所谓已选择的单元格是指利用Select方法选择的单元格。

但是，利用Select方法选择的并不一定就是单元格，也有可能是其他对象（如图表），因此，在程序中加入判断语句以判断选择的对象是否为Range对象。

请注意程序中TypeName函数的使用方法。

```
Sub 代码4040()
    Dim Rng As Range
    If TypeName(Selection) = "Range" Then
        Set Rng = Selection
        MsgBox "选择的单元格地址为: " & Rng.Address
    Else
        MsgBox "没有选择单元格。 "
    End If
End Sub
```

代码 4041　引用已使用的单元格区域

利用UsedRange属性，可以取得在工作表中已使用的单元格区域。

下面的程序是显示当前活动工作表已使用的单元格区域地址。

```
Sub 代码4041()
    Dim Rng As Range
    Set Rng = ActiveSheet.UsedRange
```

```
    Rng.Select
    MsgBox "已使用的单元格地址为: " & Rng.Address
End Sub
```

● 注意

> UsedRange属性前面必须有其母对象（即工作表）。

代码 4042　引用被空白行和列包围的单元格区域

利用CurrentRegion属性，可以获取被空白行和列包围的单元格区域。参考代码如下。

```
Sub 代码4042()
    Dim Rng1 As Range
    Dim Rng2 As Range
    Set Rng1 = Range("D8")　　'指定该区域内的任一单元格
    Set Rng2 = Rng1.CurrentRegion
    Rng2.Select
    MsgBox "单元格区域地址为: " & Rng2.Address
End Sub
```

● 注意

> （1）该属性不能用于被保护的工作表。
> （2）在引用被空白行和列包围的单元格区域之前，必须先指定该区域内的任一单元格。

4.8　利用Offset属性引用单元格

利用 Range 对象的 Offset 属性，可以从初始值所设定的单元格来相对移动任意的行或列，从而获得新的单元格。

代码 4043　利用 Offset 属性动态引用某个单元格

下面的代码是从目前的单元格A2开始，向右移动3列，向下移动5行，也就是单元格

D7，然后选择和显示新的单元格地址。

```
Sub 代码4043()
    Dim Rng1 As Range, Rng2 As Range
    Dim c As Long, r As Long
    r = 5                               '指定偏移的行数
    c = 3                               '指定偏移的列数
    Set Rng1 = Range("A2")              '指定目前的单元格
    Set Rng2 = Rng1.Offset(r, c)        '获取新单元格
    Rng2.Select
    MsgBox "新的单元格地址为: " & Rng2.Address(0, 0)
End Sub
```

代码 4044　利用 Offset 属性动态引用单元格区域

利用Offset属性还可以从初始值所设定的单元格区域来相对移动任意的行或列，从而获得新的单元格区域。

下面的代码是从目前的单元格A2:B4开始，向右移动3列，向下移动5行，即单元格区域D7:E9，然后选择和显示新的单元格区域地址，并将新的单元格区域边框设置为红色粗线。

```
Sub 代码4044()
    Dim Rng1 As Range, Rng2 As Range
    Dim c As Long, r As Long
    r = 5                               '指定偏移的行数
    c = 3                               '指定偏移的列数
    Set Rng1 = Range("A2:B4")           '指定目前的单元格区域
    Set Rng2 = Rng1.Offset(r, c)        '获取新的单元格区域
    Rng2.Select
    MsgBox "新的单元格地址为: " & Rng2.Address(0, 0)
End Sub
```

代码 4045　引用数据区域最后一行下面的一行单元格区域

如果要在数据区域最下面添加合计数并设置单元格格式，就需要选择这个数据区域最后一行的位置，进而得到下一行的单元格区域。

下面的代码是一个在A列数据区域最下面添加"合计"行，然后输入"合计"两个字。

```
Sub 代码4045()
    Dim Rng As Range
    Set Rng = Range("A1").Offset(Range("A10000").End(xlUp).Row)
    Rng.Value = "合计"
End Sub
```

下面的代码是获取工作簿的所有工作表名称，从A列第2行开始依次往下保存到各个单元格中。

```
Sub 代码4045_1()
    Dim Rng As Range
    For Each ws In Worksheets
        Set Rng = Range("A10000").End(xlUp).Offset(1)
        Rng.Value = ws.Name
    Next
End Sub
```

代码4046 引用数据区域最右一列右侧的一列单元格区域

如果要在数据区域最右面添加合计数，并设置单元格格式，就需要选择这个数据区域最右一列的位置，进而得到下一列的单元格区域。

下面的代码是一个在第1行数据区域最右面添加"合计"列，然后输入"合计"两个字。

```
Sub 代码4046()
    Dim Rng As Range
    Set Rng = Range("A1").Offset(, Range("XFD1").End(xlToLeft).Column)
    Rng.Value = "合计"
End Sub
```

下面的代码是获取工作簿的所有工作表名称，在第1行从B列开始依次往右保存到各个单元格中。

```
Sub 代码4046_1()
    Dim Rng As Range
    For Each ws In Worksheets
        Set Rng = Range("XFD1").End(xlToLeft).Offset(, 1)
```

```
            Rng.Value = ws.Name
        Next
    End Sub
```

4.9 利用Resize属性引用单元格

利用 Range 对象的 Resize 属性，可以将单元格范围改变为指定的大小，并引用变更后的单元格区域。

代码 4047 利用 Resize 属性引用变更为指定大小的单元格区域

在下面的程序中，以单元格区域A2:D4的左上角单元格A2为基准，将单元格区域变更为有6行、6列的单元格区域，即新单元格区域为A2:F7。

```
Sub 代码4047()
    Dim Rng1 As Range, Rng2 As Range
    Dim c As Long, r As Long
    r = 6                           '指定新区域的总行数
    c = 6                           '指定新区域的总列数
    Set Rng1 = Range("A2:D4")       '指定目前的单元格区域
    Set Rng2 = Rng1.Resize(r, c)    '得到的新单元格区域
    Rng2.Select
    MsgBox "新的单元格区域地址为: " & Rng2.Address
End Sub
```

💡注意

使用Resize属性更改区域范围时，行参数和列参数是新区域的总行数和总列数。

下面的代码是把目前A列的数据区域扩展为100行高度的新区域。

```
Sub 代码4047_1()
    Dim Rng1 As Range, Rng2 As Range
    Dim c As Long, r As Long
```

```
    Set Rng1 = Range("A1:A20")        '指定目前的单元格区域
    Set Rng2 = Rng1.Resize(100)
    Rng2.Select
    MsgBox "新的单元格区域地址为: " & Rng2.Address
End Sub
```

代码 4048　引用不包括标题行的单元格区域

如果要复制不含第一行标题的数据区域，也就是要引用不包括标题行的单元格区域，则可以联合使用UsedRange属性、Rows属性、Count属性、Resize属性和Offset属性来达到这个目的。

具体方法是先获取数据区域，并获取该单元格区域的总行数，然后去掉该单元格区域的第一行数据，从而得到不包括标题行的单元格区域。参考代码如下。

```
Sub 代码4048()
    Dim Rng1 As Range, Rng2 As Range
    Dim r As Long
    Set Rng1 = ActiveSheet.UsedRange
    r = Rng1.Rows.Count
    Set Rng2 = Rng1.Resize(r – 1).Offset(1, 0)
    Rng2.Select
    MsgBox "引用的单元格区域地址为: " & Rng2.Address
End Sub
```

代码 4049　引用不包括标题列的单元格区域

如果要复制不含第一列标题的数据区域，也就是要引用不包括标题列的单元格区域，则也可以联合使用UsedRange属性、Columns属性、Count属性、Resize属性和Offset属性来达到这个目的。

具体方法是先获取数据区域，并获取该单元格区域的总列数，然后去掉该单元格区域的第一列数据，从而得到不包括标题列的单元格区域。参考代码如下。

```
Sub 代码4049()
    Dim Rng1 As Range, Rng2 As Range
```

```
       Dim c As Long
       Set Rng1 = ActiveSheet.UsedRange
       c = Rng1.Columns.Count
       Set Rng2 = Rng1.Offset(0, 1).Resize(, c – 1)
       Rng2.Select
       MsgBox "引用的单元格区域地址为: " & Rng2.Address
   End Sub
```

代码 4050　引用不包括最下面合计行和最右侧合计列的数据区域

如果表格数据区域的最下面有合计行，最右侧有合计列，现在不想要这两个合计数，仅要不包含合计行和合计列的数据区域，也可以联合使用UsedRange属性、Columns属性、Count属性和Resize属性来达到这个目的。

具体方法是先获取数据区域，并获取该单元格区域的总行数和总列数，然后去掉该单元格区域的最下面一行数据和最右侧一列数据，从而得到不包括合计行和合计列的单元格区域。参考代码如下。

```
   Sub 代码4050()
       Dim Rng1 As Range, Rng2 As Range
       Dim r As Long
       Dim c As Long
       Set Rng1 = ActiveSheet.UsedRange
       r = Rng1.Rows.Count
       c = Rng1.Columns.Count
       Set Rng2 = Rng1.Resize(r – 1, c – 1)
       Rng2.Select
       MsgBox "引用的单元格区域地址为: " & Rng2.Address
   End Sub
```

代码 4051　引用不包含标题行、标题列、合计行和合计列的数据区域

下面的代码是将数据区域的第一行标题、第一列标题、最下面合计行、最右侧合计列去掉，仅引用中间的纯数据区域。

```
Sub 代码4051()
    Dim Rng1 As Range, Rng2 As Range
    Dim r As Long
    Dim c As Long
    Set Rng1 = ActiveSheet.UsedRange
    r = Rng1.Rows.Count
    c = Rng1.Columns.Count
    Set Rng2 = Rng1.Offset(1, 1).Resize(r – 2, c – 2)
    Rng2.Select
    MsgBox "引用的单元格区域地址为: " & Rng2.Address
End Sub
```

4.10　引用满足指定条件的单元格

在 Excel 里有一个"定位条件"工具，可以快速定位选择特殊类型单元格，这个功能在 VBA 里就是 Range 对象的 SpecialCells 方法。

代码 4052　引用有批注的单元格

将SpecialCells方法的参数设置为**xlCellTypeComments**，就可以获取有批注的单元格。下面的代码就是选取指定工作表上的所有批注单元格。

```
Sub 代码4052()
    Dim Rng0 As Range
    Dim Rng As Range
    Set Rng0 = ActiveSheet.UsedRange        '指定单元格区域
    On Error Resume Next
    Set Rng = Rng0.SpecialCells(xlCellTypeComments)
    On Error GoTo 0
    If Rng Is Nothing Then
        MsgBox "指定的单元格区域，没有设置批注", vbCritical
    Else
```

```
        MsgBox "有批注的单元格是:" & Rng.Address(0, 0)
        Rng.Select
    End If
End Sub
```

代码 4053　引用常量单元格

将SpecialCells方法的参数设置为**xlCellTypeConstants**，就可以获取常量单元格。参考代码如下。

```
Sub 代码4053()
    Dim Rng0 As Range
    Dim Rng As Range
    Set Rng0 = ActiveSheet.UsedRange      '指定单元格区域
    On Error Resume Next
    Set Rng = Rng0.SpecialCells(xlCellTypeConstants)
    On Error GoTo 0
    If Rng Is Nothing Then
        MsgBox "指定的单元格区域，没有常量", vbCritical
    Else
        MsgBox "常量单元格是:" & Rng.Address(0, 0)
        Rng.Select
    End If
End Sub
```

代码 4054　引用常量是数字的单元格

将SpecialCells方法的第1个参数设置为**xlCellTypeConstants**，第2个参数设置为1，就可以获取常量是数字的单元格。参考代码如下。

```
Sub 代码4054()
    Dim Rng0 As Range
    Dim Rng As Range
    Set Rng0 = ActiveSheet.UsedRange      '指定单元格区域
    On Error Resume Next
```

```
    Set Rng = Rng0.SpecialCells(xlCellTypeConstants, 1)
    On Error GoTo 0
    If Rng Is Nothing Then
        MsgBox "指定的单元格区域，没有常量是数字的单元格", vbCritical
    Else
        Rng.Select
        MsgBox "常量是数字的单元格:" & Rng.Address(0, 0)
    End If
End Sub
```

代码 4055　引用常量是文本的单元格

将SpecialCells方法的第1个参数设置为**xlCellTypeConstants**，第2个参数设置为2，就可以获取常量是文本的单元格。参考代码如下。

```
Sub 代码4055()
    Dim Rng0 As Range
    Dim Rng As Range
    Set Rng0 = ActiveSheet.UsedRange      '指定单元格区域
    On Error Resume Next
    Set Rng = Rng0.SpecialCells(xlCellTypeConstants, 2)
    On Error GoTo 0
    If Rng Is Nothing Then
        MsgBox "指定的单元格区域，没有常量是文本的单元格", vbCritical
    Else
        Rng.Select
        MsgBox "常量是文本的单元格:" & Rng.Address(0, 0)
    End If
End Sub
```

代码 4056　引用常量是逻辑值的单元格

将SpecialCells方法的第1个参数设置为**xlCellTypeConstants**，第2个参数设置为4，就可以获取常量是逻辑值的单元格。参考代码如下。

```
Sub 代码4056()
    Dim Rng0 As Range
    Dim Rng As Range
    Set Rng0 = ActiveSheet.UsedRange    '指定单元格区域
    On Error Resume Next
    Set Rng = Rng0.SpecialCells(xlCellTypeConstants, 4)
    On Error GoTo 0
    If Rng Is Nothing Then
        MsgBox "指定的单元格区域，没有常量是逻辑值的单元格", vbCritical
    Else
        Rng.Select
        MsgBox "常量是逻辑值的单元格是:" & Rng.Address(0, 0)
    End If
End Sub
```

代码 4057　引用常量是错误值的单元格

将SpecialCells方法的第1个参数设置为**xlCellTypeConstants**，第2个参数设置为16，就可以获取常量是错误值的单元格。参考代码如下。

```
Sub 代码4057()
    Dim Rng0 As Range
    Dim Rng As Range
    Set Rng0 = ActiveSheet.UsedRange    '指定单元格区域
    On Error Resume Next
    Set Rng = Rng0.SpecialCells(xlCellTypeConstants, 16)
    On Error GoTo 0
    If Rng Is Nothing Then
        MsgBox "指定的单元格区域，没有常量是错误值的单元格", vbCritical
    Else
        Rng.Select
        MsgBox "常量是错误值的单元格:" & Rng.Address(0, 0)
    End If
End Sub
```

代码 4058 引用公式单元格

将SpecialCells方法的参数设置为**xlCellTypeFormulas**，就可以获取公式单元格。参考代码如下。

```
Sub 代码4058()
    Dim Rng0 As Range
    Dim Rng As Range
    Set Rng0 = ActiveSheet.UsedRange      '指定单元格区域
    On Error Resume Next
    Set Rng = Rng0.SpecialCells(xlCellTypeFormulas)
    On Error GoTo 0
    If Rng Is Nothing Then
        MsgBox "指定的单元格区域里没有公式", vbCritical
    Else
        Rng.Select
        MsgBox "公式单元格:" & Rng.Address(0, 0)
    End If
End Sub
```

代码 4059 引用公式结果是数字的单元格

将SpecialCells方法的第1个参数设置为**xlCellTypeFormulas**，第2个参数设置为1，就可以获取公式结果是数字的单元格。参考代码如下。

```
Sub 代码4059()
    Dim Rng0 As Range
    Dim Rng As Range
    Set Rng0 = ActiveSheet.UsedRange      '指定单元格区域
    On Error Resume Next
    Set Rng = Rng0.SpecialCells(xlCellTypeFormulas, 1)
    On Error GoTo 0
    If Rng Is Nothing Then
        MsgBox "指定的单元格区域里，没有公式结果是数字的单元格", vbCritical
    Else
```

```
        Rng.Select
        MsgBox "公式结果是数字的单元格:" & Rng.Address(0, 0)
    End If
End Sub
```

代码 4060 引用公式结果是文本的单元格

将SpecialCells方法的第1个参数设置为**xlCellTypeFormulas**，第2个参数设置为2，就可以获取公式结果是文本的单元格。参考代码如下。

```
Sub 代码4060()
    Dim Rng0 As Range
    Dim Rng As Range
    Set Rng0 = ActiveSheet.UsedRange    '指定单元格区域
    On Error Resume Next
    Set Rng = Rng0.SpecialCells(xlCellTypeFormulas, 2)
    On Error GoTo 0
    If Rng Is Nothing Then
        MsgBox "指定的单元格区域里，没有公式结果是文本的单元格", vbCritical
    Else
        Rng.Select
        MsgBox "公式结果是文本的单元格:" & Rng.Address(0, 0)
    End If
End Sub
```

代码 4061 引用公式结果是逻辑值的单元格

将SpecialCells方法的第1个参数设置为**xlCellTypeFormulas**，第2个参数设置为4，就可以获取公式结果是逻辑值的单元格。参考代码如下。

```
Sub 代码4061()
    Dim Rng0 As Range
    Dim Rng As Range
    Set Rng0 = ActiveSheet.UsedRange    '指定单元格区域
    On Error Resume Next
```

```
Set Rng = Rng0.SpecialCells(xlCellTypeFormulas, 4)
On Error GoTo 0
If Rng Is Nothing Then
    MsgBox "指定的单元格区域里，没有公式结果是逻辑值的单元格", vbCritical
Else
    Rng.Select
    MsgBox "公式结果是逻辑值的单元格:" & Rng.Address(0, 0)
End If
End Sub
```

代码 4062　引用公式结果是错误值的单元格

将SpecialCells方法的第1个参数设置为**xlCellTypeFormulas**，第2个参数设置为16，就可以获取公式结果是错误值的单元格。参考代码如下。

```
Sub 代码4062()
    Dim Rng0 As Range
    Dim Rng As Range
    Set Rng0 = ActiveSheet.UsedRange     '指定单元格区域
    On Error Resume Next
    Set Rng = Rng0.SpecialCells(xlCellTypeFormulas, 16)
    On Error GoTo 0
    If Rng Is Nothing Then
        MsgBox "指定的单元格区域里，没有公式结果是错误值的单元格", vbCritical
    Else
        Rng.Select
        MsgBox "公式结果是错误值的单元格:" & Rng.Address(0, 0)
    End If
End Sub
```

代码 4063　引用空单元格

将SpecialCells方法的第1个参数设置为**xlCellTypeBlanks**，就可以获取空单元格。参考代码如下。

```vba
Sub 代码4063()
    Dim Rng0 As Range
    Dim Rng As Range
    Set Rng0 = ActiveSheet.UsedRange       '指定单元格区域
    On Error Resume Next
    Set Rng = Rng0.SpecialCells(xlCellTypeBlanks)
    On Error GoTo 0
    If Rng Is Nothing Then
        MsgBox "指定的单元格区域里，没有空单元格", vbCritical
    Else
        Rng.Select
    End If
End Sub
```

代码 4064　引用可见单元格

将SpecialCells方法的第1个参数设置为**xlCellTypeVisible**，就可以获取所有可见单元格。参考代码如下。

```vba
Sub 代码4064()
    Dim Rng0 As Range
    Dim Rng As Range
    Set Rng0 = ActiveSheet.UsedRange       '指定单元格区域
    Set Rng = Rng0.SpecialCells(xlCellTypeVisible)
    Rng.Select
End Sub
```

代码 4065　引用设置有数据验证的单元格

将SpecialCells方法的第1个参数设置为**xlCellTypeAllValidation**，就可以获取所有设置有数据验证的单元格（不区分数据验证类型）。参考代码如下。

```vba
Sub 代码4065()
    Dim Rng0 As Range
    Dim Rng As Range
```

```
    Set Rng0 = ActiveSheet.UsedRange      '指定单元格区域
    On Error Resume Next
    Set Rng = Rng0.SpecialCells(xlCellTypeAllValidation)
    On Error GoTo 0
    If Rng Is Nothing Then
        MsgBox "指定的单元格区域里，没有设置数据验证", vbCritical
    Else
        Rng.Select
    End If
End Sub
```

代码 4066 引用设置有指定类型数据验证的单元格

将SpecialCells方法的第1个参数设置为**xlCellTypeSameValidation**，就可以获取与指定单元格有相同数据验证的单元格。下面的代码假设单元格B6设置有数据验证。

```
Sub 代码4066()
    Dim Rng0 As Range
    Dim Rng As Range
    Dim vt As Long
    Set Rng0 = Range("B6")      '指定可能有数据验证的单元格
    On Error Resume Next
    vt = Rng0.Validation.Type
    On Error GoTo 0
    If vt > 0 Then
        Set Rng = Rng0.SpecialCells(xlCellTypeSameValidation)
        Rng.Select
    Else
        MsgBox "指定单元格没有设置数据验证，因此无法定位", vbCritical
    End If
End Sub
```

代码 4067 引用设置有条件格式的单元格

将SpecialCells方法的第1个参数设置为**xlCellTypeAllFormatConditions**，就可以获取所

有设置有条件格式的单元格（不区分条件格式类型）。参考代码如下。

```vba
Sub 代码4067()
    Dim Rng0 As Range
    Dim Rng As Range
    Set Rng0 = ActiveSheet.UsedRange     '指定单元格区域
    On Error Resume Next
    Set Rng = Rng0.SpecialCells(xlCellTypeAllFormatConditions)
    On Error GoTo 0
    If Rng Is Nothing Then
        MsgBox "指定的单元格区域里，没有设置条件格式", vbCritical
    Else
        Rng.Select
    End If
End Sub
```

代码 4068 引用设置有指定类型条件格式的单元格

将SpecialCells方法的第1个参数设置为**xlCellTypeSameFormatConditions**，就可以获取与指定单元格有相同条件格式的单元格。下面的代码假设单元格B6设置有条件格式。

```vba
Sub 代码4068()
    Dim Rng0 As Range
    Dim Rng As Range
    Dim n As Long
    Set Rng0 = Range("B6")     '指定可能有条件格式的单元格
    On Error Resume Next
    n = Rng0.FormatConditions.Count
    On Error GoTo 0
    If n > 0 Then
        Set Rng = Rng0.SpecialCells(xlCellTypeSameFormatConditions)
        Rng.Select
    Else
        MsgBox "指定单元格没有设置条件格式，因此无法定位", vbCritical
    End If
```

End Sub

代码 4069　引用数据区域的最后一个单元格

将SpecialCells方法的第一个参数设置为**xlCellTypeLastCell**，就可以获取指定单元格区域的最后一个单元格，相当于在Excel中按Ctrl+End组合键。参考代码如下。

```
Sub 代码4069()
    Dim Rng0 As Range
    Dim Rng As Range
    Set Rng0 = ActiveSheet.UsedRange    '指定单元格区域
    Set Rng = Rng0.SpecialCells(xlCellTypeLastCell)
    Rng.Select
    MsgBox "最后一个单元格是:" & Rng.Address(0, 0)
End Sub
```

4.11 引用某个单元格所处的位置

本节介绍如何获取某个单元格所处的位置，例如，在哪行、哪列及它所在的区域有多大等。

代码 4070　引用某个单元格所在的整行

利用EntireRow属性，可以获取某个单元格所在的整行。参考代码如下。

```
Sub 代码4070()
    Dim Rng1 As Range
    Dim Rng2 As Range
    Set Rng1 = Range("D8")        '指定任意的单元格
    Set Rng2 = Rng1.EntireRow
    Rng2.Select
    MsgBox "单元格" & Rng1.Address(0, 0) & "所在的行为:" & Rng2.Row
End Sub
```

代码 4071　引用某个单元格所在的整列

利用EntireColumn属性，可以获取某个单元格所在的整列。参考代码如下。

```
Sub 代码4071()
    Dim Rng1 As Range
    Dim Rng2 As Range
    Set Rng1 = Range("D8")    '指定任意的单元格
    Set Rng2 = Rng1.EntireColumn
    Rng2.Select
    MsgBox "单元格" & Rng1.Address & "所在的列为:" & Rng2.Address
End Sub
```

代码 4072　引用单元格区域所在的行范围

利用EntireRow属性，还可以获取单元格区域所在的行范围。参考代码如下。

```
Sub 代码4072()
    Dim Rng1 As Range
    Dim Rng2 As Range
    Set Rng1 = Range("A2:D5")    '指定任意的单元格
    Set Rng2 = Rng1.EntireRow
    Rng2.Select
    MsgBox "单元格区域" & Rng1.Address & "所在的行范围:" _
        & Rng2.Address(False)
End Sub
```

代码 4073　引用单元格区域所在的列范围

利用EntireColumn属性，还可以获取单元格区域所在的列范围。参考代码如下。

```
Sub 代码4073()
    Dim Rng1 As Range
    Dim Rng2 As Range
    Set Rng1 = Range("B5:E10")    '指定任意的单元格
```

```
   Set Rng2 = Rng1.EntireColumn
   Rng2.Select
   MsgBox "单元格区域" & Rng1.Address & "所在的列范围为:" _
      & Rng2.Address(, False)
End Sub
```

4.12 引用公式单元格的其他情况

公式是 Excel 的核心。哪些单元格有公式？哪些单元格有数组公式？哪些单元格有某个函数的公式？公式引用了哪些单元格？单元格被哪些公式引用了？……本节将介绍引用公式单元格的更多案例。

代码 4074 引用有相同计算公式的所有单元格

引用有相同计算公式的所有单元格的一个最简单的方法，是利用FormulaLocal属性或Formula属性获取单元格的公式字符串，并与要查找的公式字符串进行比较。

在下面的代码中，将当前工作表中所有输入计算公式"=TODAY()"的单元格的计算公式修改为"=TODAY()+100"。

```
Sub 代码4074()
   Dim Rng0 As Range
   Dim Rng As Range
   Set Rng0=ActiveSheet.UsedRange.SpecialCells(xlCellTypeFormulas)  '引用公式单元格
   For Each Rng In Rng0
      If Rng.FormulaLocal = "=TODAY()" Then
         Rng = "=TODAY()+100"
      End If
   Next
End Sub
```

> 💬说明
>
> 　　如果单元格的计算公式是R1C1样式，则需要使用FormulaR1C1属性或FormulaR1C1Lo-
> cal属性来获取单元格的公式字符串。

代码 4075 获取计算公式的所有引用单元格

　　当在某个单元格内输入有计算公式时，如果需要了解这个计算公式引用了哪些单元格，
则可以使用Precedents属性返回计算公式所引用的单元格。

　　在下面的程序中，假设在单元格E2输入了计算公式"=B2+C2*M2"，则它引用了单元格
B2、C2和M2。

```
Sub 代码4075()
    Dim Rng0 As Range
    Dim Rng As Range
    Set Rng0 = Range("E2")              '指定任意的单元格
    Rng0.Formula = "=B2+C2*M2"          '输入测试公式
    Set Rng = Rng0.Precedents
    Rng.Select
    MsgBox "单元格E2的计算公式所引用的单元格有:" & Rng.Address(0, 0)
End Sub
```

代码 4076 获取计算公式中引用的其他工作表单元格

　　如果某个计算公式引用了另外一个工作表的单元格，为了获取计算公式所引用的单元
格，则需要使用Evaluate方法并利用Parent属性返回单元格所在的工作表。

　　在下面的程序中，假设在单元格A1输入了计算公式"=Sheet2!B4"，则它引用了工作表
Sheet2的单元格B4。

```
Sub 代码4076()
    Dim Rng0 As Range
    Dim Rng As Range
    Set Rng0 = Range("A1")              '指定任意的单元格
    Rng0.Formula = "=Sheet2!B4"         '输入测试公式
    Set Rng = Application.Evaluate(Rng0.Formula)
```

```
    MsgBox "单元格A1的计算公式所引用的单元格有:" _
        & Rng.Parent.Name & "!" & Rng.Address(0, 0)
End Sub
```

代码 4077 获取某个单元格的从属单元格

如果某个单元格被计算公式所引用，那么这个单元格就是该计算公式所在单元格的从属单元格。

可以利用Dependents属性来获取某个单元格的从属单元格。

下面的代码是获取C4单元格的从属单元格（结果为A1单元格和B2单元格）。

```
Sub 代码4077()
    Dim Rng0 As Range
    Dim Rng As Range
    Set Rng0 = Range("C4")              '指定任意的单元格
    Range("A1").Formula = "=B2+C4"      '输入测试公式
    Range("B2").Formula = "=C2+C4"      '输入测试公式
    Set Rng = Rng0.Dependents
    MsgBox "单元格C4的从属单元格有:" & Rng.Address(0, 0)
End Sub
```

代码 4078 引用输入有某个函数的所有单元格

利用Formula属性获取单元格的计算公式，然后查找这个公式中是否含有指定的函数名，就可以把有某个函数的单元格找出来。

下面的代码是在当前工作表中查找输入有SUM函数的所有单元格，并选择这些单元格。

```
Sub 代码4078()
    Dim Rng As Range, cel As Range
    Dim str As String, func As String
    Set Rng=ActiveSheet.UsedRange.SpecialCells(xlCellTypeFormulas)  '引用公式单元格
    func = "sum"    '指定要查找的函数名
    For Each cel In Rng
        If InStr(LCase(cel.Formula), LCase(func)) > 0 Then
```

```
            If Len(str) = 0 Then
                str = cel.Address(False, False)
            Else
                str = str & "," & cel.Address(False, False)
            End If
        End If
    Next
    If Len(str) > 0 Then
        Range(str).Select
        MsgBox "输入有函数" & func & " 的单元格有:" & str
    Else
        MsgBox "没有使用函数" & func
    End If
End Sub
```

代码 4079 **引用输入有数组公式的所有单元格区域**

利用Range对象的HasArray属性，可以判断某个单元格是否为数组公式的一部分，从而可以获取输入有数组公式的单元格区域。

下面的代码是获取当前工作表已使用区域内是否输入有数组公式，以及输入数组公式的单元格或单元格区域有哪些。

```
Sub 代码4079()
    Dim Rng As Range
    Dim c As Range
    Dim fRng As Range
    Set fRng=ActiveSheet.UsedRange.SpecialCells(xlCellTypeFormulas) '引用公式单元格
    For Each c In fRng
        If Rng Is Nothing And c.HasArray = True Then Set Rng = c
        If c.HasArray = True Then Set Rng = Union(Rng, c)
    Next
    If Rng Is Nothing Then
        MsgBox "单元格区域没有输入数组公式。"
```

```
    Else
        Rng.Select
        MsgBox "单元格区域输入有数组公式，数组公式单元格地址为:" & Rng.Address(0, 0)
    End If
End Sub
```

代码 4080　引用输入有某数组公式的单元格区域

如果要引用指定某数组公式的所有单元格，则需要先用HasArray属性判断是否为输入数组公式的单元格区域，然后用Formula属性来获取数组公式的单元格区域。参考代码如下。

```
Sub 代码4080()
    Dim Rng As Range, c As Range
    Dim myFormula As String
    myFormula = "=A1:A5*B1:B5"    '指定具体的数组公式
    For Each c In ActiveSheet.UsedRange
        If Rng Is Nothing And c.HasArray = True Then
            Set Rng = c
        End If
        If c.Formula = myFormula Then
            Set Rng = Union(Rng, c)
        End If
    Next
    If Rng Is Nothing Then
        MsgBox "没有输入该数组公式的单元格区域"
    Else
        Rng.Select
        MsgBox "输入有数组公式 " & myFormula & " 的单元格区域地址为:" & Rng.Address
    End If
End Sub
```

4.13 引用含有特定数据的单元格（Find方法）

每个人都会使用 Excel 里的"查找和替换"对话框，这个工具在 VBA 里就相当于 Find 方法，通过设置该方法的各个参数，可以引用包含指定数据的单元格。

代码 4081 引用含有指定数据的所有单元格（Find 完全匹配）

下面的代码是利用Find方法和FindNext方法，从指定区域中查找指定数据的所有单元格。这里要求单元格数据完全匹配，即单元格必须是"计算机"三个字，因此，将Find方法的lookat参数设置为xlWhole。

```
Sub 代码4081()
    Dim rng As Range
    Dim URng As Range
    Dim c As Range
    Dim b As String
    Set URng = ActiveSheet.UsedRange            '指定任意的单元格区域
    Set c = URng.Find(what:="计算机", lookat:=xlWhole)
    If c Is Nothing Then
        MsgBox "没有要查找的数据单元格"
        Exit Sub
    Else
        b = c.Address                           '获取第一个查到的单元格地址
        Do
            Set c = URng.FindNext(c)            '继续往下查找
            If rng Is Nothing Then
                Set rng = c
            Else
                Set rng = Union(rng, c)
            End If
        Loop While Not c Is Nothing And c.Address <> b
```

```
    End If
    rng.Select
    MsgBox "找到的数据单元格有:" & rng.Address(0, 0)
End Sub
```

代码 4082　引用含有指定数据的所有单元格（Find 全部数据）

下面的代码是利用Find方法和FindNext方法，从指定区域查找指定数据的全部单元格。这里不要求单元格数据完全匹配，即只要有"计算机"三个字即可，因此，将Find方法的lookat参数设置为xlPart。

```
Sub 代码4082()
    Dim rng As Range
    Dim URng As Range
    Dim c As Range
    Dim b As String
    Set URng = ActiveSheet.UsedRange              '指定任意的单元格区域
    Set c = URng.Find(what:="计算机", lookat:=xlPart)
    If c Is Nothing Then
        MsgBox "没有要查找的数据单元格"
        Exit Sub
    Else
        b = c.Address                             '获取第一个查到的单元格地址
        Do
            Set c = URng.FindNext(c)              '继续往下查找
            If rng Is Nothing Then
                Set rng = c
            Else
                Set rng = Union(rng, c)
            End If
        Loop While Not c Is Nothing And c.Address <> b
    End If
    rng.Select
    MsgBox "找到的数据单元格有:" & rng.Address(0, 0)
End Sub
```

代码 4083　引用含有指定数据的所有单元格（Find 关键词）

下面的代码是利用Find方法和FindNext方法，从指定区域查找指定数据的全部单元格。这里要求单元格数据以指定的关键词开头，即必须是以"计算机"三个字开头，因此，将Find方法的lookat参数设置为xlWhole，并且在查找值中使用通配符（*）。

```
Sub 代码4083()
    Dim rng As Range
    Dim URng As Range
    Dim c As Range
    Dim b As String
    Set URng = ActiveSheet.UsedRange          '指定任意的单元格区域
    Set c = URng.Find(what:="计算机*", lookat:=xlWhole)
    If c Is Nothing Then
        MsgBox "没有要查找的数据单元格"
        Exit Sub
    Else
        b = c.Address                          '获取第一个查到的单元格地址
        Do
            Set c = URng.FindNext(c)           '继续往下查找
            If rng Is Nothing Then
                Set rng = c
            Else
                Set rng = Union(rng, c)
            End If
        Loop While Not c Is Nothing And c.Address <> b
    End If
    rng.Select
    MsgBox "找到的数据单元格有：" & rng.Address(0, 0)
End Sub
```

如果要查找以关键词结尾的数据单元格，则将Find语句设置为

```
Set c = URng.Find(what:="*计算机", lookat:=xlWhole)
```

代码 4084　引用含有指定数据的所有单元格（Find 区分大小写）

下面的代码是利用Find方法和FindNext方法，从指定区域查找指定数据的全部单元格。这里要求单元格数据必须区分大小写，并且单元格数据完全匹配，因此，将Find方法的lookat参数设置为xlWhole，将MatchCase参数设置为True。

```
Sub 代码4084()
    Dim rng As Range
    Dim URng As Range
    Dim c As Range
    Dim b As String
    Set URng = ActiveSheet.UsedRange            '指定任意的单元格区域
    Set c = URng.Find(what:="ABC", lookat:=xlWhole, MatchCase:=True)
    If c Is Nothing Then
      MsgBox "没有要查找的数据单元格"
      Exit Sub
    Else
      b = c.Address                             '获取第一个查到的单元格地址
      Do
        Set c = URng.FindNext(c)                '继续往下查找
        If rng Is Nothing Then
          Set rng = c
        Else
          Set rng = Union(rng, c)
        End If

      Loop While Not c Is Nothing And c.Address <> b
    End If
    rng.Select
    MsgBox "找到的数据单元格有:" & rng.Address(0, 0)
End Sub
```

代码 4085　引用工作簿中所有工作表中含有指定数据的所有单元格

下面的代码是利用Find方法和FindNext方法，从所有工作表中查找指定数据的全部单元格。可以使用循环方法来对每个工作表进行查找匹配，然后把找到的单元格地址显示出来。

```vba
Sub 代码4085()
    Dim Rng As Range
    Dim URng As Range
    Dim c As Range
    Dim b As String
    Dim i As Integer
    Dim ws As Worksheet
    Dim RngResults As String
    For Each ws In Worksheets
        Set Rng = Nothing
        RngResults = RngResults & vbCrLf & "工作表" & ws.Name & ": "
        Set URng = ws.UsedRange                    '指定任意的单元格区域
        Set c = URng.Find(what:="计算机", lookat:=xlWhole)
        If Not c Is Nothing Then
            b = c.Address                          '获取第一个查到的单元格地址
            Do
                Set c = URng.FindNext(c)           '继续往下查找
                If Rng Is Nothing Then
                    Set Rng = c
                Else
                    Set Rng = Union(Rng, c)
                End If
            Loop While Not c Is Nothing And c.Address <> b
            RngResults = RngResults & Rng.Address(0, 0) & ", "
        End If
    Next
    MsgBox "找到的数据单元格有:" & RngResults
End Sub
```

代码 4086 查找指定数据下一次出现的位置

利用Find方法和FindNext方法，可以查找指定数据第一次出现的位置和下一次出现的位置。

下面的代码是从B列里查找单元格是"钢铁"两个字出现的第1个单元格和第2个单元格。

```
Sub 代码4086()
    Dim rng As Range
    Dim URng As Range
    Dim c As Range
    Dim b As String
    Set URng = ActiveSheet.Range("B:B")      '指定任意的单元格区域
    Set c = URng.Find(what:="钢铁", lookat:=xlWhole)
    If c Is Nothing Then
        MsgBox "没有要查找的数据单元格"
        Exit Sub
    Else
        MsgBox "第一次出现的位置是:" & c.Address
        Set c = URng.FindNext(c)
        If Not c Is Nothing Then
            MsgBox "下一个出现的位置是:" & c.Address
        End If
    End If
End Sub
```

代码 4087 查找指定数据上一次出现的位置

利用Find方法和FindPrevious方法，可以查找指定数据上一次出现的位置。参考代码如下。

```
Sub 代码4087()
    Dim rng As Range
    Dim URng As Range
    Dim c As Range
    Dim b As String
```

```
Set URng = ActiveSheet.Range("B:B")     '指定任意的单元格区域
Set c = URng.Find(what:="钢铁", lookat:=xlWhole)
If c Is Nothing Then
    MsgBox "没有要查找的数据单元格"
    Exit Sub
Else
    MsgBox "第一次出现的位置是:" & c.Address
    Set c = URng.FindNext(c)
    If Not c Is Nothing Then
        MsgBox "下一次出现的位置是:" & c.Address
    End If
    Set c = URng.FindPrevious(c)
    If Not c Is Nothing Then
        MsgBox "上一次出现的位置是:" & c.Address
    End If
End If
End Sub
```

代码 4088 引用设置有单一单元格格式的所有单元格

下面的代码是利用Find方法和FindNext方法，查找引用含有指定单元格格式的所有单元格。这里是查找填充颜色是黄色的单元格。

```
Sub 代码4088()
    Dim rng As Range
    Dim URng As Range
    Dim c As Range
    Dim b As String
    Set URng = ActiveSheet.UsedRange     '指定任意的单元格区域
    Application.FindFormat.Interior.Color = vbYellow
    Set c = URng.Find(What:="", SearchFormat:=True)
    If c Is Nothing Then
        MsgBox "没有要查找的格式单元格"
        Exit Sub
```

```
    Else
        Set rng = c
        c.Activate
        b = c.Address
        Do
            URng.Find(What:="", After:=ActiveCell, SearchFormat:=True).Activate
            Set rng = Union(rng, ActiveCell)
        Loop While ActiveCell.Address <> b
    End If
    rng.Select
    MsgBox "找到的指定格式单元格有: " & rng.Address(0, 0)
End Sub
```

代码 4089 引用设置有复杂单元格格式的所有单元格（Find 方法）

　　Find方法也可以指定更为复杂的格式。例如，下面的代码可以查找单元格的字体是宋体，字号是15号、加粗，字体颜色是红色，单元格颜色是黄色的单元格。

```
Sub 代码4089()
    Dim rng As Range
    Dim URng As Range
    Dim c As Range
    Dim b As String
    Set URng = ActiveSheet.UsedRange        '指定任意的单元格区域
    '指定要查找的格式
    With Application.FindFormat
        .Font.Name = "宋体"
        .Font.Size = 15
        .Font.Color = vbRed
        .Font.Bold = True
        .Interior.Color = vbYellow
    End With
    '开始查找
    Set c = URng.Find(What:="", SearchFormat:=True)
```

```
    If c Is Nothing Then
        MsgBox "没有要查找的格式单元格"
        Exit Sub
    Else
        Set rng = c
        c.Activate
        b = c.Address
        Do
            URng.Find(What:="", After:=ActiveCell, SearchFormat:=True).Activate
            Set rng = Union(rng, ActiveCell)
        Loop While ActiveCell.Address <> b
    End If
    rng.Select
    MsgBox "找到的指定格式单元格有:" & rng.Address(0, 0)
End Sub
```

4.14 几种特殊情况下的单元格引用

前面已经介绍了引用单元格的实用技能和技巧，下面再介绍几种特殊情况下的单元格引用。

代码 4090 引用合并单元格区域

利用MergeCells属性，来判断某个单元格或单元格区域是否在某个合并单元格区域之内。如果是，则选择该单元格区域；否则，显示提示信息。参考代码如下。

```
Sub 代码4090()
    Dim Rng1 As Range, Rng2 As Range
    Set Rng1 = Range("C1")        '指定要判断是否合并单元格的单元格
    If Rng1.MergeCells Then
        Set Rng2 = Rng1.Cells(1).MergeArea
        Rng2.Select
```

```
        MsgBox "单元格 " & Rng2.Address(0, 0) & " 合并了"
    Else
        MsgBox "指定的单元格不是某个合并单元格区域的一部分。"
    End If
End Sub
```

代码 4091 引用多个非连续单元格区域的集合（Union 方法）

使用Union方法可以将多个非连续的单元格区域组合到一个Range对象中，为多个单元格区域创建一个临时对象，允许用户一起操作这些单元格区域。

下面的代码是将3个不连续的单元格区域A1:B10、D1:E10和G1:G10连接起来，在这些单元格中输入当前日期，并将字体加粗。

```
Sub 代码4091()
    Dim Rng1 As Range, Rng2 As Range, Rng3 As Range
    Dim myTempRange As Range
    Set Rng1 = Range("A1:B10")
    Set Rng2 = Range("D1:E10")
    Set Rng3 = Range("G1:G10")
    Set myTempRange = Union(Rng1, Rng2, Rng3)
    With myTempRange
        .Value = Date
        .Font.Bold = True
    End With
End Sub
```

代码 4092 引用多个单元格区域的交叉区域

使用Intersect方法可以返回多个单元格区域的交叉区域。

下面的代码是将工作表中的3个单元格区域A2:D10、B5:E15和C3:F8的互相交叉区域的单元格颜色填充为浅蓝色。

```
Sub 代码4092()
    Dim Rng1 As Range, Rng2 As Range, Rng3 As Range
```

```
    Dim myIntersectRange As Range
    Set Rng1 = Range("A2:D10")
    Set Rng2 = Range("B5:E15")
    Set Rng3 = Range("C3:F8")
    Set myIntersectRange = Intersect(Rng1, Rng2, Rng3)
    myIntersectRange.Interior.ColorIndex = 35
    Rng1.BorderAround Weight:=xlMedium
    Rng2.BorderAround Weight:=xlMedium
    Rng3.BorderAround Weight:=xlMedium
    myIntersectRange.BorderAround Weight:=xlMedium
End Sub
```

代码4093 引用隐藏的行或列

利用行或列的Hidden属性可以引用隐藏的行或列。

下面的代码是引用这些隐藏的行或列，并在隐藏的行或列中输入100。

```
Sub 代码4093()
    Dim Rng As Range
    Cells.ClearContents
    Rows.Hidden = False                '显示所有的行
    Columns.Hidden = False             '显示所有的列
    Set Rng = Range("B5,D6,E10")       '指定任意的单元格区域
    Rng.EntireRow.Hidden = True        '隐藏指定的行
    Rng.EntireColumn.Hidden = True     '隐藏指定的列
    MsgBox "已经隐藏了某些行和某些列。下面将在这些隐藏的行和列中输入100。"
    Rng.EntireRow.Value = 100
    Rng.EntireColumn.Value = 100
    MsgBox "下面将显示全部单元格区域，观察操作结果"
    Rows.Hidden = False                '显示所有的行
    Columns.Hidden = False             '显示所有的列
End Sub
```

代码 4094 引用锁定的单元格

利用Range对象的Locked属性，可以引用被锁定的单元格。

在系统默认情况下，工作表的全部单元格都是锁定状态，为了仅锁定某些单元格，需要先解除工作表全部单元格的锁定状态。

下面的代码是选择并显示被锁定的单元格。

```
Sub 代码4094()
    Dim Rng1 As Range, Rng2 As Range, Rng3 As Range, rng As Range
    Cells.Locked = False                '取消对工作表所有单元格的锁定
    Set Rng1 = Range("A1:E10")          '指定任意的单元格区域
    Set Rng2 = Range("A2,B4")           '指定要锁定的任意单元格
    Rng2.Locked = True                  '锁定指定的单元格
    MsgBox "单元格" & Rng2.Address & "被锁定。下面将选择这些锁定单元格。"
    For Each rng In Rng1
        If Rng3 Is Nothing And rng.Locked = True Then
            Set Rng3 = rng
        End If
        If rng.Locked = True Then
            Set Rng3 = Union(Rng3, rng)
        End If
    Next
    Rng3.Select
    MsgBox "锁定单元格的地址为:" & Rng3.Address
End Sub
```

代码 4095 引用工作簿窗口范围内的所有可见单元格

利用VisibleRange属性，可以获取在窗口或窗格中可见的单元格区域。

> 💧 注意
>
> 如果行或列部分可见，则该行或列也包括在可见区域中。

下面的代码将显示在指定窗口中可见的单元格区域地址和单元格总数。

```
Sub 代码4095()
    Dim Rng As Range
```

```
Dim wd As Window
Set wd = Workbooks(1).Windows(1)  '指定任意工作簿窗口
Set Rng = wd.VisibleRange         '获取工作簿窗口范围内的可见单元格区域
MsgBox "工作簿窗口范围内的可见单元格区域为:" & Rng.Address _
& vbCrLf & "单元格总数为:" & Rng.Cells.Count
End Sub
```

代码 4096　引用设定了允许滚动区域的单元格区域

利用ScrollArea属性可以获取用户设置的允许滚动区域。

下面的代码是将单元格区域A1:M35设置为允许滚动区域的单元格区域。

如果要恢复Excel的默认滚动区域（整个工作表），可以将语句"ws.ScrollArea = """前面的注释去掉。

```
Sub 代码4096()
    Dim Rng As Range
    Dim ws As Worksheet
    Dim myAddr As String
    Set ws = Worksheets(1)      '指定工作表
    myAddr = "A1:M35"           '设定滚动区域
    ws.ScrollArea = myAddr
    myAddr = ws.ScrollArea
    If Len(myAddr) > 0 Then
        Set Rng = ws.Range(myAddr)
        MsgBox "设定滚定区域的单元格区域地址为:" & Rng.Address
    Else
        MsgBox "没有设定滚定区域。"
    End If
'    ws.ScrollArea = ""          '恢复Excel的默认滚动区域(整个工作表)
End Sub
```

代码 4097　获取形状和图表存放位置的起始单元格

在工作表中插入的对象，如图表、窗体、控件、图像、自选图形、OLE对象等，都可以当成Shape对象进行处理。

Shape对象有TopLeftCell属性和BottomRightCell属性，分别用于返回指定对象左上角的单元格和指定对象右下角的单元格。

下面的代码是获取当前活动工作表中第2个Shape对象的左上角的单元格和右下角的单元格。

```
Sub 代码4097()
    Dim Rng1 As Range, Rng2 As Range
    Dim ws As Worksheet
    Dim shp As Shape
    Set ws = ActiveSheet                '指定任意工作表
    Set shp = ws.Shapes(2)              '指定任意对象
    Set Rng1 = shp.TopLeftCell          '获取左上角的单元格
    Set Rng2 = shp.BottomRightCell      '获取右下角的单元格
    MsgBox "指定对象左上角的单元格的地址为:" & Rng1.Address _
        & vbCrLf & "指定对象右下角的单元格的地址为:" & Rng2.Address
End Sub
```

4.15　获取单元格的父级信息

本节主要介绍如何获取某个单元格所在的工作表和工作簿信息。尽管这样的信息可以通过 Workbook 对象和 Worksheet 对象获取，但是本节提供了其他获取途径。

代码4098　获取指定单元格所在的工作表名称

利用Range对象的Parent属性返回一个Parent对象，再使用Parent对象的Name属性获取指定单元格所在的工作表名称。参考代码如下。

```
Sub 代码4098()
    Dim Rng As Range
    Set Rng = Range("A1")    '指定任意的单元格或单元格区域
    MsgBox "指定单元格所在的工作表名称: " & Rng.Parent.Name
End Sub
```

代码 4099　获取指定单元格所在的工作簿名称

利用Range对象的Parent属性返回一个Parent对象，再返回上一级Parent对象，最后使用Parent对象的Name属性获取指定单元格所在的工作簿名称。参考代码如下。

```
Sub 代码4099()
    Dim Rng As Range
    Set Rng = Range("A1")    '指定任意的单元格或单元格区域
    MsgBox "指定单元格所在的工作簿名称: " & Rng.Parent.Parent.Name
End Sub
```

代码 4100　获取指定单元格所在的工作簿路径

利用Range对象的Parent属性返回一个Parent对象，再返回上一级Parent对象，最后使用Parent对象的Path属性获取指定单元格所在工作簿的路径。参考代码如下。

```
Sub 代码4100()
    Dim Rng As Range
    Set Rng = Range("A1")    '指定任意的单元格或单元格区域
    MsgBox "指定单元格所在工作簿的路径: " & Rng.Parent.Parent.Path
End Sub
```

代码 4101　引用指定单元格所在的工作表

将指定单元格返回的工作表赋值给工作表对象变量。参考代码如下。

```
Sub 代码4101()
    Dim Rng As Range
    Dim ws As Worksheet
    Set Rng = Range("A1")    '指定任意的单元格或单元格区域
    Set ws = Rng.Parent
    MsgBox "单元格所在的工作表名称是: " & ws.Name
End Sub
```

代码 4102 引用指定单元格所在的工作簿

将指定单元格返回的工作簿赋值给工作簿对象变量。参考代码如下。

```
Sub 代码4102()
    Dim Rng As Range
    Dim wb As Workbook
    Set Rng = Range("A1")    '指定任意的单元格或单元格区域
    Set ws = Rng.Parent.Parent
    MsgBox "单元格所在的工作簿名称是: " & ws.Name
End Sub
```

4.16 获取单元格的地址信息

所谓单元格地址信息，就是单元格常规的地址，包括行号、列号等。

代码 4103 获取单独的单元格地址

利用Address属性，可以获取单元格或单元格区域的地址。

Address属性有5个参数，分别指定引用方式（绝对引用或相对引用，A1样式或R1C1样式），从而使得单元格地址有8种表现类型。

下面的代码分别以不同的方式获取单元格或单元格区域的地址。

```
Sub 代码4103()
    Dim Rng As Range
    Set Rng = Range("A1:B5")    '指定任意的单元格或单元格区域
    MsgBox "A1样式，绝对地址 " & Rng.Address
    MsgBox "A1样式，相对地址 " & Rng.Address(False, False)
    MsgBox "A1样式，列绝对地址 " & Rng.Address(False, True)
    MsgBox "A1样式，行绝对地址 " & Rng.Address(True, False)
    MsgBox "R1C1样式，绝对地址 " & Rng.Address(, , xlR1C1)
    MsgBox "R1C1样式，相对地址 " & Rng.Address(False, False, xlR1C1)
```

```
    MsgBox "R1C1样式，列绝对地址 " & Rng.Address(False, True, xlR1C1)
    MsgBox "R1C1样式，行绝对地址 " & Rng.Address(True, False, xlR1C1)
End Sub
```

逻辑值True和False也可以分别用1和0来表示，因此上面的代码还可以修改为

```
Sub 代码4103_1()
    Dim Rng As Range
    Set Rng = Range("A1:B5")    '指定任意的单元格或单元格区域
    MsgBox "A1样式，绝对地址 " & Rng.Address
    MsgBox "A1样式，相对地址 " & Rng.Address(0, 0)
    MsgBox "A1样式，列绝对地址 " & Rng.Address(0, 1)
    MsgBox "A1样式，行绝对地址 " & Rng.Address(1, 0)
    MsgBox "R1C1样式，绝对地址 " & Rng.Address(, , xlR1C1)
    MsgBox "R1C1样式，相对地址 " & Rng.Address(0, 0, xlR1C1)
    MsgBox "R1C1样式，列绝对地址 " & Rng.Address(0, 1, xlR1C1)
    MsgBox "R1C1样式，行绝对地址 " & Rng.Address(1, 0, xlR1C1)
End Sub
```

代码 4104　获取带外部引用的单元格地址

将Address属性的第4个参数External设置为True，得到的单元格地址将带有工作簿和工作表前缀，如下面的结果是[工作簿1.xlsm]Sheet6!A1:B5。参考代码如下。

```
Sub 代码4104()
    Dim Rng As Range
    Set Rng = Range("A1:B5")    '指定任意的单元格或单元格区域
    MsgBox "单元格地址 " & Rng.Address(0, 0, xlA1, 1)
End Sub
```

代码 4105　获取某个单元格的行号

利用Row属性可以获取指定单元格的行号。参考代码如下。

```
Sub 代码4105()
    Dim Rng As Range
```

```
    Set Rng = Range("D12")   '指定任意的单元格
    MsgBox "指定单元格 " & Rng.Address(0, 0) & " 的行号为 " & Rng.Row
End Sub
```

代码 4106　　获取某个单元格的列号

利用Column属性可以获取指定单元格的列号。参考代码如下。

```
Sub 代码4106()
    Dim Rng As Range
    Set Rng = Range("D12")   '指定任意的单元格
    MsgBox "指定单元格 " & Rng.Address(0, 0) & " 的列号为 " & Rng.Column
End Sub
```

代码 4107　　获取指定单元格的列标字母

由于没有直接的函数或属性来获取列标字母，因此需要使用Address获取单元格地址后，再利用有关的字符串函数进行处理，从而提取出列标字母。参考代码如下。

```
Sub 代码4107()
    Dim Rng As Range
    Dim ColName As String
    Set Rng = Range("AD12")   '指定任意的单元格
    ColName = Left(Rng.Address(1, 0), InStr(1, Rng.Address(1, 0), "$", 1) – 1)
    MsgBox "指定单元格的列标字母是：" & ColName
End Sub
```

代码 4108　　获取指定列的列标字母

当指定单元格的列号时，不能直接从列号获取该单元格的列标字母，但可以利用代码进行处理。参考代码如下。

```
Sub 代码4108()
    Dim Rng As Range
    Dim ColName As String
```

```
    Set Rng = Columns(43)        '指定任意的列(指定列号)
    ColName = Left(Rng.Address(0, 0), InStr(1, Rng.Address(0, 0), ":", 1) − 1)
    MsgBox "指定列的列标字母是: " & ColName
End Sub
```

代码 4109　获取单元格的坐标

利用Top属性，可以获取单元格从第一行顶端到该单元格顶端的距离。

利用Left属性，可以获取单元格从A列左边界至该单元格左边界的距离。

实际上，单元格A1的Top和Left均为0，而第一行的Top为0，A列的Left为0。参考代码如下。

```
Sub 代码4109()
    Dim Rng As Range
    Dim xTop As Long
    Dim xLeft As Long
    Set Rng = Range("C3")        '指定任意单元格
    xTop = Rng.Top
    xLeft = Rng.Left
    MsgBox "单元格 " & Rng.Address(0, 0) & " 坐标:" _
        & vbCrLf _
        & vbCrLf & "第一行顶端到该单元格顶端的距离: " & xTop _
        & vbCrLf & "A列左边界至该单元格左边界的距离: " & xLeft
End Sub
```

4.17　获取单元格区域的大小信息

要想知道某个单元格区域的大小，如单元格个数、宽度（列数）、高度（行数），以及单元格边界情况，利用相关属性即可快速获得。

代码 4110　获取指定单元格区域的单元格个数

利用Count属性可以获取指定单元格区域内的单元格个数。参考代码如下。

```
Sub 代码4110()
    Dim Rng As Range
    Set Rng = ActiveSheet.UsedRange        '指定任意的单元格区域
    MsgBox "指定单元格区域的单元格数目为 " & Rng.Count
End Sub
```

代码 4111 获取单元格区域的总行数

利用Rows属性和Count属性可以获取指定单元格区域内的总行数。参考代码如下。

```
Sub 代码4111()
    Dim Rng As Range
    Set Rng = ActiveSheet.UsedRange        '指定任意的单元格区域
    MsgBox "指定单元格区域的行数为 " & Rng.Rows.Count
End Sub
```

代码 4112 获取单元格区域的总列数

利用Columns属性和Count属性可以获取指定单元格区域内的总列数。参考代码如下。

```
Sub 代码4112()
    Dim Rng As Range
    Set Rng = ActiveSheet.UsedRange        '指定任意的单元格区域
    MsgBox "指定单元格区域的列数为 " & Rng.Columns.Count
End Sub
```

代码 4113 获取单元格区域的行号范围

利用Cells属性和Row属性可以获取指定单元格区域内的行号范围，即起始行号和终止行号。参考代码如下。

```
Sub 代码4113()
    Dim RowBegin As Long, RowEnd As Long
    Dim Rng As Range
    Set Rng = ActiveSheet.UsedRange        '指定任意的单元格区域
```

```
    RowBegin = Rng.Cells(1).Row                '获取该单元格区域的起始行号
    RowEnd = Rng.Cells(Rng.Count).Row          '获取该单元格区域的终止行号
    MsgBox "指定单元格区域的起始行号为 " & RowBegin _
        & vbCrLf & "指定单元格区域的终止行号为 " & RowEnd
End Sub
```

代码 4114   获取单元格区域的列号范围

利用Cells属性和Column属性可以获取指定单元格区域内的列号范围，即起始列号和终止列号。参考代码如下。

```
Sub 代码4114()
    Dim ColBegin As Integer, ColEnd As Integer
    Dim Rng As Range
    Set Rng = ActiveSheet.UsedRange              '指定任意的单元格区域
    ColBegin = Rng.Cells(1).Column               '获取该单元格区域的起始列号
    ColEnd = Rng.Cells(Rng.Count).Column         '获取该单元格区域的终止列号
    MsgBox "指定单元格区域的起始列号为 " & ColBegin _
        & vbCrLf & "指定单元格区域的终止列号为 " & ColEnd
End Sub
```

代码 4115   获取单元格区域的列标字母范围

利用Cells属性和Column属性也可以获取指定单元格的起始和终止列标字母。参考代码如下。

```
Sub 代码4115()
    Dim ColBegin As String, ColEnd As String
    Dim Rng As Range
    Set Rng = ActiveSheet.UsedRange              '指定任意的单元格区域

    '获取该单元格区域的起始列标字母
    ColBegin = Rng.Cells(1).Address(1, 0)
    ColBegin = Left(ColBegin, InStr(1, ColBegin, "$", 1) – 1)
```

```
'获取该单元格区域的终止列标字母
ColEnd = Rng.Cells(Rng.Count).Address(1, 0)
ColEnd = Left(ColEnd, InStr(1, ColEnd, "$", 1) – 1)
MsgBox "指定单元格区域的起始列标字母为 " & ColBegin _
    & vbCrLf & "指定单元格区域的终止列标字母为 " & ColEnd
End Sub
```

代码 4116 获取数据区域的最上一行行号

如果要获取数据区域的最上一行行号可以使用End属性。下面的代码是获取A列中数据区域最上一行的行号。

```
Sub 代码4116()
    Dim FirstRow As Long
    FirstRow = Range("A1").End(xlDown).Row
    MsgBox "A列中数据区域最上一行的行号为：" & FirstRow
End Sub
```

代码 4117 获取数据区域的最下一行行号

利用End属性也可以获取数据区域的最下一行行号。下面的代码是获取A列中数据区域最下一行的行号。

```
Sub 代码4117()
    Dim FinalRow As Long
    FinalRow = Range("A1048576").End(xlUp).Row
    MsgBox "A列中数据区域最下一行的行号为：" & FinalRow
End Sub
```

代码 4118 获取数据区域的最左一列列号

获取数据区域的最左一列列号的基本方法也是利用End属性。下面的代码是获取第一行中数据区域最左一列的列号。

```
Sub 代码4118()
    Dim FirstCol As Long
    FirstCol = Range("A1").End(xlToRight).Column
    MsgBox "第一行数据区域最左一列的列号为: " & FirstCol
End Sub
```

如果要获取列标字母而不是列号数字，可以使用下面的代码。

```
Sub 代码4118_1()
    Dim FirstCol As Long
    Dim Col As String
    FirstCol = Range("A1").End(xlToRight).Column
    Col = Columns(FirstCol).Address(0, 0)
    col = Left(Col, InStr(1, Col, ":") - 1)
    MsgBox "第一行数据区域最左一列的列标字母为: " & Col
End Sub
```

代码 4119　获取数据区域的最右一列列号

获取数据区域的最右一列列号的方法也是利用End属性。下面的代码是获取第一行中数据区域最右一列的列号。

```
Sub 代码4119()
    Dim FinalCol As Long
    FinalCol = Range("XFD1").End(xlToLeft).Column
    MsgBox "第一行数据区域最右一列的列号为: " & FinalCol
End Sub
```

如果要获取列标字母而不是列号数字，可以使用下面的代码。

```
Sub 代码4119_1()
    Dim FinalCol As Long
    Dim col As String
    FinalCol = Range("XFD1").End(xlToLeft).Column
    col = Columns(FinalCol).Address(0, 0)
    col = Left(col, InStr(1, col, ":") - 1)
    MsgBox "第一行数据区域最右一列的列标字母为: " & col
End Sub
```

代码 4120　获取单元格的大小（行高和列宽）

利用RowHeight属性和ColumnWidth属性可以获取单元格区域以磅为单位的行高和列宽。在下面的程序中，还利用了Height属性和Width属性获取单元格区域的行高和列宽。

```
Sub 代码4120()
    Dim Rng As Range
    Set Rng = Range("A1")        '指定任意单元格
    MsgBox "单元格行高(磅):" & Rng.RowHeight
    MsgBox "单元格列宽(磅):" & Rng.ColumnWidth
    MsgBox "单元格行高(区域高度):" & Rng.Height
    MsgBox "单元格列宽(区域宽度):" & Rng.Width
End Sub
```

注意区分RowHeight与Height，ColumnWidth与Width。

Height是只读属性，返回以磅为单位的区域高度。如果是一行区域，结果是该行的行高；如果是几行的区域，结果是几行高度的合计，也就是区域的总高度。

RowHeight是读写属性，以磅为单位返回或设置行高。不论是一行区域，还是多行区域，结果都是第一行的行高。

Width是只读属性，返回以磅为单位的区域宽度。如果是一列区域，结果是该列的列宽；如果是几列的区域，结果是几列宽度的合计，也就是区域的总宽度。

ColumnWidth是读写属性，以磅为单位返回或设置列宽。不论是一列区域，还是多列区域，结果都是第一列的列宽。

代码 4121　获取合并单元格的全部区域

利用MergeCells属性可以判断某单元格是否为合并单元格区域的一部分。如果是，则该属性返回True。然后利用MergeArea来获取合并单元格区域。

下面的代码用于判断单元格A1是否为某合并单元格区域的一部分，以及获取该合并单元格区域。

```
Sub 代码4121()
    Dim Rng As Range
    Dim RngMerge As Range
    Set Rng = Range("A1")                '指定任意单元格
```

```
    If Rng.MergeCells = True Then
        Set RngMerge = Rng.MergeArea
        MsgBox "合并单元格区域是: " & RngMerge.Address
    Else
        MsgBox "单元格 " & Rng.Address & " 不是合并单元格"
    End If
End Sub
```

4.18 获取单元格的数据

获取单元格的数据是最常见的 Range 对象操作内容，如获取完整的数据、获取部分数据、获取公式字符串等。这些可以使用 Value 属性或者 Text 属性来完成。

代码 4122 获取某个单元格的数据（Value 属性）

Value属性是Range对象的默认属性，如果要获取单元格数据，直接写上单元格引用即可，但这个属性只能取出单元格的正常数据，不能取出错误值。

利用Value属性可以获取单元格内所显示的任何数据，不论是键入的数据，还是公式的结果，但是它不能取出错误值（如#NAME？、#NUM！等）。参考代码如下。

```
Sub 代码4122()
    Dim x As Variant
    x = Range("A1").Value
    '或者
    x = Range("A1")
    MsgBox "单元格的值为:" & x
End Sub
```

代码 4123 获取某个单元格的数据（Text 属性）

利用Text属性可以获取单元格内所显示的任何字符串，包括正常的数据和错误值。参考代码如下。

```
Sub 代码4123()
    Dim Rng As Range
    Set Rng = Range("A1")        '指定任意单元格
    MsgBox "单元格" & Rng.Address & "的数据为:" & Rng.Text
End Sub
```

注意

如果单元格内是数字，也可以使用Text属性取出，但此时取出的数字会被自动转换为文本字符串。如果要让数字能够计算，需要使用VAL函数进行转换，也就是如下语句。

VAL(Rng.Text)

当单元格出现错误时，利用Text属性可以取出错误显示值（如#NAME?、#NUM！ 等）。

代码 4124　获取单元格区域的数据（Variant 类型变量）

如果要批量获取指定单元格区域的每个单元格数据，除了循环取数外，最好的方法是使用Variant类型变量保存单元格区域中每个单元格的数据。

下面的代码用于取出单元格区域A1:A5的数据，然后再输入到单元格区域C1:C5中。

```
Sub 代码4124()
    Dim x As Variant
    x = Range("A1:A5").Value
    Range("C1:C5") = x
End Sub
```

代码 4125　获取单元格内文本字符串的一部分（Characters 属性）

利用Range对象的Characters属性，返回一个Characters对象，然后就可以使用Characters对象来操作单元格内的文本字符串。

Characters属性有两个参数Start和Length，分别指定要返回的第一个字符和要返回的字符个数。

注意

单元格的数据必须是文本字符串，不能是数字、日期、时间等类型。

下面的代码是在单元格A1的文本字符串中，从第3个字符开始取5个字符出来。

```
Sub 代码4125()
    Dim myChr As Characters
    Dim Rng As Range
    Set Rng = Range("A1")        '指定任意单元格
    Set myChr = Rng.Characters(Start:=3, Length:=5)
    MsgBox myChr.Text
End Sub
```

代码 4126　获取单元格内文本字符串的一部分（MID 函数）

除了利用Characters属性获取单元格内文本字符串的一部分外，还可以利用MID函数获取单元格内文本字符串的一部分。参考代码如下。

```
Sub 代码4126()
    Dim Rng As Range
    Dim myText As String
    Set Rng = Range("A1")     '指定任意单元格
    myText = Mid(Rng.Text, Start:=3, Length:=5)
    '或者
    myText = Mid(Rng.Text, 3, 5)
    MsgBox myText
End Sub
```

代码 4127　获取单元格内的前缀字符

使用PrefixCharacter属性可以获得单元格内的前缀字符"'"。前缀字符经常用来将单元格内的数字设置为文本型数字。参考代码如下。

```
Sub 代码4127()
    Dim Rng As Range
    Dim x As String
    Set Rng = Range("A1")        '指定任意的单元格
    With Rng
        .Clear
        .Value = "'123456"        '输入模拟数据
```

```
        x = .PrefixCharacter        '获取前缀字符
        MsgBox "单元格" & .Address & "的" & vbCrLf & _
        "显示字符为 " & .Text & vbCrLf & "前缀字符为: " & x
    End With
End Sub
```

代码 4128　判断单元格内数字是否为文本型数字（前缀字符应用）

当在单元格输入文本型的数字时，如邮政编码、身份证号码、银行账号等，一个简单的方法是在数字前面加前缀字符"'"。利用这个性质就可以判断单元格内数字是否为文本字符。

不过，这种判断也是片面的，因为如果先把单元格格式设置为文本，那么保存到单元格的数字就是文本型数字。因此，当数字前面没有前缀字符"'"时，需要判断单元格格式是否为文本格式。参考代码如下。

```
Sub 代码4128()
    Dim Rng As Range
    Set Rng = Range("A1")        '指定任意的单元格
    If Rng.PrefixCharacter = "'" Then
        If IsNumeric(Rng.Value) = True Then
            MsgBox "单元格" & Rng.Address & "的数字为文本型数字"
        Else
            MsgBox "单元格" & Rng.Address & "的数字不是纯数字组成"
        End If
    Else
        If Rng.NumberFormatLocal = "@" Then
            If IsNumeric(Rng.Value) = True Then
                MsgBox "单元格" & Rng.Address & "的数字为文本型数字"
            Else
                MsgBox "单元格" & Rng.Address & "不是数字"
            End If
        Else
            If IsNumeric(Rng.Value) = True Then
                MsgBox "单元格" & Rng.Address & "的数字为纯数字"
```

```
        Else
            MsgBox "单元格" & Rng.Address & "不是数字"
        End If
        End If
    End If
End Sub
```

4.19 获取单元格公式信息

可以使用相关的属性和方法，判断单元格是否有公式及公式的类型和字符串内容等。

代码 4129 获取单元格内的公式字符串

首先利用HasFormula属性判断单元格是否有公式，然后利用Formula属性提取输入到单元格内的计算公式字符串。参考代码如下。

```
Sub 代码4129()
    Dim Rng As Range
    Dim FormulaText As String
    Set Rng = Range("A1")          '指定任意单元格
    If Rng.HasFormula = True Then
        FormulaText = Rng.Formula
        MsgBox "单元格 " & Rng.Address(0, 0) & " 内的公式字符串为:" & FormulaText
    Else
        MsgBox "没有输入计算公式"
    End If
End Sub
```

代码 4130 判断单元格内是否输入有公式（HasFormula 属性）

利用HasFormula属性可以判断单元格内是否输入有公式。参考代码如下。

```
Sub 代码4130()
    Dim Rng As Range
    Set Rng = Range("A1")       '指定任意单元格
    If Rng.HasFormula = True Then
       MsgBox "单元格 " & Rng.Address & " 内有计算公式:" & Rng.Formula
    Else
       MsgBox "没有输入计算公式"
    End If
End Sub
```

代码 4131　判断单元格内是否输入有公式（利用等号）

除了利用HasFormula属性来判断单元格内是否输入有公式外，还可以利用计算公式前面都有等号"="这一性质，来判断单元格内是否输入有公式。参考代码如下。

```
Sub 代码4131()
    Dim Rng As Range
    Set Rng = Range("A1")        '指定任意单元格
    If Left(Rng.Formula, 1) = "=" Then
        MsgBox "单元格 " & Rng.Address & " 内有计算公式"
    Else
        MsgBox "没有输入计算公式"
    End If
End Sub
```

代码 4132　判断工作表内是否有公式（用 SpecialCells 方法）

还可以利用SpecialCells方法来判断单元格内是否输入有公式，即将SpecialCells方法中的Type参数设置为xlCellTypeFormulas。

下面的代码用于判断当前工作表内是否有公式，是通过设置对象的SpecialCells方法来判断的。

```
Sub 代码4132()
```

```
    Dim Rng0 As Range
    Dim Rng As Range
    Set Rng0 = Range("A1")          '指定任意单元格
    On Error Resume Next
    Set Rng = Rng0.SpecialCells(xlCellTypeFormulas)
    On Error GoTo 0
    If Not Rng Is Nothing Then
        MsgBox "指定单元格内有计算公式"
    Else
        MsgBox "没有输入计算公式"
    End If
End Sub
```

代码 4133　判断某单元格区域是否为数组公式区域（FormulaArray 属性）

利用FormulaArray属性，可以判断某单元格区域是否为数组公式区域。

如果该单元格区域内全部单元格都是相同的数组公式区域，则表明该单元格区域是数组公式区域。否则，只要有一个单元格没有公式，或者有公式但公式不是数组公式，则表明该单元格区域不是一个完整的数组公式区域。参考代码如下。

```
Sub 代码4133()
    Dim myFormula
    Dim Rng As Range
    Set Rng = Range("C1:C6")     '指定任意单元格区域
    myFormula = Rng.FormulaArray
    If myFormula <> "" Then
        MsgBox "单元格区域" & Rng.Address & "是一个数组公式区域"
    Else
        MsgBox "单元格区域" & Rng.Address & "不是一个数组公式区域"
    End If
End Sub
```

代码 4134　判断公式是否引用了本工作簿的其他工作表单元格

当单元格的计算公式引用了其他工作表的数据时，公式的表达式中就会有符号"!"，利用这个性质，就可以使用InStr函数来判断单元格的计算公式是否引用了其他工作表数据。参考代码如下。

```
Sub 代码4134()
    Dim Rng As Range
    Set Rng = Range("A1")        '指定任意单元格
    If Rng.HasFormula And InStr(Rng.Formula, "!") > 0 Then
        MsgBox "单元格 " & Rng.Address & " 引用了其他工作表"
    Else
        MsgBox "没有引用其他工作表"
    End If
End Sub
```

代码 4135　获取公式引用的本工作簿的其他工作表名称

当单元格的计算公式引用了其他工作表时，等号后面是工作表名称，工作表名称后面有一个符号"!"，这样就可以根据符号"!"来提取引用工作表的名称。参考代码如下。

```
Sub 代码4135()
    Dim Rng As Range
    Set Rng = Range("A1")        '指定任意单元格
    Dim RefwsName As String
    If Rng.HasFormula Then
        If InStr(1, Rng.Formula, "[") = 0 Then
            If InStr(1, Rng.Formula, "!") > 0 Then
                RefwsName = Mid(Rng.Formula, 2, InStr(1, Rng.Formula, "!") – 2)
                MsgBox "公式引用的其他工作表名称是:" & RefwsName
            Else
                MsgBox "公式没有引用其他工作表，无法提取工作表名称"
            End If
        Else
            MsgBox "公式引用的是其他工作簿"
        End If
    Else
```

```
        MsgBox "没有公式"
      End If
  End Sub
```

代码 4136　判断公式是否引用了其他工作簿单元格

　　当单元格的计算公式引用了其他工作簿的数据时，公式的表达式中就会有引用的工作簿名称，这个工作簿名称是由中括号括起来的，只要判断公式字符串中是否有括号“[”或者“]”，就可以判断单元格的计算公式是否引用了其他工作簿数据。参考代码如下。

```
Sub 代码4136()
    Dim Rng As Range
    Set Rng = Range("A1")     '指定任意单元格
    If Rng.HasFormula Then
        If InStr(1, Rng.Formula, "[") > 0 Then
            MsgBox "单元格 " & Rng.Address & " 引用了其他工作簿"
        Else
            MsgBox "公式没有引用其他工作簿"
        End If
    Else
        MsgBox "没有公式"
    End If
End Sub
```

代码 4137　获取公式引用的其他工作簿名称和工作表名称

　　当单元格的计算公式引用了其他工作簿的数据时，公式字符串中是中括号括起来的工作簿名称，中括号后面是工作表名称，利用这个特点，可以从公式字符串中提取引用其他工作簿名称和工作表名称。参考代码如下。

```
Sub 代码4137()
    Dim Rng As Range
    Set Rng = Range("A1")     '指定任意单元格
    Dim RefwbName As String
```

```
Dim RefwsName As String
Dim func As String
func = Rng.Formula
If Rng.HasFormula Then
    If InStr(1, func, "[") > 0 Then
        RefwbName = Mid(func, _
            InStr(1, func, "[") + 1, _
            InStr(1, func, "]") – InStr(1, func, "[") – 1)
        RefwsName = Replace(Mid(func, _
            InStr(1, func, "]") + 1, _
            InStr(1, func, "!") – InStr(1, func, "]") – 1), "'", "")
        MsgBox "公式引用其他工作簿的名称是:" & RefwbName & "，工作表名称是:" & RefwsName
    Else
        MsgBox "公式没有引用其他工作簿"
    End If
Else
    MsgBox "没有公式"
End If
End Sub
```

4.20 获取单元格格式信息

单元格的格式有很多，包括数字、字体、对齐、边框和填充等。可以使用 Range 对象的有关属性返回相关的子对象（如 Font 对象就是代表字体），再利用子对象的有关属性获取相关的格式信息。

代码 4138 获取单元格的数字格式信息

利用 NumberFormat 属性或 NumberFormatLocal 属性可以获取单元格的数字格式信息。单元格的数字格式可以是系统默认的，也可以是用户定义的。参考代码如下。

```
Sub 代码4138()
    Dim Rng As Range
    Set Rng = Range("A1")        '指定任意的单元格
    MsgBox "单元格的数字格式为:" & Rng.NumberFormat
End Sub
```

代码 4139　获取单元格的字体信息

利用Font属性可以获取单元格的Font对象，进而获取单元格的字体名称、字形、字号、颜色和下划线等信息。参考代码如下。

```
Sub 代码4139()
    Dim Rng As Range
    Dim f As Font
    Set Rng = Range("A1")        '指定任意的单元格
    Set f = Rng.Font
    MsgBox "单元格的字体信息如下:" _
        & vbCrLf & "名称:" & f.Name _
        & vbCrLf & "字形:" & f.FontStyle _
        & vbCrLf & "字号:" & f.Size _
        & vbCrLf & "颜色:" & f.ColorIndex _
        & vbCrLf & "加粗:" & f.Bold _
        & vbCrLf & "斜体:" & f.Italic _
        & vbCrLf & "删除线:" & f.Strikethrough _
        & vbCrLf & "下划线:" & f.Underline
End Sub
```

代码 4140　获取单元格的对齐信息

可以使用相关的属性来获取单元格的对齐信息。参考代码如下。

```
Sub 代码4140()
    Dim Rng As Range
    Set Rng = Range("A1")        '指定任意的单元格
    MsgBox "单元格的对齐信息如下:" _
```

```
        & vbCrLf & "垂直对齐:" & Rng.VerticalAlignment _
        & vbCrLf & "水平对齐:" & Rng.HorizontalAlignment _
        & vbCrLf & "缩小字体填充:" & Rng.ShrinkToFit _
        & vbCrLf & "自动换行:" & Rng.WrapText _
        & vbCrLf & "方向:" & Rng.Orientation
End Sub
```

代码 4141　获取单元格的内部信息

利用Interior属性可以获取单元格的Interior对象，进而获取单元格的内部填充颜色、内部图案和内部图案颜色等。参考代码如下。

```
Sub 代码4141()
    Dim Rng As Range
    Dim ior As Interior
    Set Rng = Range("A1")    '指定任意的单元格
    Set ior = Rng.Interior
    MsgBox "单元格" & Rng.Address & "的内部对象如下:" _
        & vbCrLf & "内部填充颜色:" & ior.ColorIndex _
        & vbCrLf & "内部图案:" & ior.Pattern _
        & vbCrLf & "内部图案颜色:" & ior.PatternColorIndex
End Sub
```

代码 4142　获取单元格的边框信息

利用Borders属性可以获取单元格的Borders对象，进而获取单元格的边框线型、粗细和颜色等。参考代码如下。

```
Sub 代码4142()
    Dim Rng As Range
    Dim bor As Borders
    Set Rng = Range("A1")    '指定任意的单元格
    Set bor = Rng.Borders
    MsgBox "单元格边框基本信息如下:" _
```

```
        & vbCrLf & "框线颜色:" & bor.ColorIndex _
        & vbCrLf & "框线类型:" & bor.LineStyle _
        & vbCrLf & "框线粗细:" & bor.Weight
End Sub
```

代码 4143　获取单元格的样式信息

利用Style属性返回Style对象可以取得Style对象信息。参考代码如下。

```
Sub 代码4143()
    Dim Rng  As Range
    Dim sty As Style
    Set Rng = Range("A1")    '指定任意单元格
    Set sty = Rng.Style
    MsgBox "单元格样式边框基本信息如下:" _
        & vbCrLf & "样式名称:" & sty.Name _
        & vbCrLf & "字体: 名称:" & sty.Font.Name _
        & vbCrLf & "字体: 字号:" & sty.Font.Size _
        & vbCrLf & "字体: 颜色:" & sty.Font.ColorIndex _
        & vbCrLf & "字体: 加粗:" & sty.Font.Bold _
        & vbCrLf & "字体: 下划线:" & sty.Font.Underline _
        & vbCrLf & "样式框线: 样式:" & sty.Borders.LineStyle _
        & vbCrLf & "样式框线: 粗细:" & sty.Borders.Weight _
        & vbCrLf & "样式框线: 颜色:" & sty.Borders.ColorIndex _
        & vbCrLf & "样式: 填充颜色:" & sty.Interior.ColorIndex
End Sub
```

4.21　设置数字格式

　　在操作单元格时，一个重要的内容是设置单元格格式，如设置字体、数字格式、对齐方式和填充颜色等。本节介绍常见的数字格式设置参考代码，这些代码都可以通过录制宏得到。

代码 4144　设置常规数字格式

设置数字格式是使用NumberFormat属性或NumberFormatLocal属性。参考代码如下。

```
Sub 代码4144()
    Dim Rng As Range
    Set Rng = Range("A2:C20")      '指定任意单元格
    With Rng
        .NumberFormatLocal = "0.00"
        .NumberFormatLocal = "#,##0.00"
        .NumberFormatLocal = "$#,##0.00"
        .NumberFormatLocal = "#,##0"
        .NumberFormatLocal = "0"
        .NumberFormatLocal = "$0"
    End With
End Sub
```

代码 4145　设置自定义数字格式

设置自定义数字格式，可以让数字阅读性更强，更能说明数字表达的问题。下面的代码分别将正数显示为上三角、红色字体、千分位符（2位小数）；负数显示为下三角、蓝色字体、千分位符（2位小数）；0值还是0。

```
Sub 代码4145()
    Dim Rng As Range
    Set Rng = Range("A2:C20")      '指定任意单元格
    Rng.NumberFormatLocal = "▲[红色]#,##0.00;▼[蓝色]#,##0.00;0"
End Sub
```

代码 4146　设置日期格式

日期是数字，也是使用NumberFormat属性或NumberFormatLocal属性来设置格式。下面是一些常见的格式设置。

```
Sub 代码4146()
```

```
    Dim Rng As Range
    Set Rng = Range("A2:A20")    '指定任意单元格
    With Rng
        .NumberFormatLocal = "yyyy-m-d"
        .NumberFormatLocal = "yyyymmdd"
        .NumberFormatLocal = "yyyy年m月d日"
        .NumberFormatLocal = "yyyy-m-d dddd"
        .NumberFormatLocal = "yyyy-m-d ddd"
        .NumberFormatLocal = "yyyy年m月d日 aaa"
        .NumberFormatLocal = "yyyy年m月d日 aaaa"
        .NumberFormatLocal = "yyyy/m/d"
        .NumberFormatLocal = "yyyy.m.d"
        .NumberFormatLocal = "mmm/d/yyyy"
        .NumberFormatLocal = "ddd mmm/d/yyyy"
        .NumberFormatLocal = "yyyy.m.d"
        .NumberFormatLocal = "m.d"
    End With
End Sub
```

代码 4147　设置时间格式

时间也是数字，是小数，也是使用NumberFormat属性或NumberFormatLocal属性来设置格式。参考代码如下。

```
Sub 代码4147()
    Dim Rng As Range
    Set Rng = Range("B:B")    '指定任意单元格
    With Rng
        .NumberFormatLocal = "h:m:s"
        .NumberFormatLocal = "hh:mm:ss"
        .NumberFormatLocal = "h:m:s AM/PM"
        .NumberFormatLocal = "[h]:m:s"
        .NumberFormatLocal = "[m]:s"
        .NumberFormatLocal = "[s]"
```

```
End With
End Sub
```

4.22 设置单元格对齐方式

单元格对齐方式有水平对齐、垂直对齐、缩小字体填充等几个选项，分别用不同的属性来设置。

代码 4148　设置水平对齐

水平对齐有左对齐、右对齐、居中对齐、两端居中、分散对齐等，使用HorizontalAlignment属性来设置。参考代码如下。

```
Sub 代码4148()
    Dim Rng As Range
    Set Rng = Range("A:C")      '指定任意单元格
    With Rng
        .HorizontalAlignment = xlLeft           '左对齐
        .HorizontalAlignment = xlRight          '右对齐
        .HorizontalAlignment = xlCenter         '居中对齐
        .HorizontalAlignment = xlJustify        '两端对齐
        .HorizontalAlignment = xlDistributed    '分散对齐
    End With
End Sub
```

代码 4149　设置垂直对齐

垂直对齐有靠上对齐、靠下对齐、居中对齐、两端对齐等，使用VerticalAlignment属性来设置。参考代码如下。

```
Sub 代码4149()
    Dim Rng As Range
```

```
    Set Rng = Range("A:C")        '指定任意单元格
    With Rng
        .VerticalAlignment = xlTop              '靠上对齐
        .VerticalAlignment = xlBottom           '靠下对齐
        .VerticalAlignment = xlCenter           '居中对齐
        .VerticalAlignment = xlJustify          '两端对齐
        .VerticalAlignment = xlDistributed      '分散对齐
    End With
End Sub
```

代码 4150　设置跨列居中

跨列居中，就是一个单元格的数据显示到几个单元格的中间，类似于合并单元格，对设置标题很有用且设置简单，可以将HorizontalAlignment属性的值设置为xlCenterAcrossSelection。参考代码如下。

```
Sub 代码4150()
    Dim Rng As Range
    Set Rng = Range("A1:D1")          '选择单元格
    Range("A1") = "2020 年 6 月"       '输入标题
    Rng.HorizontalAlignment = xlCenterAcrossSelection       '跨列居中
    Rng.HorizontalAlignment = xlLeft  '恢复常规的左对齐
End Sub
```

代码 4151　设置缩进

不论是水平对齐，还是垂直对齐，都可以同时设置缩进，也就是缩进的字符，可以使用IndentLevel属性来设置。参考代码如下。

```
Sub 代码4151()
    Dim Rng As Range
    Set Rng = Range("A1:A20")         '指定单元格
    With Rng
        .HorizontalAlignment = xlLeft    '水平左对齐
```

```
        .IndentLevel = 2              '缩进2个字符
    End With
End Sub
```

代码 4152　设置自动换行

当字符串长度超过列宽时，可以使用WrapText属性来设置自动换行。参考代码如下。

```
Sub 代码4152()
    Dim Rng As Range
    Set Rng = Range("A:A")            '指定单元格
    With Rng
        .HorizontalAlignment = xlLeft '水平左对齐
        .WrapText = True              '自动换行
        .WrapText = False             '取消自动换行
    End With
End Sub
```

代码 4153　缩小字体填充

当字符串长度超过列宽时，也可以使用ShrinkToFit属性设置缩小字体填充来完成查看数据。参考代码如下。

```
Sub 代码4153()
    Dim Rng As Range
    Set Rng = Range("A:A")            '指定单元格
    With Rng
        .HorizontalAlignment = xlLeft '水平左对齐
        .ShrinkToFit = True           '缩小字体填充
        .ShrinkToFit = False          '取消缩小字体填充
    End With
End Sub
```

4.23 设置单元格字体

字体包括字体名称、字号、颜色等信息，可以使用 Font 对象的有关属性来设置。

代码 4154　设置字体名称

使用Font对象的Name属性来设置字体名称，如宋体、微软雅黑等。参考代码如下。

```
Sub 代码4154()
    Dim Rng As Range
    Set Rng = ActiveSheet.Cells        '指定单元格
    Rng.Font.Name = "微软雅黑"          '设置字体
End Sub
```

代码 4155　设置字号

使用Font对象的Size属性来设置字号，如10号、12号和15号等。参考代码如下。

```
Sub 代码4155()
    Dim Rng As Range
    Set Rng = ActiveSheet.Cells        '指定单元格
    Rng.Font.Size = 10                 '10号字
End Sub
```

代码 4156　设置字体颜色

使用Font对象的Color属性或ColorIndex属性来设置字体颜色。参考代码如下。

```
Sub 代码4156()
    Dim Rng As Range
    Set Rng = Range("A1:A10")          '指定单元格
    Rng.Font.Color = vbRed             '红色字体
```

```vba
Rng.Font.ColorIndex = 3              '红色字体
Rng.Font.ColorIndex = xlAutomatic    '默认颜色
End Sub
```

代码 4157　设置加粗

使用Font对象的Bold属性来设置是否加粗，True表示加粗，False表示不加粗。参考代码如下。

```vba
Sub 代码4157()
    Dim Rng As Range
    Set Rng = Range("A:A")       '指定单元格
    Rng.Font.Bold = True         '加粗字体
    Rng.Font.Bold = False        '取消加粗
End Sub
```

代码 4158　设置斜体

使用Font对象的Italic属性来设置是否斜体，True表示斜体，False表示取消斜体。参考代码如下。

```vba
Sub 代码4158()
    Dim Rng As Range
    Set Rng = Range("A:A")       '指定单元格
    Rng.Font.Italic = True       '斜体
    Rng.Font.Italic = False      '取消斜体
End Sub
```

代码 4159　设置下划线

使用Font对象的Underline属性来设置下划线，有不同的类型可以设置。参考代码如下。

```vba
Sub 代码4159()
    Dim Rng As Range
    Set Rng = Range("A10:D10")                    '指定单元格
    Rng.Font.Underline = xlUnderlineStyleSingle   '单下划线
```

```
        Rng.Font.Underline = xlUnderlineStyleDouble              '双下划线
        Rng.Font.Underline = xlUnderlineStyleSingleAccounting    '会计用单下划线
        Rng.Font.Underline = xlUnderlineStyleDoubleAccounting    '会计用双下划线
        Rng.Font.Underline = xlUnderlineStyleNone                '无下划线
    End Sub
```

代码 4160　设置删除线

使用Font对象的Strikethrough属性来设置删除线。参考代码如下。

```
Sub 代码4160()
    Dim Rng As Range
    Set Rng = Range("A1:A10")          '指定单元格
    Rng.Font.Strikethrough = True      '设置删除线
    Rng.Font.Strikethrough = False     '取消删除线
End Sub
```

代码 4161　设置上标

先使用Characters属性获取指定的字符，再使用Font对象的Superscript属性设置上标。参考代码如下。

```
    Sub 代码4161()
        Dim Rng As Range
        Set Rng = Range("A1")          '指定单元格
        With Rng
            .Value = "m2"              '输入模拟数据
            .Characters(2, 1).Font.Superscript = True   '第2个字符设置为上标
        End With
    End Sub
```

代码 4162　设置下标

先使用Characters属性获取指定的字符，再使用Font对象的Subscript属性设置下标。参

考代码如下。

```
Sub 代码4162()
    Dim Rng As Range
    Set Rng = Range("A1")                       '指定单元格
    With Rng
        .Value = "H2O"                          '输入模拟数据
        .Characters(2, 1).Font.Subscript = True '第2个字符设置为下标
    End With
End Sub
```

代码 4163 字体综合设置

下面是单元格字体的综合设置练习。参考代码如下。

```
Sub 代码4163()
    Dim Rng As Range
    Set Rng = Range("A10:E10")
    With Rng.Font
        .Name = "华文细黑"
        .Size = 15
        .Color = vbBlue
        .Italic = True
        .Bold = True
        .Underline = xlUnderlineStyleDouble
    End With
End Sub
```

4.24　设置单元格边框

边框包括左边框、右边框、上边框、下边框、四周边框、内部垂直边框、内部水平边框、内部斜边框等，可以使用 Borders 对象和 Border 对象设置。

代码 4164 设置边框的格式

边框的格式包括线形、线条颜色、粗细等，需要使用Borders对象和Border对象的有关属性设置。

下面的代码是对指定单元格区域底部边框的格式设置。实际上，这种格式设置就是在设置单元格的边框。

```
Sub 代码4164()
    Dim Rng As Range
    Set Rng = Range("A1:E10")            '指定单元格区域
    With Rng.Borders(xlEdgeBottom)
        .LineStyle = xlDouble            '线形为：双划线
        .Color = vbRed                   '颜色为：红色
        .Weight = xlThick                '粗细为：粗实线
    End With
End Sub
```

代码 4165 单独设置单元格区域的外部边框

如果只是设定单元格区域的外部边框，使用Range对象的BorderAround方法就可以。下面的代码是将指定单元格区域的外部边框设置为红色的粗实线。

```
Sub 代码4165()
    Dim Rng As Range
    Set Rng = Range("A1:E10")            '指定单元格区域
    Rng.Clear                            '清除单元格区域原来的格式及内容
    Rng.BorderAround LineStyle:=xlContinuous, Weight:=xlThick, ColorIndex:=3
End Sub
```

代码 4166 设置单元格区域的全部边框（循环方法）

如果要设置单元格区域的全部边框，则需要使用Border对象的有关属性。

下面的代码是采用循环的方法对单元格区域框线进行设置，将指定单元格区域的外部边框、内部垂直边框、内部水平边框、内部斜边框都设置为红色的粗双线。

```
Sub 代码4166()
    Dim Rng As Range
    Dim Bors As Borders
    Dim i As Long
    Set Rng = Range("A1:E10")          '指定单元格区域
    Rng.Clear                          '清除单元格区域原来的格式及内容
    Set Bors = Rng.Borders             '设置边框Borders对象
    For i = xlDiagonalDown To xlInsideHorizontal
        With Bors(i)
            .LineStyle = xlDouble
            .Weight = xlThick
            .ColorIndex = 3
        End With
    Next i
End Sub
```

代码 4167 设置单元格区域的除去内部对角框线外的全部边框(循环方法)

下面的代码是设置单元格区域的除去内部对角框线外的全部边框为细实线蓝色边框。

```
Sub 代码4167()
    Dim Rng As Range
    Dim Bors As Borders
    Dim i As Long
    Set Rng = Range("A1:E10")          '指定单元格区域
    Rng.Clear                          '清除单元格区域原来的格式及内容
    Set Bors = Rng.Borders             '设置边框Borders对象
    For i = xlEdgeBottom To xlInsideHorizontal
        With Bors(i)
            .LineStyle = xlSingle
            .Weight = xlThin
            .Color = vbBlue
        End With
    Next i
End Sub
```

代码 4168 设置单元格区域的指定边框（对象方法）

单元格区域的指定边框，如左边框、右边框、下边框和上边框等，这些都可以单独设置。

下面的代码就是分别设置各个位置边框的参考代码。

```
Sub 代码4168()
    Dim Rng As Range
    Dim Bors As Borders
    Dim i As Long
    Set Rng = Range("A1:E10")              '指定单元格区域
    Rng.Clear                              '清除单元格区域原来的格式及内容
    With Rng
        With .Borders(xlEdgeLeft)          '设置左边框
            .LineStyle = xlSingle
            .Color = vbBlue
            .Weight = xlThin
        End With
        With .Borders(xlEdgeRight)         '设置右边框
            .LineStyle = xlSingle
            .Color = vbBlue
            .Weight = xlThin
        End With
        With .Borders(xlEdgeTop)           '设置上边框
            .LineStyle = xlSingle
            .Color = vbBlue
            .Weight = xlThin
        End With
        With .Borders(xlEdgeBottom)        '设置下边框
            .LineStyle = xlSingle
            .Color = vbBlue
            .Weight = xlThin
        End With
```

```
    With .Borders(xlInsideVertical)          '设置垂直边框
        .LineStyle = xlSingle
        .Color = vbBlue
        .Weight = xlThin
    End With
    With .Borders(xlInsideHorizontal)        '设置水平边框
        .LineStyle = xlSingle
        .Color = vbBlue
        .Weight = xlThin
    End With
    End With
End Sub
```

代码 4169 删除单元格区域的全部边框

删除单元格区域的全部边框，可以使用LineStyle = xlNone的方法来完成。参考代码如下。

```
Sub 代码4169()
    Dim Rng As Range
    Dim myBorders As Borders
    Dim i As Long
    Set Rng = Range("A1:E10")                        '指定单元格区域
    Set myBorders = Rng.Borders                      '指定边框对象
    For i = xlDiagonalDown To xlInsideHorizontal     '循环每个边框对象，删除边框
        myBorders(i).LineStyle = xlNone
    Next i
End Sub
```

注意

不要使用Delete方法删除单元格边框，也最好不要使用Clear方法或ClearFormats方法删除单元格边框。

4.25 设置单元格填充颜色

不提倡把工作表单元格填充成五颜六色，不过，适当填充颜色也是可以的。单元格填充颜色是使用 Range 对象的 Interior 属性返回 Interior 对象，然后再利用 Interior 对象的相关属性进行设置。

代码 4170 快速设置单元格单一填充颜色

设置单元格填充颜色最简单的方法是使用Interior对象的Color属性或者ColorIndex属性。参考代码如下。

```
Sub 代码4170()
    Dim Rng As Range
    Set Rng = Range("A1:E10")            '指定单元格区域
    Rng.Interior.Color = vbGreen         '设置为绿色
    Rng.Interior.ColorIndex = 4          '设置为绿色
    Rng.Interior.ColorIndex = xlNone     '取消颜色
End Sub
```

代码 4171 设置单元格复杂填充颜色

使用Interior对象的Pattern属性、PatternColorIndex属性、PatternThemeColor属性和ThemeColor属性，可以分别设置单元格的内部图案样式、图案颜色、图案主题颜色和主题颜色。参考代码如下。

```
Sub 代码4171()
    Dim Rng As Range
    Set Rng = Range("A1:E10")                    '指定单元格区域
    With Rng.Interior
        .Pattern = xlPatternCrissCross           '内部图案样式
        .PatternColorIndex = 34                  '图案颜色
        .PatternThemeColor = xlThemeColorAccent4 '图案主题颜色
        .ThemeColor = xlThemeColorAccent3        '主题颜色
```

```
    End With
End Sub
```

4.26　设置数据验证

数据验证是单元格数据输入的一个很有用的工具，可以在菜单中设置数据验证，也可以在 VBA 中自动设置数据验证。例如，创建一个新工作表，自动在 A 列单元格设置下拉菜单。

利用 Range 对象的 Validation 属性返回一个 Validation 对象，然后再利用 Validation 对象的有关属性和方法进行数据验证设置。

代码 4172　判断是否设置有数据验证

利用Range对象的SpecialCells来定位数据验证单元格，以此判断是否设置有数据验证。参考代码如下：

```
Sub 代码4172()
    Dim Rng As Range
    Dim rngx As Range
    Set Rng = Range("A1")          '指定任意单元格区域
    On Error Resume Next
    Set rngx = Rng.SpecialCells(xlCellTypeAllValidation)
    On Error GoTo 0
    If Not rngx Is Nothing Then
        MsgBox "设置有数据验证"
    Else
        MsgBox "没有设置数据验证"
    End If
End Sub
```

代码 4173　获取单元格的数据验证条件规则信息

利用Validation属性和Type属性，可以获取单元格或单元格区域的数据验证条件下项目的设置情况。参考代码如下。

```vba
Sub 代码4173()
    Dim Rng As Range
    Dim rngx As Range
    Dim Vad As Validation
    Dim myStr As String
    Set Rng = Range("A1")                    '指定任意单元格区域
    On Error Resume Next
    Set rngx = Rng.SpecialCells(xlCellTypeAllValidation)
    On Error GoTo 0
    If rngx Is Nothing Then
        MsgBox "没有设置数据验证"
    Else
        Set Vad = Rng.Validation
        Select Case Vad.Type
            Case xlValidateInputOnly
                myStr = "任何值"
            Case xlValidateWholeNumber
                myStr = "整数"
            Case xlValidateDecimal
                myStr = "小数"
            Case xlValidateList
                myStr = "序列"
            Case xlValidateDate
                myStr = "日期"
            Case xlValidateTime
                myStr = "时间"
            Case xlValidateTextLength
                myStr = "文本长度"
            Case xlValidateCustom
                myStr = "自定义"
        End Select
        MsgBox "单元格" & Rng.Address & "的" & vbCrLf & "输入规则为:" & myStr
```

```
    End If
End Sub
```

代码 4174 **获取数据验证的提示信息**

如果设置有这样的提示信息，当单击数据验证单元格时，就会显示一个黄色背景的信息提示框，可以通过VBA来获取这个信息。参考代码如下。

```
Sub 代码4174()
    Dim Rng As Range
    Set Rng = Range("A1")       '指定任意单元格区域
    With Rng.Validation
        MsgBox "提示信息的标题是:" & .InputTitle _
            & vbCrLf & "提示信息的文本是:" & .InputMessage
    End With
End Sub
```

代码 4175 **获取数据验证的错误警告信息**

如果设置了错误警告信息，当输入了不符合规则的数据时，就会弹出警告框，显示相应的文字信息，这个文字信息可以通过VBA来自动获取。参考代码如下。

```
Sub 代码4175()
    Dim Rng As Range
    Set Rng = Range("A1")       '指定任意单元格区域
    With Rng.Validation
        MsgBox "错误警告信息的标题是:" & .ErrorTitle _
            & vbCrLf & "错误警告信息的文本是:" & .ErrorMessage
    End With
End Sub
```

代码 4176 **获取数据验证的整数规则信息**

当Validation的Type属性是xlValidateWholeNumber时，就是整数规则。获取这个规则信息（运算符和条件值）的相关代码如下。

```
Sub 代码4176()
    Dim Rng As Range
    Dim opt As String
    Dim fua1 As Long
    Dim fua2 As Long
    Set Rng = Range("A1")        '指定任意单元格区域
    With Rng.Validation
        If .Type = xlValidateWholeNumber Then
            Select Case .Operator
                Case xlBetween
                    opt = "介于"
                    fua1 = .Formula1
                    fua2 = .Formula2
                Case xlEqual
                    opt = "等于"
                    fua1 = .Formula1
                Case xlGreater
                    opt = "大于"
                    fua1 = .Formula1
                Case xlGreaterEqual
                    opt = "大于或等于"
                    fua1 = .Formula1
                Case xlLess
                    opt = "小于"
                    fua1 = .Formula1
                Case xlLessEqual
                    opt = "小于或等于"
                    fua1 = .Formula1
                Case xlNotBetween
                    opt = "不介于"
                    fua1 = .Formula1
                    fua2 = .Formula2
```

```
        Case xlNotEqual
            opt = "不等于"
            fual = .Formula1
        End Select
        MsgBox "该单元格的整数规则信息如下:" _
            & vbCrLf & "运算符:" & opt _
            & vbCrLf & "条件1:" & .Formula1 _
            & vbCrLf & "条件2:" & .Formula2
    Else
        MsgBox "不是整数规则"
    End If
    End With
End Sub
```

代码 4177　设置数据验证的整数规则

如果了解了整数规则的数据验证属性，就可以根据需要来设置数据验证。

设置数据验证是使用Validation对象的Add方法添加条件，并使用InputMessage属性和ErrorMessage属性来设置提示信息和出错警告信息。

下面的代码是对指定的单元格区域设置100~10000整数的数据验证。其他类型的数据验证设置也可参考此代码。

```
Sub 代码4177()
    Dim Rng As Range
    Set Rng = Range("C2:C100")          '指定任意单元格区域
    With Rng.Validation
        .Delete                         '删除原来的数据验证
        .Add Type:=xlValidateWholeNumber, _
            AlertStyle:=xlValidAlertStop, _
            Operator:=xlBetween, _
            Formula1:="100", _
            Formula2:="10000"
        .ShowInput = True
        .ShowError = True
```

```
        .InputTitle = "输入整数"
        .InputMessage = "请输入100~10000的正整数"
        .ErrorTitle = "输入错误"
        .ErrorMessage = "你输入的不是100~10000的正整数"
    End With
End Sub
```

代码 4178　**获取数据验证的小数规则信息**

当Validation的Type属性是xlValidateDecimal时，就是小数规则。获取这个规则信息（运算符和条件值）的相关代码如下。

```
Sub 代码4178()
    Dim Rng As Range
    Dim opt As String
    Dim fua1 As Double
    Dim fua2 As Double
    Set Rng = Range("A1")        '指定任意单元格区域
    With Rng.Validation
        If .Type = xlValidateDecimal Then
            Select Case .Operator
                Case xlBetween
                    opt = "介于"
                    fua1 = .Formula1
                    fua2 = .Formula2
                Case xlEqual
                    opt = "等于"
                    fua1 = .Formula1
                Case xlGreater
                    opt = "大于"
                    fua1 = .Formula1
                Case xlGreaterEqual
                    opt = "大于或等于"
                    fua1 = .Formula1
```

```
        Case xlLess
            opt = "小于"
            fua1 = .Formula1
        Case xlLessEqual
            opt = "小于或等于"
            fua1 = .Formula1
        Case xlNotBetween
            opt = "不介于"
            fua1 = .Formula1
            fua2 = .Formula2
        Case xlNotEqual
            opt = "不等于"
            fua1 = .Formula1
        End Select
        MsgBox "该单元格的小数规则信息如下:" _
            & vbCrLf & "运算符:" & opt _
            & vbCrLf & "条件1:" & .Formula1 _
            & vbCrLf & "条件2:" & .Formula2
    Else
        MsgBox "不是小数规则"
    End If
  End With
End Sub
```

代码 4179　设置数据验证的小数规则

如果了解了小数规则的数据验证属性，就可以根据需要来设置数据验证。

下面的代码是对指定的单元格区域设置0以上小数的数据验证。其他类型的数据验证设置可参考此代码。

```
Sub 代码4179()
    Dim Rng As Range
    Set Rng = Range("C2:C100")          '指定任意单元格区域
    With Rng.Validation
```

```
        .Delete          '删除原来的数据验证
        .Add Type:=xlValidateDecimal, _
            AlertStyle:=xlValidAlertStop, _
            Operator:=xlGreater, _
            Formula1:="0"
        .ShowInput = True
        .ShowError = True
        .InputTitle = "输入小数"
        .InputMessage = "请输入0以上的小数"
        .ErrorTitle = "输入错误"
        .ErrorMessage = "你输入的0以上的小数"
    End With
End Sub
```

代码 4180　获取数据验证的日期规则信息

当Validation的Type属性是xlValidateDate时，就是日期规则。获取这个规则信息（运算符和条件值）的相关代码如下。

```
Sub 代码4180()
    Dim Rng As Range
    Dim opt As String
    Dim fua1 As Date
    Dim fua2 As Date
    Set Rng = Range("A2")               '指定任意单元格区域
    With Rng.Validation
        If .Type = xlValidateDate Then
            Select Case .Operator
                Case xlBetween
                    opt = "介于"
                    fua1 = .Formula1
                    fua2 = .Formula2
                Case xlEqual
                    opt = "等于"
```

```
                fua1 = .Formula1
            Case xlGreater
                opt = "大于"
                fua1 = .Formula1
            Case xlGreaterEqual
                opt = "大于或等于"
                fua1 = .Formula1
            Case xlLess
                opt = "小于"
                fua1 = .Formula1
            Case xlLessEqual
                opt = "小于或等于"
                fua1 = .Formula1
            Case xlNotBetween
                opt = "不介于"
                fua1 = .Formula1
                fua2 = .Formula2
            Case xlNotEqual
                opt = "不等于"
                fua1 = .Formula1
            End Select
            MsgBox "该单元格的日期规则信息如下:" _
                & vbCrLf & "运算符:" & opt _
                & vbCrLf & "条件1:" & .Formula1 _
                & vbCrLf & "条件2:" & .Formula2
        Else
            MsgBox "不是日期规则"
        End If
    End With
End Sub
```

代码 4181　设置数据验证的日期规则

下面的代码就是对指定的单元格区域设置日期规则，即只能输入2020年的日期。其他类型的数据验证设置可参考此代码。

```
Sub 代码4181()
    Dim Rng As Range
    Set Rng = Range("A2:A100")          '指定任意单元格区域
    With Rng.Validation
        .Delete                          '删除原来的数据验证
        .Add Type:=xlValidateDate, _
            AlertStyle:=xlValidAlertStop, _
            Operator:=xlBetween, _
            Formula1:="2020–1–1", _
            Formula2:="2020–12–31"
        .ShowInput = True
        .ShowError = True
        .InputTitle = "输入日期"
        .InputMessage = "请输入 2020 年日期"
        .ErrorTitle = "输入错误"
        .ErrorMessage = "输入的不是 2020 年日期"
    End With
End Sub
```

代码 4182 获取数据验证的时间规则信息

当Validation的Type属性是xlValidateTime时，就是时间规则。获取这个规则信息（运算符和条件值）的相关代码如下。

```
Sub 代码4182()
    Dim Rng As Range
    Dim opt As String
    Dim fua1 As Date
    Dim fua2 As Date
    Set Rng = Range("B2")        '指定任意单元格区域
    With Rng.Validation
        If .Type = xlValidateTime Then
```

```vba
        Select Case .Operator
            Case xlBetween
                opt = "介于"
                fua1 = .Formula1
                fua2 = .Formula2
            Case xlEqual
                opt = "等于"
                fua1 = .Formula1
            Case xlGreater
                opt = "大于"
                fua1 = .Formula1
            Case xlGreaterEqual
                opt = "大于或等于"
                fua1 = .Formula1
            Case xlLess
                opt = "小于"
                fua1 = .Formula1
            Case xlLessEqual
                opt = "小于或等于"
                fua1 = .Formula1
            Case xlNotBetween
                opt = "不介于"
                fua1 = .Formula1
                fua2 = .Formula2
            Case xlNotEqual
                opt = "不等于"
                fua1 = .Formula1
        End Select
    MsgBox "该单元格的时间规则信息如下:" _
        & vbCrLf & "运算符:" & opt _
        & vbCrLf & "条件1:" & .Formula1 _
        & vbCrLf & "条件2:" & .Formula2
Else
```

```
        MsgBox "不是时间规则"
      End If
    End With
  End Sub
```

代码 4183　设置数据验证的时间规则

下面的代码是对指定的单元格区域设置时间规则，即只能输入8:00~17:00的时间。其他类型的数据验证设置可参考此代码。

```
Sub 代码4183()
  Dim Rng As Range
  Set Rng = Range("B2:B100")            '指定任意单元格区域
  With Rng.Validation
    .Delete                            '删除原来的数据验证
    .Add Type:=xlValidateTime, _
      AlertStyle:=xlValidAlertStop, _
      Operator:=xlBetween, _
      Formula1:="8:00", _
      Formula2:="17:00"
    .ShowInput = True
    .ShowError = True
    .InputTitle = "输入时间"
    .InputMessage = "请输入8:00~17:00的时间"
    .ErrorTitle = "输入错误"
    .ErrorMessage = "输入的不是8:00~17:00的时间"
  End With
End Sub
```

代码 4184　获取数据验证的序列规则信息

当Validation的Type属性是xlValidateList时，就是序列规则，序列可以是手动输入到对话框中，也可以是引用的工作表单元格区域。下面的代码用于获取序列规则的相关信息。

```
Sub 代码4184()
    Dim Rng As Range
    Dim opt As String
    Dim fual As String
    Set Rng = Range("C2")                  '指定任意单元格区域
    With Rng.Validation
        If .Type = xlValidateList Then
            fual = .Formula1
            MsgBox "该单元格的序列规则信息如下:" _
                & vbCrLf & "序列:" & .Formula1
        Else
            MsgBox "不是序列规则"
        End If
    End With
End Sub
```

代码 4185 设置获取数据验证的序列规则（输入项目）

下面的代码用于设置序列数据验证，序列项目是手动输入的固定名称列表。

```
Sub 代码4185()
    Dim Rng As Range
    Set Rng = Range("C2:C100")             '指定任意单元格区域
    With Rng.Validation
        .Delete                            '删除原来的数据验证
        .Add Type:=xlValidateList, _
            AlertStyle:=xlValidAlertStop, _
            Formula1:="办公室,财务部,人力资源部,销售部,市场部,生产部"
        .IgnoreBlank = True
        .InCellDropdown = True
        .ShowInput = True
        .ShowError = True
        .InputTitle = "输入部门"
        .InputMessage = "请选择输入部门名称"
```

```
        .ErrorTitle = "输入错误"
        .ErrorMessage = "输入的不是规定的部门名称"
    End With
End Sub
```

代码 4186 设置获取数据验证的序列规则（引用单元格区域项目）

下面的代码用于设置序列数据验证，序列项目是引用的单元格项目列表。这里假设序列
数据保存在"基本资料"工作表的单元格区域A1:A12中。

```
Sub 代码4186()
    Dim Rng As Range
    Set Rng = Range("C2:C100")          '指定任意单元格区域
    With Rng.Validation
        .Delete                          '删除原来的数据验证
        .Add Type:=xlValidateList, _
            AlertStyle:=xlValidAlertStop, _
            Formula1:="=基本资料!$A$1:$A$12"
        .IgnoreBlank = True
        .InCellDropdown = True
        .ShowInput = True
        .ShowError = True
        .InputTitle = "输入部门"
        .InputMessage = "请选择输入部门名称"
        .ErrorTitle = "输入错误"
        .ErrorMessage = "输入的不是规定的部门名称"
    End With
End Sub
```

代码 4187 获取数据验证的文本规则信息

当Validation的Type属性是xlValidateTextLength时，就是文本长度规则。获取这个规则
信息（运算符和条件值）的相关代码如下。

```
Sub 代码4187()
    Dim Rng As Range
    Dim opt As String
    Dim fua1 As Date
    Dim fua2 As Date
    Set Rng = Range("B2")                 '指定任意单元格区域
    With Rng.Validation
        If .Type = xlValidateTextLength Then
            Select Case .Operator
                Case xlBetween
                    opt = "介于"
                    fua1 = .Formula1
                    fua2 = .Formula2
                Case xlEqual
                    opt = "等于"
                    fua1 = .Formula1
                Case xlGreater
                    opt = "大于"
                    fua1 = .Formula1
                Case xlGreaterEqual
                    opt = "大于或等于"
                    fua1 = .Formula1
                Case xlLess
                    opt = "小于"
                    fua1 = .Formula1
                Case xlLessEqual
                    opt = "小于或等于"
                    fua1 = .Formula1
                Case xlNotBetween
                    opt = "不介于"
                    fua1 = .Formula1
                    fua2 = .Formula2
                Case xlNotEqual
```

```
                opt = "不等于"
                fua1 = .Formula1
            End Select
        MsgBox "该单元格的文本长度规则信息如下:" _
            & vbCrLf & "运算符:" & opt _
            & vbCrLf & "条件1:" & .Formula1 _
            & vbCrLf & "条件2:" & .Formula2
        Else
            MsgBox "不是文本长度规则"
        End If
    End With
End Sub
```

代码 4188　设置数据验证的文本长度规则

下面的代码用于对指定的单元格区域设置文本长度规则，即只能输入6位数长度的文本。

```
Sub 代码4188()
    Dim Rng As Range
    Set Rng = Range("B2:B100")              '指定任意单元格区域
    With Rng.Validation
        .Delete         '删除原来的数据验证
        .Add Type:=xlValidateTextLength, _
            AlertStyle:=xlValidAlertStop, _
            Operator:=xlEqual, _
            Formula1:="6"
        .ShowInput = True
        .ShowError = True
        .InputTitle = "输入文本"
        .InputMessage = "请输入6位数的文本"
        .ErrorTitle = "输入错误"
        .ErrorMessage = "输入的不是6位数的文本"
    End With
End Sub
```

代码 4189 获取数据验证的自定义公式信息

当Validation的Type属性是xlValidateCustom时，就是自定义规则，自定义规则是用户自己设计的自定义条件公式。

下面的代码就是获取自定义序列的公式字符串。

```
Sub 代码4189()
    Dim Rng As Range
    Dim fua1 As String
    Set Rng = Range("A2")              '指定任意单元格区域
    With Rng.Validation
      If .Type = xlValidateCustom Then
        fua1 = .Formula1
        MsgBox "该单元格的自定义公式如下:" & .Formula1
      Else
        MsgBox "不是自定义公式规则"
      End If
    End With
End Sub
```

代码 4190 设置数据验证的自定义公式规则

下面的代码就是对单元格区域A2:A100设置自定义规则，即只能输入6位编码。

```
Sub 代码4190()
    Dim Rng As Range
    Set Rng = Range("A2:A100")          '指定任意单元格区域
    With Rng.Validation
      .Delete          '删除原来的数据验证
      .Add Type:=xlValidateCustom, _
         AlertStyle:=xlValidAlertStop, _
         Formula1:="=AND(LEN(A2)=6,ISTEXT(A2))"
      .IgnoreBlank = True
      .InCellDropdown = True
```

```
        .ShowInput = True
        .ShowError = True
        .InputTitle = "输入编码"
        .InputMessage = "请输入6位编码"
        .ErrorTitle = "输入错误"
        .ErrorMessage = "输入的不是6位编码"
    End With
End Sub
```

代码 4191 删除数据验证

删除数据验证的方法很简单，使用Delete方法即可。参考代码如下。

```
Sub 代码4191()
    Dim Rng As Range
    Set Rng = Range("A2:A100")        '指定任意单元格区域
    Rng.Validation.Delete             '删除数据验证
End Sub
```

4.27 设置条件格式

条件格式的种类很多，可以通过使用 FormatConditions 属性返回 Format Conditions 集合和 FormatCondition 对象来获取条件格式信息及设置条件格式。

代码 4192 判断单元格是否有条件格式

利用FormatConditions集合的Count属性判断是否设置了条件格式，如果Count结果是0，表示没有设置条件格式。参考代码如下。

```
Sub 代码4192()
    Dim i As Integer
    Dim Rng As Range
```

```
    Dim fc  As FormatCondition
    Set Rng = Range("A1")        '指定任意单元格
    If Rng.FormatConditions.Count > 0 Then
        MsgBox "单元格有条件格式，设置了 " & Rng.FormatConditions.Count & "个条件格式"
    Else
        MsgBox "单元格没有条件格式"
    End If
End Sub
```

获取条件格式的类型信息

利用FormatCondition对象的Type属性，可以获取条件格式的类型。参考代码如下。

```
Sub 代码4193()
    Dim i As Integer
    Dim Rng As Range
    Dim xt As String
    Set Rng = Range("A1")         '指定任意单元格
    If Rng.FormatConditions.Count = 0 Then
        MsgBox "单元格没有设置条件格式"
    Else
        For i = 1 To Rng.FormatConditions.Count
            Select Case Rng.FormatConditions(i).Type
                Case xlAboveAverageCondition
                    xt = "高于平均值条件"
                Case xlCellValue
                    xt = "单元格值"
                Case xlTop10
                    xt = "前 10 个值"
                Case xlUniqueValues
                    xt = "唯一值"
                Case xlColorScale
                    xt = "色阶"
                Case xlDataBa
```

```
                    xt = "数据条"
        Case xlIconSets
            xt = "图标集"
        Case xlExpression
            xt = "表达式"
        Case xlBlanksCondition
            xt = "空值条件"
        Case xlNoBlanksCondition
            xt = "无空值条件"
        Case xlErrorsCondition
            xt = "错误条件"
        Case xlNoErrorsCondition
            xt = "无错误条件"
        Case xlTextString
            xt = "文本字符串"
        Case xlTimePeriod
            xt = "时间段"
        End Select
        MsgBox "第 " & i & " 个条件格式类型是: " & xt
    Next i
  End If
End Sub
```

代码 4194　设置条件格式：单元格值类型

设置条件格式是使用FormatConditions集合的Add方法，该方法有几个参数需要设置，具体可参阅帮助信息。

下面的代码是设置单元格的值类型的条件格式，如果数字在10000以上，就标识为红色加粗字体，黄色为填充颜色。

```
Sub 代码4194()
    Dim Rng  As Range
    Set Rng = Range("C2:E100")          '指定任意单元格
    With Rng.FormatConditions
```

```
      .Delete                              '删除原来的条件格式
      .Add Type:=xlCellValue,Operator:=xlGreater,Formula1:=10000   '添加条件格式
   End With
   With Rng.FormatConditions(1)
      .Font.Bold = True                    '设置字体加粗
      .Font.Color = vbRed                  '设置红色字体
      .Interior.Color = vbYellow           '设置黄色填充
   End With
End Sub
```

如果要设置介于类型的条件格式，Add语句修改如下。

```
.Add Type:=xlCellValue, Operator:=xlBetween, Formula1:=1, Formula2:=1000
```

代码 4195　设置条件格式：特定文本类型

下面的代码是设置单元格的特定文本类型的条件格式，如果文本含有"水泥"，就标识为红色加粗字体，黄色为填充颜色。

```
Sub 代码4195()
   Dim Rng  As Range
   Set Rng = Range("B2:B100")            '指定任意单元格
   With Rng.FormatConditions
      .Delete                            '删除原来的条件格式
      .Add Type:=xlTextString, String:="水泥", TextOperator:=xlContains
   End With
   With Rng.FormatConditions(1)
      .Font.Bold = True                  '设置字体加粗
      .Font.Color = vbRed                '设置红色字体
      .Interior.Color = vbYellow         '设置黄色填充
   End With
End Sub
```

如果要标识不含有"水泥"的文本，Add语句修改如下。

```
.Add Type:=xlTextString, String:="水泥", TextOperator:=xlDoesNotContain
```

如果要标识以"水泥"开头的文本，Add语句修改如下。

.Add Type:=xlTextString, String:="水泥", **TextOperator:=xlBeginsWith**

如果要标识以"水泥"结尾的文本，Add语句修改如下。

.Add Type:=xlTextString, String:="水泥", **TextOperator:=xlEndsWith**

代码 4196　设置条件格式：发生日期类型

下面的代码是设置单元格的发生日期类型的条件格式，如果日期是上一周的，就标识为红色加粗字体，黄色为填充颜色。

```
Sub 代码4196()
    Dim Rng  As Range
    Set Rng = Range("A2:A100")          '指定任意单元格
    With Rng.FormatConditions
        .Delete                          '删除原来的条件格式
        .Add Type:=xlTimePeriod, DateOperator:=xlLast7Days
    End With
    With Rng.FormatConditions(1)
        .Font.Bold = True                '设置字体加粗
        .Font.Color = vbRed              '设置红色字体
        .Interior.Color = vbYellow       '设置黄色填充
    End With
End Sub
```

如果要标识上周的日期，Add语句修改如下。

.Add Type:=xlTimePeriod, **DateOperator:=xlLastWeek**

如果要标识上个月的日期，Add语句修改如下。

.Add Type:=xlTimePeriod, **DateOperator:=xlLastMonth**

如果要标识今天的日期，Add语句修改如下。

.Add Type:=xlTimePeriod, **DateOperator:=xlToday**

如果要标识昨天的日期，Add语句修改如下。

.Add Type:=xlTimePeriod, **DateOperator:=xlYesterday**

代码 4197 设置条件格式：空值类型

下面的代码是设置单元格为空值的条件格式，单元格标识以黄色为填充颜色。

```
Sub 代码4197()
    Dim Rng  As Range
    Set Rng = Range("A2:E100")          '指定任意单元格
    With Rng.FormatConditions
        .Delete                         '删除原来的条件格式
        .Add Type:=xlBlanksCondition
    End With
    Rng.FormatConditions(1).Interior.Color = vbYellow
End Sub
```

代码 4198 设置条件格式：错误值类型

下面的代码是设置单元格为错误值的条件格式，单元格标识以黄色为填充颜色。

```
Sub 代码4198()
    Dim Rng  As Range
    Set Rng = Range("A2:E100")          '指定任意单元格
    With Rng.FormatConditions
        .Delete                         '删除原来的条件格式
        .Add Type:=xlErrorsCondition
    End With
    Rng.FormatConditions(1).Interior.Color = vbYellow
End Sub
```

代码 4199 设置条件格式：排名靠前／靠后类型

下面的代码是设置单元格值为最大的前5个的条件格式，标识为红色加粗字体，并以黄色为填充颜色。

```
Sub 代码4199()
    Dim Rng  As Range
```

```
    Set Rng = Range("B2:B100")          '指定任意单元格
    With Rng.FormatConditions
      .Delete                            '删除原来的条件格式
      .AddTop10
    End With
    With Rng.FormatConditions(1)
      .TopBottom = xlTop10Top            '最大
      .Rank = 5                          '前5个
      .Font.Bold = True                  '设置字体加粗
      .Font.Color = vbRed                '设置红色字体
      .Interior.Color = vbYellow         '设置黄色填充
    End With
End Sub
```

下面的代码是设置单元格值为最小的后5个的条件格式，标识为红色加粗字体，并以黄色为填充颜色。

```
Sub 代码4199_1()
    Dim Rng  As Range
    Set Rng = Range("B2:B100")          '指定任意单元格
    With Rng.FormatConditions
      .Delete                            '删除原来的条件格式
      .AddTop10
    End With
    With Rng.FormatConditions(1)
      .TopBottom = xlTop10Bottom         '最小
      .Rank = 5                          '后5个
      .Font.Bold = True                  '设置字体加粗
      .Font.Color = vbRed                '设置红色字体
      .Interior.Color = vbYellow         '设置黄色填充
    End With
End Sub
```

代码 4200　设置条件格式：高于 / 低于平均值类型

下面的代码是设置单元格值高于平均值的条件格式，标识为红色加粗字体，并以黄色为填充颜色。

```
Sub 代码4200()
    Dim Rng  As Range
    Set Rng = Range("B2:B100")          '指定任意单元格
    With Rng.FormatConditions
        .Delete                         '删除原来的条件格式
        .AddAboveAverage
    End With
    With Rng.FormatConditions(1)
        .AboveBelow = xlAboveAverage    '高于平均值
        .Font.Bold = True               '设置字体加粗
        .Font.Color = vbRed             '设置红色字体
        .Interior.Color = vbYellow      '设置黄色填充
    End With
End Sub
```

若要标识低于平均值，则代码修改如下。

```
Sub 代码4200_1()
    Dim Rng  As Range
    Set Rng = Range("B2:B100")          '指定任意单元格
    With Rng.FormatConditions
        .Delete                         '删除原来的条件格式
        .AddAboveAverage
    End With
    With Rng.FormatConditions(1)
        .AboveBelow = xlBelowAverage    '低于平均值
        .Font.Bold = True               '设置字体加粗
        .Font.Color = vbRed             '设置红色字体
        .Interior.Color = vbYellow      '设置黄色填充
    End With
End Sub
```

代码 4201　设置条件格式：唯一值／重复值类型

下面的代码是设置单元格值为唯一值的条件格式，标识为红色加粗字体，并以黄色为填充颜色。

```
Sub 代码4201()
    Dim Rng  As Range
    Set Rng = Range("B2:B100")          '指定任意单元格
    With Rng.FormatConditions
        .Delete                          '删除原来的条件格式
        .AddUniqueValues
    End With
    With Rng.FormatConditions(1)
        .DupeUnique = xlUnique           '唯一值
        .Font.Bold = True                '设置字体加粗
        .Font.Color = vbRed              '设置红色字体
        .Interior.Color = vbYellow       '设置黄色填充
    End With
End Sub
```

如果要标识重复值，则代码修改如下。

```
Sub 代码4201_1()
    Dim Rng  As Range
    Set Rng = Range("B2:B100")          '指定任意单元格
    With Rng.FormatConditions
        .Delete                          '删除原来的条件格式
        .AddUniqueValues
    End With
    With Rng.FormatConditions(1)
        .DupeUnique = xlDuplicate        '重复值
        .Font.Bold = True                '设置字体加粗
        .Font.Color = vbRed              '设置红色字体
        .Interior.Color = vbYellow       '设置黄色填充
    End With
End Sub
```

代码 4202 设置条件格式：使用公式类型

下面的代码是设置在A~H列都输入数据后，单元格自动添加边框。

```
Sub 代码4202()
    Dim Rng  As Range
    Set Rng = Range("A1:H1000")        '指定任意单元格
    With Rng.FormatConditions
        .Delete                        '删除原来的条件格式
        .Add Type:=xlExpression, Formula1:="=COUNTA($A1:$H1)=8"
    End With
    With Rng.FormatConditions(1)
        .Borders(xlLeft).Weight = xlThin
        .Borders(xlRight).Weight = xlThin
        .Borders(xlTop).Weight = xlThin
        .Borders(xlBottom).Weight = xlThin
    End With
End Sub
```

代码 4203 设置条件格式：双色刻度类型

下面的代码是设置指定区域的双色刻度类型的条件格式，将最小阈值的颜色设置为绿色，最大阈值的颜色设置为黄色。

```
Sub 代码4203()
    Dim Rng  As Range
    Set Rng = Range("B2:B10")          '指定任意单元格
    With Rng.FormatConditions
        .Delete                        '删除原来的条件格式
        .AddColorScale ColorScaleType:=2
    End With
    With Rng.FormatConditions(1)
        With .ColorScaleCriteria(1)
            .Type = xlConditionValueLowestValue
            .FormatColor.Color = vbGreen
        End With
        With .ColorScaleCriteria(2)
            .Type = xlConditionValueHighestValue
```

```
        .FormatColor.Color = vbYellow
      End With
    End With
End Sub
```

代码 4204　设置条件格式：三色刻度类型

下面的代码是设置指定区域的三色刻度类型的条件格式，将最小阈值的颜色设置为绿色，最大阈值的颜色设置为黄色，中间阈值的颜色设置为白色。

```
Sub 代码4204()
    Dim Rng  As Range
    Set Rng = Range("B2:B10")            '指定任意单元格
    With Rng.FormatConditions
      .Delete                           '删除原来的条件格式
      .AddColorScale ColorScaleType:=3
    End With
    With Rng.FormatConditions(1)
      With .ColorScaleCriteria(1)
        .Type = xlConditionValueLowestValue
        .FormatColor.Color = vbGreen
      End With
      With .ColorScaleCriteria(2)
        .Type = xlConditionValuePercentile
        .Value = 50
        .FormatColor.Color = vbWhite
      End With
      With .ColorScaleCriteria(3)
        .Type = xlConditionValueHighestValue
        .FormatColor.Color = vbYellow
      End With
    End With
End Sub
```

设置条件格式：数据条类型

下面的代码是设置数据条类型。设置数据条的VBA代码建议通过录制宏获得。

```
Sub 代码4205()
    Dim Rng  As Range
    Set Rng = Range("B2:B20")              '指定任意单元格
    With Rng.FormatConditions
        .Delete                            '删除原来的条件格式
        .AddDatabar
    End With
    Rng.FormatConditions(1).BarColor.Color = vbGreen
End Sub
```

设置条件格式：图标集类型

下面的代码是设置图标集（三向箭头）。设置图标集的VBA代码建议通过录制宏获得。

```
Sub 代码4206()
    Dim Rng  As Range
    Set Rng = Range("B2:B20")              '指定任意单元格
    With Rng.FormatConditions
        .Delete                            '删除原来的条件格式
        .AddIconSetCondition
    End With
    With Selection.FormatConditions(1)
        .IconSet = ActiveWorkbook.IconSets(xl3Arrows)
        With .IconCriteria(2)
            .Type = xlConditionValuePercent
            .Value = 33
        End With
        With .IconCriteria(3)
            .Type = xlConditionValuePercent
            .Value = 67
```

```
        End With
      End With
    End Sub
```

删除条件格式

使用FormatConditions集合的Delete方法删除全部条件格式，或者使用FormatCondition
对象的Delete方法删除某个条件格式。参考代码如下。

```
Sub 代码4207()
    Dim Rng  As Range
    Set Rng = Range("B2:B20")          '指定任意单元格
    Rng.FormatConditions(2).Delete     '删除第2个条件格式
    Rng.FormatConditions.Delete        '删除所有条件格式
End Sub
```

4.28　设置单元格超链接

超链接可以手动设置，也可以通过 VBA 自动化设置。本节介绍利用 VBA 操
作超链接的几个实用代码示例。

判断单元格是否有超链接

利用Hyperlinks对象的Count属性可以判断单元格是否有超链接，如果Count不为0，就
是有超链接。参考代码如下。

```
Sub 代码4208()
    Dim Rng  As Range
    Set Rng = Range("A1")        '指定任意单元格
    If Rng.Hyperlinks.Count > 0 Then
        MsgBox "yes! 单元格有超链接"
    Else
```

```
        MsgBox "no! 单元格没有超链接"
    End If
End Sub
```

代码 4209　获取超链接信息

利用Hyperlinks属性和Hyperlink对象的有关属性可以获取某单元格的超链接信息。下面的代码将显示指定单元格超链接在本文档中与指定超链接相关联的位置。

```
Sub 代码4109()
    Dim i As Integer
    Dim Rng  As Range
    Dim Hyps As Hyperlinks
    Dim Hyp  As Hyperlink
    Set Rng = Range("A1")       '指定任意单元格
    With Rng
      Set Hyps = .Hyperlinks
      If Hyps.Count > 0 Then
        For i = 1 To Hyps.Count
          Set Hyp = Hyps(i)
          MsgBox "单元格 A1 的超链接位置为:" & Hyp.SubAddress
        Next i
      Else
        MsgBox "没有设定超链接。"
      End If
    End With
End Sub
```

代码 4210　创建插入指向工作簿内部的超链接

利用Hyperlinks对象Add方法可以建立超链接。

下面的代码为单元格插入一个指向本工作簿中Sheet2工作表单元格A1的超链接，同时设置显示信息。

```
Sub 代码4210()
    Dim Rng As Range
    Set Rng = Range("A1")        '指定任意的单元格
    Set Hyps = Rng.Hyperlinks
    With Rng.Hyperlinks
        .Delete
        .Add Anchor:=Rng, _
            Address:="", _
            SubAddress:="Sheet2!A1", _
            ScreenTip:="查看Sheet2"
    End With
End Sub
```

代码 4211　创建指向工作簿外部的超链接

在Hyperlinks对象的Add方法参数中，如果设置了Address参数，那么就可以建立指向本工作簿外部的超链接。

下面的代码就是建立指向搜狐网站的超链接。

```
Sub 代码4211()
    Dim Rng As Range
    Set Rng = Range("A1")        '指定任意的单元格
    Set Hyps = Rng.Hyperlinks
    With Rng.Hyperlinks
        .Delete
        .Add Anchor:=Rng, _
            Address:="https://www.sohu.com", _
            ScreenTip:="浏览搜狐网"
    End With
End Sub
```

代码 4212　清除超链接

利用Hyperlinks对象的Delete方法清除单元格的超链接。参考代码如下。

```
Sub 代码4212()
    Dim Rng As Range
    Set Rng = Range("A1")        '指定任意单元格
    Rng.Hyperlinks.Delete        '删除超链接
End Sub
```

4.29 设置单元格批注

给单元格设置批注是很多人经常做的工作之一。利用 VBA 操作批注，需要使用 Comments 对象和 Comment 对象。

代码 4213 判断单元格是否有批注

通过Comment对象引用的方法判断是否有批注。参考代码如下。

```
Sub 代码4213()
    Dim Rng  As Range
    Set Rng = Range("A1")        '指定任意单元格
    If Rng.Comment Is Nothing Then
        MsgBox "NO! 单元格没有批注"
    Else
        MsgBox "YES! 单元格有批注"
    End If
End Sub
```

代码 4214 统计工作表的批注个数

使用Comments对象的Count属性，可以获得指定工作表上的批注个数。参考代码如下。

```
Sub 代码4214()
    Dim ws As Worksheet
    Set ws = ActiveSheet         '指定工作表
```

```
    If ws.Comments.Count > 0 Then
        MsgBox "该工作表设置了 " & ws.Comments.Count & " 个批注"
    Else
        MsgBox "该工作表没有批注"
    End If
End Sub
```

代码 4215 获取工作表的所有批注单元格地址和批注文本

使用Comment对象的Parent属性返回父级对象（单元格），然后获取该单元格的地址。参考代码如下。在这个代码中，还使用Comment对象的Text属性提取批注文本，在A列显示批注单元格地址，在B列显示批注信息。

```
Sub 代码4215()
    Dim ws As Worksheet
    Dim i As Long
    Set ws = ActiveSheet          '指定工作表
    If ws.Comments.Count > 0 Then
        For i = 1 To ws.Comments.Count
            ws.Range("A" & i) = ws.Comments(i).Parent.Address(0, 0)
            ws.Range("B" & i) = ws.Comments(i).Text
        Next i
    Else
        MsgBox "该工作表没有批注"
    End If
End Sub
```

代码 4216 显示 / 隐藏单元格的批注

利用Comment对象的Visible属性显示/隐藏单元格的批注。参考代码如下。

```
Sub 代码4216()
    Dim Rng  As Range
    Set Rng = Range("A1")        '指定任意单元格
```

```
If Rng.Comment Is Nothing Then
    MsgBox "单元格没有批注"
Else
    MsgBox "下面将显示单元格批注"
    Rng.Comment.Visible = True
    MsgBox "下面将隐藏单元格批注"
    Rng.Comment.Visible = False
End If
End Sub
```

代码 4217　显示 / 隐藏单元格的批注三角符号

利用Application对象的DisplayCommentIndicator属性，可以设置是否显示批注单元格右上角的红色小三角符号。

这个操作对工作簿的所有批注都起作用。参考代码如下。

```
Sub 代码4217()
    MsgBox "下面将隐藏批注单元格右上角的红色小三角符号"
    Application.DisplayCommentIndicator = xlNoIndicator
    MsgBox "下面将显示批注单元格右上角的红色小三角符号"
    Application.DisplayCommentIndicator = xlCommentIndicatorOnly
End Sub
```

代码 4218　获取批注的全部信息

利用Comment对象的Text属性可以获取某单元格批注的全部信息，包括作者信息和文本信息。参考代码如下。

```
Sub 代码4218()
    Dim Rng  As Range
    Set Rng = Range("A1")      '指定任意单元格
    If Rng.Comment Is Nothing Then
        MsgBox "单元格没有批注"
    Else
```

```
      MsgBox "单元格的批注信息是：" & vbCrLf & Rng.Comment.Text
    End If
End Sub
```

利用Comment对象的Author属性可以获取某单元格批注的作者信息。参考代码如下。

```
Sub 代码4219()
    Dim Rng  As Range
    Set Rng = Range("A1")            '指定任意单元格
    If Rng.Comment Is Nothing Then
      MsgBox "单元格没有批注"
    Else
      MsgBox "单元格批注的作者信息是：" & Rng.Comment.Author
    End If
End Sub
```

利用Comment对象的Text属性和Author属性，再利用字符串函数进行处理，可以获取某单元格批注的文本信息。参考代码如下。

```
Sub 代码4220()
    Dim Rng  As Range
    Dim comm As Comment
    Set Rng = Range("A1")            '指定任意单元格
    If Rng.Comment Is Nothing Then
      MsgBox "单元格没有批注"
    Else
      Set comm = Rng.Comment
      MsgBox "单元格批注的文本信息是：" & Replace(comm.Text, comm.Author, "")
    End If
End Sub
```

代码 4221　为单元格添加文本批注

下面的代码是使用Range对象的AddComment方法为单元格设置文本批注。

```
Sub 代码4221()
    Dim Rng As Range
    Set Rng = Range("A1")              '指定任意的单元格
    With Rng
        On Error Resume Next
        .Comment.Delete                '删除已经存在的批注
        On Error GoTo 0
        '添加新批注
        .AddComment Text:="韩小良:" & Chr(10) & "添加批注练习"
        .Comment.Visible = False       '隐藏批注
    End With
End Sub
```

代码 4222　修改批注（覆盖）

下面的代码是修改批注并覆盖原来的批注文本。

```
Sub 代码4222()
    Dim Rng As Range
    Set Rng = Range("A1")              '指定任意的单元格
    With Rng
        On Error Resume Next
        .Comment.Delete                '删除已经存在的批注
        On Error GoTo 0
        '添加批注
        .AddComment Text:="添加批注练习"
        .Comment.Visible = False
    End With
    MsgBox "下面将修改单元格的批注。"
    Rng.Comment.Text Text:="韩小良" & Chr(10) & "新修改的内容如下"
```

```
End Sub
```

追加新的批注信息（不覆盖）

下面的代码是在现有的批注中，追加新的批注文本，但仍然保留原来的批注文本。

```
Sub 代码4223()
    Dim Rng As Range
    Set Rng = Range("A1")        '指定任意的单元格
    With Rng
        On Error Resume Next
        .Comment.Delete          '删除已经存在的批注
        On Error GoTo 0
        '添加批注
        .AddComment Text:="韩小良:" & Chr(10) & "添加批注练习"
        .Comment.Visible = False
    End With
    MsgBox "下面将修改单元格的批注。"
    Rng.Comment.Text Text:=Chr(10) & "补充新内容如下:AAAAA", _
            Start:=Len(Rng.Comment.Text) + 1, _
            overwrite:=False
End Sub
```

追加带有时间的新批注信息（不覆盖）

在每次的新批注信息上添加时间记录标记，这样就能知道每条批注的添加日期。参考代码如下。

```
Sub 代码4224()
    Dim Rng As Range
    Set Rng = Range("A1")        '指定任意的单元格
    With Rng
        On Error Resume Next
        .Comment.Delete          '删除已经存在的批注
```

```
       On Error GoTo 0
       '添加批注
       .AddComment Text:="韩小良:" & Chr(10) & "添加批注练习"
       .Comment.Visible = False
   End With
   MsgBox "下面将修改单元格的批注"
   Rng.Comment.Text Text:=Chr(10) & Date & ": 补充新内容如下:AAAAA", _
           Start:=Len(Rng.Comment.Text) + 1, _
           overwrite:=False
End Sub
```

代码 4225　为单元格批注添加照片

可以在批注中添加对象，如形状、照片和图表等。下面的代码是为单元格创建批注后把指定的照片显示到批注中。

```
Sub 代码4225()
   Dim Rng As Range
   Set Rng = Range("A1")      '指定任意的单元格
   On Error Resume Next
   Rng.Comment.Delete         '删除已经存在的批注
   On Error GoTo 0
   With Rng.AddComment.Shape
     .Fill.UserPicture picturefile:="D:\temp\批注图片.jpg"
     .Height = 300
     .Width = 300
   End With
End Sub
```

如果要为几个单元格批量创建图片批注，可以使用循环的方法为每个单元格插入批注。

代码 4226　设置批注显示框的大小

默认情况下，批注的显示框是很小的，当批注文字较长时，就会显示不全，所以可以设置批注大小（高和宽）。参考代码如下。

```
Sub 代码4226()
    Dim Rng As Range
    Set Rng = Range("A1")        '指定任意的单元格
    With Rng.Comment.Shape
        .Width = 200             '设置宽度
        .Height = 100            '设置高度
    End With
End Sub
```

代码 4227　设置批注显示框的填充效果和边框格式

设置批注显示框的填充颜色和边框格式的参考代码如下。

```
Sub 代码4227()
    Dim Rng As Range
    Set Rng = Range("A1")        '指定任意的单元格
    Rng.Comment.Visible = True
    Rng.Comment.Shape.Select
    With Selection
        .Interior.ColorIndex = 6
        .Border.ColorIndex = 3
        .Border.Weight = xlThick
    End With
    Rng.Comment.Visible = False
End Sub
```

代码 4228　设置批注文本的字体

默认情况下，批注的显示框的字体也很小，可以自定义批注文本的字体。参考代码如下。

```
Sub 代码4228()
    Dim Rng As Range
    Set Rng = Range("A1")        '指定任意的单元格
    Rng.Comment.Visible = True
```

```
    Rng.Comment.Shape.Select
    With Selection.Font
        .Name = "微软雅黑"
        .Size = 12
        .Color = vbRed
    End With
    Rng.Comment.Visible = False
End Sub
```

代码 4229　删除指定单元格的批注

删除指定单元格的批注的方法很简单，使用Comment对象的Delete方法即可。参考代码如下。

```
Sub 代码4229()
    Dim Rng As Range
    Set Rng = Range("A1")        '指定任意的单元格
    On Error Resume Next
    Rng.Comment.Delete           '删除已经存在的批注
    On Error GoTo 0
End Sub
```

代码 4230　删除工作表中所有单元格的批注

删除循环工作表中每一个可能存在的批注的方法为Delete方法。参考代码如下。

```
Sub 代码4230()
    Dim ws As Worksheet
    Dim comm As Comment
    Set ws = ActiveSheet         '指定工作表
    On Error Resume Next
    For Each comm In ws.Comments
        comm.Delete              '删除批注
    Next
    On Error GoTo 0
End Sub
```

4.30 向单元格输入数据

在这一节中，将介绍利用 VBA 向单元格输入数据的基本方法和技巧，下面提供的代码仅供参考。

代码 4231 向单元格输入数值

向单元格输入数值是指在Range对象的Value属性中设置数值，如Rng.Value = 12345。但是，在实际操作中，也可以不写".Value"而直接写Rng = 12345。

下面的代码提供了几种输入数值的方法。

```
Sub 代码4231()
    Range("A1").Value = 12345        '输入整数
    Range("A2").Value = 123.45       '输入小数
    Range("A3").Value = "12345"      '输入数字字符串，会被当作数值输入
    Range("A4").Value = 2E+25        '科学记数
    Range("A5").Value = 3.2E–20      '科学记数
End Sub
```

> **注意**
>
> 如果想输入的数值为字符串，当单元格的格式不是文本时，这个数字字符串就会自动变为数字；当输入科学记数时，若将包含字母E或e在内的数字输入的话，有可能会出现意想不到的结果，因此要特别注意。

代码 4232 向单元格输入字符串

向单元格输入字符串，需要将字符串用双引号"""引起来。参考代码如下。

```
Sub 代码4232()
    Range("A1").Value = "ABCD"
    Range("A2").Value = "学生成绩"
```

```
    Range("A3").Value = "分公司A"
    Range("A4").Value = "第20系列"
    Range("A5").Value = "55系列"
End Sub
```

代码 4233　向单元格输入文本型数字

向单元格输入文本型数字的方法有两种：一种是在输入的数字字符串前面加前缀字符"'"；另一种是先将单元格格式设置为文本，然后再输入数字。参考代码如下。

```
Sub 代码4233()
  '方法1
  Range("A1").Value = "'012345"              '在数字字符串前面加前缀字符"'"
  '方法2
  Range("A2").NumberFormatLocal = "@"        '先将单元格格式设置为"文本"
  Range("A2").Value = "012345"
End Sub
```

代码 4234　向单元格输入日期

由于日期的类型种类很多，因此向单元格输入日期也有很多种方法。下面的代码给出了常用的几种输入日期的方法。

```
Sub 代码4234()
    Range("A1").Value = "2020-5-20"
    Range("A2").Value = "5/20/2020"
    Range("A3").Value = "2020/5/20"
    Range("A4").Value = CDate("2020年5月20日")
    Range("A5").Value = CDate("May-20,2020")
End Sub
```

代码 4235　向单元格输入时间

由于时间的类型种类很多，因此向单元格输入时间也有很多种方法。下面的代码给出了常用的几种输入时间的方法。

```
Sub 代码4235()
    Range("A1").Value = "10:20:30"
    Range("A2").Value = CDate("10:20AM")
    Range("A3").Value = "22:30"
    Range("A4").Value = CDate("10:30PM")
    Range("A5").Value = CDate("13时30分55秒")
    Range("A6").Value = CDate("下午1时30分55秒")
    Range("A7").Value = CDate("上午8时30分55秒")
    Range("A8").Value = CDate("11时30分")
    Range("A9").Value = CDate("下午8时30分55秒")
End Sub
```

代码 4236　向单元格输入分数

如果要向单元格输入分数，并显示为分数，则需要先将单元格的格式设置为分数格式，再按惯例输入分数。参考代码如下。

```
Sub 代码4236()
    '输入1位分数
    Range("A1").NumberFormatLocal = "?/?"
    Range("A1").Value = "1/3"
    '输入2位分数
    Range("A2").NumberFormatLocal = "??/??"
    Range("A2").Value = "31/15"
    '输入3位分数
    Range("A3").NumberFormatLocal = "???/???"
    Range("A3").Value = "310/617"
    '输入4位分数
    Range("A4").NumberFormatLocal = "????/????"
    Range("A4").Value = "3121/5671"
    '输入5位分数
    Range("A5").NumberFormatLocal = "?????/?????"
```

```
    Range("A5").Value = "31111/15111"
End Sub
```

代码 4237　向单元格输入邮政编码

邮政编码要按照文本型数字的输入方法来输入。参考代码如下。

```
Sub 代码4237()
    '方法1：加前缀字符
    Range("A1").Value = "'055150"
    '方法2：设置格式并输入数字
    Range("A2").NumberFormatLocal = "@"
    Range("A2").Value = "055150"
End Sub
```

代码 4238　向单元格输入身份证号码

身份证号码也要按照文本型数字的输入方法来输入。参考代码如下。

```
Sub 代码4238()
    '方法1：加前缀字符
    Range("A1").Value = "'110108199909099992"
    '方法2：设置格式并输入数字
    Range("A2").NumberFormatLocal = "@"
    Range("A2").Value = "110108199909099992"
End Sub
```

代码 4239　向连续单元格行区域的各个单元格输入不同的数据

　　如果需要向某行的连续单元格区域一次性输入不同的数据，而不是像平常那样逐个单元格地输入数据，可以使用Array函数，从而大大简化程序代码。

　　下面的代码是向单元格A1、B1、C1、D1中分别输入字符串"1001"、文本"现金"、数字300000和当前日期。

```
Sub 代码4239()
```

279

```
    Range("A1:D1") = Array("'1001", "现金", 300000, Date)
End Sub
```

代码 4240 向连续单元格列区域的各个单元格输入不同的数据

Array函数构建要输入的数据，调用工作表函数Transpose对数组进行转置，就能输入到列区域中。

下面的代码是向单元格A1~A4中分别输入字符串"1001"、文本"现金"、数字300000和当前日期。

```
Sub 代码4240()
    Range("A1:A4") = WorksheetFunction.Transpose(Array("'1001", "现金", 300000, Date))
End Sub
```

代码 4241 向单元格区域的每个单元格输入相同的数据

不论是连续的单元格区域，还是不连续的单元格区域，或是几个分散的单元格，均可以使用Range对象的Value属性实现一次性输入相同的数据。参考代码如下。

```
Sub 代码4241()
    Dim Rng1 As Range
    Dim Rng2 As Range
    Dim Rng3 As Range
    Set Rng1 = Range("A1:B5")                '指定连续的单元格区域
    Set Rng2 = Range("C1:D5,F2:G3")          '指定不连续的单元格区域
    Set Rng3 = Range("A8,A10,B9,D10")        '指定几个单独的单元格
    Rng1.Value = "12345"
    Rng2.Value = "ABC"
    Rng3.Value = Date
End Sub
```

代码 4242 通过数组向单元格区域批量输入数据

下面的代码是首先生成一个数组变量，然后将该数组的数据一次性地输入到与该数组维

数大小相同的单元格区域中。

```
Sub 代码4242()
    Dim Rng As Range
    Dim arr(1 To 3, 1 To 5) As Variant
    Dim i As Long, j As Long
    For i = 1 To 3
        For j = 1 To 5
            k = k + 1
            arr(i, j) = i * j          '生成数组
        Next j
    Next i
    Set Rng = Range("A1:E3")           '指定任意的单元格区域
    Rng.Value = arr
End Sub
```

💧 说明

如果单元格区域的范围小于数组的大小，则仅会向该单元格区域输入该单元格区域大小的数组数据。如果单元格区域的范围大于数组的大小，则仅会向该单元格区域中多出的单元格输入错误值"#N/A"。

代码 4243　向单元格区域输入指定初始值的连续数字序列

在Excel中，可以通过自动填充的方法来完成连续性的输入，也可以利用AutoFill方法来实现这个目的。

建议读者通过录制宏的方式获取输入各种序列的程序代码。

下面的代码是向指定的单元格区域输入指定初始值的连续序列。

```
Sub 代码4243()
    Dim Rng As Range
    Set Rng = Range("A1:A20")          '指定任意的单元格区域
    With Rng.Cells(1)
        .Value = 10                    '设定初始值
        .AutoFill Destination:=Rng, Type:=xlFillSeries
```

```
    End With
End Sub
```

代码 4244 向单元格区域输入指定初始值、指定间隔的数字序列

下面的代码是利用AutoFill方法来向指定的单元格区域内输入指定初始值、指定间隔的
数字序列。

```
Sub 代码4244()
    Dim Rng As Range
    Set Rng = Range("A1:A20")          '指定任意的单元格区域
    With Rng
        .Cells(1) = 2                  '输入第1个初始值
        .Cells(2) = .Cells(1) + 3      '输入第2个初始值(第1个初始值+指定间隔)
        Range(.Cells(1), .Cells(2)).AutoFill Destination:=Rng, Type:=xlFillDefault
    End With
End Sub
```

代码 4245 向单元格区域输入日期序列：连续天

将AutoFill方法的Type参数设置为xlFillDays，就可以向单元格区域输入连续的日期。参
考代码如下。

```
Sub 代码4245()
    Dim Rng As Range
    Set Rng = Range("A1:A20")          '指定任意的单元格区域
    With Rng.Cells(1)
        .Value = #6/21/2020#           '设定初始日期
        .AutoFill Destination:=Rng, Type:=xlFillSeries
    End With
End Sub
```

代码 4246 向单元格区域输入日期序列：指定间隔天数

将AutoFill方法的Type参数设置为xlFillDefault，就可以向单元格区域输入日期序列。参

考代码如下。

```
Sub 代码4246()
    Dim Rng As Range
    Set Rng = Range("A2:A30")            '指定任意的单元格区域
    With Rng
        .Cells(1) = "2020-6-23"          '输入第1个日期
        .Cells(2) = .Cells(1) + 5        '输入第2个日期(第1个日期+间隔天数)
        Range(.Cells(1), .Cells(2)).AutoFill Destination:=Rng, Type:=xlFillDefault
    End With
End Sub
```

代码 4247　向单元格区域输入日期序列：按工作日填充

将AutoFill方法的Type参数设置为xlFillWeekdays，就可以按工作日填充日期。参考代码如下。

```
Sub 代码4247()
    Dim Rng As Range
    Set Rng = Range("A2:A30")            '指定任意的单元格区域
    With Rng
        .Cells(1) = "2020-6-23"          '输入初始日期
        .Cells(1).AutoFill Destination:=Rng, Type:=xlFillWeekdays
    End With
End Sub
```

代码 4248　向单元格区域输入日期序列：按月填充

将AutoFill方法的Type参数设置为xlFillMonths，就可以按月填充日期。参考代码如下。

```
Sub 代码4248()
    Dim Rng As Range
    Set Rng = Range("A2:A30")            '指定任意的单元格区域
    With Rng
        .Cells(1) = "2020-6-23"          '输入初始日期
```

```
        .Cells(1).AutoFill Destination:=Rng, Type:=xlFillMonths
    End With
End Sub
```

代码 4249 向单元格区域输入日期序列：按年填充

将AutoFill方法的Type参数设置为xlFillYears，就可以按年填充日期。参考代码如下。

```
Sub 代码4249()
    Dim Rng As Range
    Set Rng = Range("A2:A30")              '指定任意的单元格区域
    With Rng
        .Cells(1) = "2020-6-23"            '输入初始日期
        .Cells(1).AutoFill Destination:=Rng, Type:=xlFillYears
    End With
End Sub
```

代码 4250 向单元格区域输入连续的文本字符

如果向单元格区域内输入连续的文本字符，如输入AH-001、AH-002、AH-003、……，也可以使用前面介绍的快速填充方法。参考代码如下。

```
Sub 代码4250()
    Dim Rng As Range
    Set Rng = Range("A1:A20")              '指定任意的单元格区域
    With Rng.Cells(1)
        .Value = "AH-001"                  '设定初始值
        .AutoFill Destination:=Rng, Type:=xlFillSeries
    End With
End Sub
```

代码 4251 向单元格区域输入自定义序列

下面的代码是向单元格输入某个指定的自定义序列的全部数据，不能多输也不能少输。

```
Sub 代码4251()
    Dim Rng As Range
    Dim n As Long
    Dim ListArray As Variant
    ListArray = Application.GetCustomListContents(10)  '获取指定自定义序列的项目
    n = UBound(ListArray)            '获取指定自定义序列的项目数
    Set Rng = Range("A1:A" & n)      '指定要输入自定义序列的单元格区域
    With Rng.Cells(1)
        .Value = ListArray(1)        '设定初始值
        .AutoFill Destination:=Rng, Type:=xlFillSeries
    End With
End Sub
```

代码 4252　向下填充数据

使用FillDown方法可以将某个单元格的数据往下填充到指定的单元格区域。

下面的代码是将单元格A1的数据往下完整填充到单元格A100。

```
Sub 代码4252()
    Dim Rng As Range
    Set Rng = Range("A1:A100")       '指定包括第一个要填充数据单元格的单元格区域
    Rng.Cells(1) = 100               '输入模拟数据
    Rng.FillDown                     '填充数据
End Sub
```

代码 4253　向上填充数据

使用FillUp方法可以将某个单元格的数据往上填充到指定的单元格区域。

下面的代码是将单元格A20的数据往上完整填充到单元格A2。

```
Sub 代码4253()
    Dim Rng As Range
    Set Rng = Range("A2:A20")            '指定包括最后一个要填充数据单元格的单元格区域
    Rng.Cells(Rng.Cells.Count) = 100    '输入模拟数据
```

```
    Rng.FillUp                      '填充数据
End Sub
```

代码 4254 向左填充数据

使用FillLeft方法可以将某个单元格的数据往左填充到指定的单元格区域。

下面的代码是将单元格M2的数据往左一直完整填充到单元格B2。

```
Sub 代码4254()
    Dim Rng As Range
    Set Rng = Range("B2:M2")              '指定包括最右一个要填充数据单元格的单元格区域
    Rng.Cells(Rng.Cells.Count) = 100      '输入模拟数据
    Rng.FillLeft                          '填充数据
End Sub
```

代码 4255 向右填充数据

使用FillRight方法可以将某个单元格的数据往右填充到指定的单元格区域。

下面的代码是将单元格B2的数据往右一直完整填充到单元格M2。

```
Sub 代码4255()
    Dim Rng As Range
    Set Rng = Range("B2:M2")              '指定包括最左一个要填充数据单元格的单元格区域
    Rng.Cells(1) = 100                    '输入模拟数据
    Rng.FillRight                         '填充数据
End Sub
```

4.31 向单元格输入公式

可以通过 VBA 向单元格输入计算公式，方法很简单。下面是几个实用的操作方法和参考代码。

代码 4256　向单元格输入公式（A1 格式）

向单元格输入公式，实际上就是输入公式的字符串，可以采用Range的Value属性或Formula属性。

下面的代码采用了这两种方法，其结果是一样的。

```
Sub 代码4256()
    Dim Rng As Range
    Set Rng = Range("B1")                '指定任意的单元格
    Rng.Value = "=SUM(A1:A10)"
    '或者
    Rng.Formula = "=SUM(A1:A10)"
End Sub
```

代码 4257　向单元格输入公式（R1C1 格式）

使用R1C1格式向单元格输入公式，实际上是录制宏的方式。下面的代码是使用Range对象的FormulaR1C1属性来输入公式的基本方法。

```
Sub 代码4257()
    Dim Rng As Range
    Set Rng = Range("B1")                '指定任意的单元格
    Rng.FormulaR1C1 = "=SUM(RC[-1]:R[9]C[-1])"
End Sub
```

代码 4258　向单元格或单元格区域输入数组公式（字符串方法）

向单元格或单元格区域输入数组公式需要使用FormulaArray属性。

下面的代码是向单元格区域C1:C10输入数组公式"=A1:A10*B1:B10"。

```
Sub 代码4258()
    Dim Rng As Range
    Set Rng = Range("C1:C10")            '指定任意的单元格区域
    Rng.FormulaArray = "=A1:A10*B1:B10"
End Sub
```

向单元格或单元格区域输入数组公式（对象变量方法）

建议在输入数组公式时，采用定义Range对象变量的方法，这样不容易出错。参考代码如下。

```
Sub 代码4259()
    Dim Rng As Range
    Dim Rng1 As Range
    Dim Rng2 As Range
    Set Rng1 = Range("A1:A10")        '指定任意的单元格区域
    Set Rng2 = Range("B1:B10")        '指定任意的单元格区域
    Set Rng = Range("C1:C10")         '指定任意的单元格区域
    Rng.FormulaArray = "=" & Rng1.Address(False, False) _
                & "*" & Rng2.Address(False, False)
End Sub
```

4.32 处理单元格数据

可以使用 VBA 对单元格里的数据进行统一自动化处理。例如，替换字符、设置上下标、单独设置某几个字符的格式、对数字进行批量计算等。

代码 4260 替换单元格内的字符（Replace 方法）

利用Range对象的Replace方法，可以替换单元格内的字符。这种替换类似于在Excel的"查找和替换"对话框中所进行的处理。参考代码如下。

```
Sub 代码4260()
    Dim Rng As Range
    Set Rng = Range("A1")              '指定任意的单元格区域
    With Rng
        .Value = "高中一班数学成绩"     '输入模拟数据
        MsgBox "下面将"一班"替换为"二班""
```

```
        .Replace "一班", "二班"        '进行替换
    End With
End Sub
```

代码 4261　替换单元格内的字符（工作表函数）

除了利用Range对象的Replace方法替换单元格内的字符外，还可以利用工作表函数Substitute来完成字符替换。参考代码如下。

```
Sub 代码4261()
    Dim Rng As Range
    Set Rng = Range("A1")              '指定任意的单元格区域
    With Rng
        .Value = "高中一班数学成绩"      '输入模拟数据
        MsgBox "下面将"一班" 替换为"二班" "
        .Value = WorksheetFunction.Substitute(.Value, "一班", "二班")        '进行替换
    End With
End Sub
```

代码 4262　设置单元格字符串的一部分字符的格式（上标 / 下标）

利用Range对象的Characters 属性定位要设置格式的字符，再将Font.Subscript设置为True或将Font.Superscript设置为True，即可将指定的字符串设置为下标或上标。参考代码如下。

```
Sub 代码4262()
    Dim Rng As Range
    Dim myChr As Characters
    Set Rng = Range("A1")        '指定任意的单元格区域
    '设置下标练习
    With Rng
        .Value = "H2O"            '输入模拟数据
        MsgBox "下面将单元格A1中的2设置为下标。"
        Set myChr = .Characters(Start:=2, Length:=1)
        myChr.Font.Subscript = True
```

```
    End With
    '设置上标练习
    Set Rng = Range("A2")                    '指定任意的单元格区域
    With Rng
        .Value = "Y=100*X2+10"               '输入模拟数据
        MsgBox "下面将单元格A2中的2设置为上标。"
        Set myChr = .Characters(Start:=8, Length:=1)
        myChr.Font.Superscript = True
    End With
End Sub
```

代码 4263　设置单元格字符串的一部分字符的格式（字体）

利用Range对象的Characters属性定位要单独设置格式的字符，然后利用Font对象的Size、Name、Bold、Italic、ColorIndex属性等，将指定字符的有关字体属性进行设置。参考代码如下。

```
Sub 代码4263()
    Dim Rng As Range
    Dim myChr As Characters
    Set Rng = Range("A1")                                    '指定任意的单元格区域
    With Rng
        .Value = "ExcelVBA完整代码速查手册"                  '输入模拟数据
        MsgBox "下面将<速查>两字设置为加粗及斜体,18号,华文新魏字体,红色。"
        Set myChr = .Characters(Start:=InStr(1, .Value, "速查"), Length:=2)
        With myChr.Font
            .Name = "华文新魏"
            .Size = 18
            .Bold = True
            .Italic = True
            .ColorIndex = 3
        End With
    End With
End Sub
```

对单元格数字进行统一的加、减、乘、除运算

将PasteSpecial方法中的Operation参数分别设置为下面的4种情况：xlAdd、xlSubtract、xlMultiply、xlDivide，就会分别对指定的单元格或单元格区域的数据进行加法、减法、乘法和除法运算。参考代码如下。

```
Sub 代码4264()
    Dim Rng1 As Range
    Dim Rng2 As Range
    Set Rng1 = Range("A1:A5")              '指定的单元格区域
    '输入模拟数据
    Rng1.Value = WorksheetFunction.Transpose(Array(20, 868, 174, 285, 959))
    Range("D1").Value = 20                 '指定要进行运算的值
    Set Rng2 = Range("D1")                 '指定运算值的单元格
    Rng2.Copy
    MsgBox "下面将进行加法计算"
    Rng1.PasteSpecial Paste:=xlPasteValues, Operation:=xlAdd
    MsgBox "下面将进行减法计算"
    Rng1.PasteSpecial Paste:=xlPasteValues, Operation:=xlSubtract
    MsgBox "下面将进行乘法计算"
    Rng1.PasteSpecial Paste:=xlPasteValues, Operation:=xlMultiply
    MsgBox "下面将进行除法计算"
    Rng1.PasteSpecial Paste:=xlPasteValues, Operation:=xlDivide
    Range("D1").Clear
End Sub
```

4.33 清除单元格信息

清除单元格信息，包括单元格的数据、普通格式、批注、数据验证、公式和超链接等，可以使用 Range 对象的有关方法来处理。

代码 4265　清除单元格的全部信息（Clear）

利用**Clear**方法来清除单元格的全部信息（包括数据、格式、批注、公式和超链接等）。参考代码如下。

```
Sub 代码4265()
    Dim Rng As Range
    Set Rng = Range("A1")        '指定任意单元格
    Rng.Clear                    '清除全部信息
End Sub
```

代码 4266　清除单元格的公式和值（ClearContents）

利用**ClearContents**方法来清除单元格的公式和值，但保留其格式设置、批注等信息。参考代码如下。

```
Sub 代码4266()
    Dim Rng As Range
    Set Rng = Range("A1")        '指定任意单元格
    Rng.ClearContents            '清除公式和值
End Sub
```

代码 4267　清除单元格的批注（ClearComments）

利用**ClearComments**方法来清除单元格的批注，但保留其公式和值、格式设置等信息。参考代码如下。

```
Sub 代码4267()
    Dim Rng As Range
    Set Rng = Range("A1 ")       '指定任意单元格
    Rng.ClearComments            '清除批注
End Sub
```

代码 4268　清除单元格的格式（ClearFormats）

利用**ClearFormats**方法来清除单元格的格式，但保留其他的信息。参考代码如下。

```
Sub 代码4268()
    Dim Rng As Range
    Set Rng = Range("A1")      '指定任意单元格
    Rng.ClearFormats           '清除格式
End Sub
```

代码 4269　清除单元格的超链接（ClearHyperlinks）

利用**ClearHyperlinks**方法来清除单元格的超链接，但保留其他的信息。参考代码如下。

```
Sub 代码4269()
    Dim Rng As Range
    Set Rng = Range("A1")      '指定任意单元格
    Rng.ClearHyperlinks        '清除超链接
End Sub
```

代码 4270　清除单元格的注释（ClearNotes）

利用**ClearNotes**方法来清除单元格的注释，但保留其他的信息。参考代码如下。

```
Sub 代码4270()
    Dim Rng As Range
    Set Rng = Range("A1")      '指定任意单元格区域
    Rng.ClearNotes             '清除注释
End Sub
```

4.34　选择单元格

在操作单元格时，经常要选择某个单元格或单元格区域。下面介绍几个实用的方法和技巧。

代码 4271 选择单元格或单元格区域

不论是选择单元格还是选择单元格区域，都使用Select方法。参考代码如下。

```
Sub 代码4271()
    Range("A1").Select                              '选择单元格
    MsgBox "已经选择了单元格:" & Selection.Address(0, 0)
    Range("B2:D5").Select                           '选择单元格区域
    MsgBox "已经选择了单元格区域:" & Selection.Address(0, 0)
    Range("B2:D5,C10:L20,P:P").Select               '选择单元格区域
    MsgBox "已经选择了单元格区域:" & Selection.Address(0, 0)
End Sub
```

代码 4272 选择单元格并显示在窗口的左上角

利用Application对象的Goto方法可以选择某单元格，并滚动窗口直至目标区域的单元格出现在窗口的左上角。

下面的代码是选择单元格P100，并使其出现在窗口的左上角。

```
Sub 代码4272()
    Dim Rng As Range
    Set Rng = Range("P100")                         '指定任意单元格
    Application.Goto Reference:=Rng, Scroll:=True
End Sub
```

代码 4273 激活单元格

利用Activate方法可以激活单元格。

下面的代码是先选择A1:D10单元格区域,再激活单元格B5,并向活动单元格输入随机数。

请注意区分Select与Activate。

```
Sub 代码4273()
    Dim Rng As Range
    Set Rng = Range("A1:D10")                        '指定任意单元格区域
    Rng.Select                                       '选择该单元格区域
```

```
    Range("B5").Activate              '激活单元格B5
    ActiveCell.Value = Rnd            '向活动单元格输入随机数
End Sub
```

代码 4274　同时选择几个工作表的单元格

下面的代码是同时选择几个工作表的单元格。

```
Sub 代码4274()
    Sheets(Array("Sheet2", "Sheet3", "Sheet5", "Sheet8")).Select
    Sheets("Sheet2").Activate
    Range("A1:E10").Select
    Selection.Value = Rnd
End Sub
```

4.35　合并和取消单元格

合并单元格的方法很简单，使用 Merge 方法或者 MergeCells 属性即可；取消合并单元格的方法也很简单，使用 UnMerge 方法就可以。

代码 4275　合并单元格

利用Merge方法或将MergeCells属性设置为True，都可以合并单元格。
下面的代码是合并单元格区域A1:A5。

```
Sub 代码4275()
    Dim Rng As Range
    Set Rng = Range("A1:A5")          '指定任意单元格区域
    Rng.Merge                         '合并该单元格区域
'   Rng.MergeCells = True             '也可以使用这个方法合并单元格
End Sub
```

代码 4276　取消单元格的合并

先利用MergeArea属性判断某个单元格是否为合并单元格的一部分，如果是，则利用UnMerge方法或将MergeCells属性设置为False，将合并单元格重新分解为独立的单元格。参考代码如下。

```
Sub 代码4276()
    Dim Rng As Range
    Set Rng = Range("A1")                        '指定任意单元格
    If Rng.MergeArea.Address = Rng.Address Then
        MsgBox "该单元格不是合并单元格的一部分。"
    Else
        Rng.MergeArea.MergeCells = False          '解除单元格的合并
'       Rng.MergeArea.UnMerge                     '也可以使用这个方法
    End If
End Sub
```

代码 4277　取消合并单元格并填充数据

实际表格中经常会有大量的合并单元格需要取消合并，并填充为相邻单元格数据，如果没有合并单元格，就把空单元格填充为相邻单元格数据。参考代码如下。

```
Sub 代码4277()
    Dim Rng As Range
    Dim vis As Range
    Dim c As Range
    Set Rng = Range("A1:B14")                    '指定任意单元格区域
    For Each c In Rng
        If c.MergeArea.Address <> c.Address Then
            c.MergeArea.UnMerge
        Else
        End If
    Next
    On Error Resume Next
```

```
      Set vis = Rng.SpecialCells(xlCellTypeBlanks)
      On Error GoTo 0
      If vis Is Nothing Then
         MsgBox "选定区域没有合并单元格或为空单元格"
         Exit Sub
      Else
         vis.FormulaR1C1 = "=R[-1]C"
         Rng.Select
         Selection.Copy
         Selection.PasteSpecial Paste:=xlPasteValues
      End If
      Range("A1").Select
   End Sub
```

4.36 调整单元格大小

可以利用 Range 的有关属性和方法自动调整单元格的大小，如行号、列宽等。

代码 4278 自动调整单元格大小

利用AutoFit方法自动调整单元格大小，使单元格能够显示全部数据。参考代码如下。

```
Sub 代码4278()
   Dim Rng As Range
   Set Rng = Range("A1:A10")                           '指定任意的单元格区域
   With Rng
      .Clear
      .ColumnWidth = ActiveSheet.StandardWidth         '恢复标准列宽
      .RowHeight = ActiveSheet.StandardHeight          '恢复标准行高
      .Value = "这里要测试列宽行号，这是模拟数据"
      MsgBox "下面将自动调整单元格的大小"
      .EntireColumn.AutoFit                            '自动调整列宽
```

```
        .EntireRow.AutoFit                        '自动调整行高
    End With
End Sub
```

代码 4279 自动调整工作表中全部单元格的大小

如果要调整工作表中全部单元格的大小可以使用Cells属性。参考代码如下。

```
Sub 代码4279()
    Cells.Clear
    Cells.ColumnWidth = ActiveSheet.StandardWidth
    Cells.RowHeight = ActiveSheet.StandardHeight
    Cells(1, 1) = "这里要测试列宽行号"
    Cells(1, 2) = "这是模拟数据"
    With ActiveSheet.Cells
        .EntireColumn.AutoFit          '自动调整列宽
        .EntireRow.AutoFit             '自动调整行高
    End With
End Sub
```

代码 4280 设置单元格的大小（以磅为单位）

下面的代码以磅为单位，利用RowHeight属性和ColumnWidth属性来设置单元格的大小。

```
Sub 代码4280()
    Dim Rng As Range
    Set Rng = Range("A1")             '指定任意单元格
    With Rng
        .RowHeight = 40               '行高40磅
        .ColumnWidth = 20             '列宽20磅
    End With
End Sub
```

设置单元格的大小（以厘米为单位）

下面的代码以厘米为单位，利用RowHeight属性和ColumnWidth属性来设置单元格的大小。

```
Sub 代码4281()
    Dim Rng As Range
    Set Rng = Range("A1")                                    '指定任意单元格
    With Rng
        .RowHeight = Application.CentimetersToPoints(2)      '行高2厘米
        .ColumnWidth = Application.CentimetersToPoints(1.5)  '列宽1.5厘米
    End With
End Sub
```

设置单元格的大小（以英寸为单位）

下面的代码以英寸为单位，利用RowHeight属性和ColumnWidth属性来设置单元格的大小。

```
Sub 代码4282()
    Dim Rng As Range
    Set Rng = Range("A1")                                '指定任意单元格
    With Rng
        .RowHeight = Application.InchesToPoints(1.2)     '行高1.2英寸
        .ColumnWidth = Application.InchesToPoints(0.3)   '列宽0.3英寸
    End With
End Sub
```

4.37　隐藏和显示单元格

隐藏和显示单元格要使用 Hidden 属性。如果要隐藏某个单元格，则只能连同该单元格在内的整行或整列都隐藏。

下面介绍几个示例代码。

代码 4283　隐藏 / 显示某单元格所在的行或列

下面的代码是利用EntireRow.Hidden属性和EntireColumn.Hidden属性来隐藏某单元格所在的行或列，然后再显示出来。

```
Sub 代码4283()
    Dim Rng As Range
    Set Rng = Range("C5")                     '指定任意单元格
    Rng.Select
    Rng.EntireRow.Hidden = True               '隐藏整行
    Rng.EntireColumn.Hidden = True            '隐藏整列
    MsgBox "单元格 " & Rng.Address(False, False) _
        & " 所在的行和列已经被隐藏。下面将重新显示。"
    Rng.EntireRow.Hidden = False              '显示整行
    Rng.EntireColumn.Hidden = False           '显示整列
End Sub
```

代码 4284　隐藏 / 显示单元格区域

如果要隐藏某个单元格区域，同样也是连同该单元格区域在内的整行或整列都隐藏。

下面的代码是利用EntireRow.Hidden属性和EntireColumn.Hidden属性来隐藏某个单元格区域，然后再显示出来。

```
Sub 代码4284()
    Dim Rng As Range
    Set Rng = Range("B5:D10")                 '指定任意单元格区域
    Rng.Select
    Rng.EntireRow.Hidden = True               '隐藏整行
    Rng.EntireColumn.Hidden = True            '隐藏整列
    MsgBox "单元格区域 " & Rng.Address(False, False) _
        & " 所在的行和列已经被隐藏。下面将重新显示。"
    Rng.EntireRow.Hidden = False              '显示整行
    Rng.EntireColumn.Hidden = False           '显示整列
End Sub
```

代码 4285 | **隐藏 / 显示指定的列**

如果要隐藏指定的列（单列或者多列），也是使用EntireColumn对象的Hidden属性。下面的代码是隐藏和显示指定的列。

```
Sub 代码4285()
    Dim Rng As Range
    Set Rng = Range("B:B,D:E,N:N")          '指定任意列
    Rng.Select
    Rng.EntireColumn.Hidden = True          '隐藏列
    MsgBox "指定的列 " & Rng.Address(0, 0) & " 已经被隐藏。下面将重新显示。"
    Rng.EntireColumn.Hidden = False         '显示列
End Sub
```

代码 4286 | **隐藏 / 显示指定的行**

如果要隐藏指定的行（单行或者多行），也是使用EntireRow对象的Hidden属性。下面的代码是隐藏和显示指定的行。

```
Sub 代码4286()
    Dim Rng As Range
    Set Rng = Range("2:2,4:5,8:8,11:14")    '指定任意行
    Rng.Select
    Rng.EntireRow.Hidden = True             '隐藏行
    MsgBox "指定的行 " & Rng.Address(0, 0) & " 已经被隐藏。下面将重新显示。"
    Rng.EntireRow.Hidden = False            '显示行
End Sub
```

4.38　插入单元格、行和列

插入单元格可以使用 Range 对象的 Insert 方法，如果是插入整行或整列，还可以使用 Range 对象的 EntireRow 属性和 EntireColumn 属性。

代码 4287　插入单元格

利用Insert方法插入单元格，在插入单元格时，可以设置单元格的移动方向。
下面的代码是以单元格C5为基准插入单元格。请仔细观察程序的运行过程和结果。

```
Sub 代码4287()
    Dim Rng As Range
    Set Rng = Range("C5")              '指定任意单元格
    With Rng
      MsgBox "单元格右移"
      .Insert Shift:=xlToRight         '将单元格右移
      MsgBox "单元格下移"
      .Insert Shift:=xlDown            '将单元格下移
    End With
End Sub
```

代码 4288　插入单元格区域

利用Insert方法插入单元格区域,方法与插入一个单元格是一样的。在插入单元格区域时,可以设置单元格的移动方向。参考代码如下。

```
Sub 代码4288()
    Dim Rng As Range
    Set Rng = Range("C5:E9")           '指定任意单元格
    With Rng
      MsgBox "单元格右移"
      .Insert Shift:=xlToRight         '将单元格右移
      MsgBox "单元格下移"
      .Insert Shift:=xlDown            '将单元格下移
    End With
End Sub
```

代码 4289　插入一行

利用EntireRow属性和Insert方法插入整行,在插入整行时,可以设置单元格的移动方向。

下面的代码以单元格B2为基准插入一行。

```
Sub 代码4289()
    Dim Rng As Range
    Set Rng = Range("B2")              '指定任意单元格
    '在基准单元格上面插入一行
    Rng.EntireRow.Insert Shift:=xlShiftDown
End Sub
```

代码 4290　插入多行（循环法）

插入多行有两个常用方法：循环法和批量法。下面的代码是用循环法插入多行。

```
Sub 代码4290()
    Dim Rng As Range
    Dim i As Long
    Set Rng = Range("B2")              '指定任意单元格
    '在基准单元格上面插入10行
    For i = 1 To 10
        Rng.EntireRow.Insert Shift:=xlShiftDown
    Next i
End Sub
```

代码 4291　插入多行（批量法）

下面的代码是用批量法插入多行。

```
Sub 代码4291()
    Dim Rng As Range
    Dim i As Long
    Set Rng = Range("B2")              '指定任意单元格
    '在基准单元格上面插入10行
    Rng.Resize(10).EntireRow.Insert Shift:=xlShiftDown
End Sub
```

代码 4292 插入一列

利用EntireColumn方法和Insert方法插入整列。在插入整列时,可以设置单元格的移动方向。下面的代码是以单元格D2为基准插入整列。请仔细观察程序的运行过程和结果。

```
Sub 代码4292()
    Dim Rng As Range
    Set Rng = Range("D2")              '指定任意单元格
    '在基准单元格左边插入一列
    Rng.EntireColumn.Insert Shift:=xlShiftToRight      '在基准单元格左边插入一列
End Sub
```

代码 4293 插入多列（循环法）

插入多列有两个常用方法：循环法和批量法。下面的代码是用循环法插入多列。

```
Sub 代码4293()
    Dim Rng As Range
    Dim i As Long
    Set Rng = Range("B2")              '指定任意单元格
    '在基准单元格左边插入10列
    For i = 1 To 10
        Rng.EntireColumn.Insert Shift:=xlShiftToRight
    Next i
End Sub
```

代码 4294 插入多列（批量法）

下面的代码是用批量法插入多列。

```
Sub 代码4294()
    Dim Rng As Range
    Dim i As Long
    Set Rng = Range("B2")              '指定任意单元格
    '在基准单元格左边插入10列
```

```
    Rng.Resize(, 10).EntireColumn.Insert Shift:=xlShiftToRight
End Sub
```

代码 4295　不带格式插入单元格（右移情况）

在默认情况下，插入单元格、行和列时，单元格移动会将旁边的格式也带过来，可以使用ClearFormats方法清除格式。

下面的代码是在右移情况下不带格式地插入单元格。

```
Sub 代码4295()
    Dim Rng As Range
    Set Rng = Range("C5")                '指定任意单元格
    With Rng
        .Insert Shift:=xlToRight         '将单元格右移
        .Offset(, -1).ClearFormats
    End With
End Sub
```

代码 4296　不带格式插入单元格（下移情况）

下面的代码是在下移情况下不带格式地插入单元格。

```
Sub 代码4296()
    Dim Rng As Range
    Set Rng = Range("C5")                '指定任意单元格
    With Rng
        .Insert Shift:=xlShiftDown       '将单元格下移
        .Offset(-1).ClearFormats
    End With
End Sub
```

代码 4297　不带格式插入整行

下面的代码是不带格式地插入整行。

```
Sub 代码4297()
    Dim Rng As Range
    Set Rng = Range("C5")                '指定任意单元格
    With Rng
        .EntireRow.Insert Shift:=xlShiftDown
        .EntireRow.Offset(-1).ClearFormats
    End With
End Sub
```

代码 4298 不带格式插入整列

下面的代码是不带格式地插入整列。

```
Sub 代码4298()
    Dim Rng As Range
    Set Rng = Range("C5")                '指定任意单元格
    With Rng
        .EntireColumn.Insert Shift:=xlShiftright
        .EntireColumn.Offset(, -1).ClearFormats
    End With
End Sub
```

4.39 删除单元格、行和列

删除单元格、行和列可以使用 Range 对象的 Delete 方法。下面介绍几个示例代码。

代码 4299 删除单元格

利用Delete方法删除单元格。在删除单元格时，可以设置单元格的移动方向。当删除某个单元格后，旁边的单元格会根据设置的单元格移动方向填补空缺。

下面的代码是删除单元格D5。请仔细观察程序的运行过程和结果。

```
Sub 代码4299()
    MsgBox "下面的单元格上移"
    Range("D5").Delete Shift:= xlShiftUp          '下面的单元格上移
    MsgBox "右边的单元格左移"
    Range("D5").Delete Shift:= xlShiftToLeft      '右边的单元格左移
End Sub
```

代码 4300 　删除某单元格所在的整行

利用EntireRow属性和Delete方法将某单元格所在的整行删除。

下面的代码是删除单元格D5所在的整行。

```
Sub 代码4300()
    Dim Rng As Range
    Set Rng = Range("D5")
    Rng.EntireRow.Delete Shift:= xlShiftUp
End Sub
```

代码 4301 　删除某单元格所在的整列

利用EntireColumn属性和Delete方法将某单元格所在的整列删除。

下面的代码是删除单元格D5所在的整列。

```
Sub 代码4301()
    Dim Rng As Range
    Set Rng = Range("D5")
    Rng.EntireColumn.Delete Shift:= xlShiftToLeft
End Sub
```

代码 4302 　删除多行

利用Delete方法来删除多行。

下面的代码是删除第1~3行、第8行、第12~15行。

```
Sub 代码4302()
    Dim Rng As Range
    Set Rng = Range("1:3,8:8,12:15")
    Rng.EntireRow.Delete Shift:= xlShiftUp
End Sub
```

代码 4303 删除多列

利用Delete方法删除多列。

下面的代码是删除A列、B列、D列、G~J列。

```
Sub 代码4303()
    Dim Rng As Range
    Set Rng = Range("A:B,D:D,G:J")
    Rng.EntireColumn.Delete Shift:=xlShiftToLeft
End Sub
```

代码 4304 删除工作表的全部单元格

使用语句Cells.Delete即可删除工作表的全部单元格。参考代码如下。

```
Sub 代码4304()
    Cells.Delete Shift:= xlShiftUp
End Sub
```

> **注意**
>
> 对于低版本的Excel（如Excel 2003），当删除工作表的全部单元格后，工作表上的所有数据会被全部删除，但在工作表上的对象（图表、控件等）却不会被删除，而是被挤在了工作表的最顶端，因而很难看到这些对象。

4.40 移动单元格

使用Cut方法可以移动单元格或单元格区域。下面介绍几个移动单元格的方法。

在当前工作表中移动单元格

下面的代码是将单元格区域B1:C4的数据，移动到以单元格M1为左上角的单元格区域（即单元格区域M1:N4）。

```
Sub 代码4305()
    Dim RngS As Range
    Dim RngD As Range
    Set RngS = Range("B1:C4")
    Set RngD = Range("M1")
    RngS.Cut Destination:=RngD
End Sub
```

　在不同工作表之间移动单元格

下面的代码是将工作表Sheet1中的单元格区域B1:C4的数据，移动到工作表Sheet3中以单元格A1为左上角的单元格区域（即单元格区域A1:B4）。

```
Sub 代码4306()
    Dim wsS As Worksheet
    Dim wsD As Worksheet
    Dim RngS As Range
    Dim RngD As Range
    Set wsS = Worksheets("Sheet1")
    Set wsD = Worksheets("Sheet3")
    Set RngS = wsS.Range("B1:C4")
    Set RngD = wsD.Range("A1")
    RngS.Cut Destination:=RngD
End Sub
```

　在不同工作簿之间移动单元格

下面的代码是将工作簿1的工作表Sheet1中的单元格区域B1:C4的数据，移动到工作簿2的工作表Sheet3中以单元格A1为左上角的单元格区域。

这里要保证两个工作簿都打开，并且工作簿1里有Sheet1工作表，工作簿2里有工作表Sheet3。

```
Sub 代码4307()
    Dim wbS As Workbook
    Dim wbD As Workbook
    Dim RngS As Range
    Dim RngD As Range
    Set wbS = Workbooks("工作簿1")
    Set wbD = Workbooks("工作簿2")
    Set RngS = wbS.Worksheets("Sheet1").Range("B1:C4")
    Set RngD = wbD.Worksheets("Sheet3").Range("A1")
    RngS.Cut Destination:=RngD
End Sub
```

4.41 复制单元格

复制单元格也是实际工作中经常要做的工作之一。本节介绍复制单元格的常见情况及其参考代码。

代码 4308 复制单元格（复制全部内容）

使用Copy方法可以将单元格或单元格区域的全部内容（数据、公式和格式等全部信息）复制到其他的单元格或单元格区域。

Copy方法有一个参数Destination，用于指定要复制到的目标区域。如果省略该参数，Microsoft Excel将把该区域复制到剪贴板中。

如果单元格的公式是采用绝对地址，则复制后的公式引用仍然是原来的绝对地址；如果单元格的公式是采用相对地址，则复制后的公式引用就变为新的相对地址，即公式也进行相对移动。参考代码如下。

```
Sub 代码4308()
    Dim Rng1 As Range
```

```
    Dim Rng2 As Range
    Set Rng1 = Range("A1:B4")        '指定要复制的单元格区域
    Set Rng2 = Range("D1")           '指定要复制的位置
    Rng1.Copy Destination:=Rng2
End Sub
```

代码 4309　复制单元格的值（PasteSpecial 方法）

使用PasteSpecial方法，可实现有选择性地只复制单元格的值。如果源单元格内有公式，也将只复制公式的计算结果。参考代码如下。

```
Sub 代码4309()
    Dim Rng1 As Range
    Dim Rng2 As Range
    Set Rng1 = Range("A1:B4")        '指定要复制的单元格区域
    Set Rng2 = Range("D1")           '指定要复制的位置
    Rng1.Copy
    Rng2.PasteSpecial Paste:=xlPasteValues
End Sub
```

代码 4310　复制单元格的值（Value 属性）

除了使用PasteSpecial方法实现有选择性地只复制单元格的值之外，还可以通过直接获取单元格值的方法来达到复制单元格值的目的。参考代码如下。

```
Sub 代码4310()
    Dim Rng1 As Range
    Dim Rng2 As Range
    Set Rng1 = Range("A1:B4")        '指定要复制的单元格区域
    Set Rng2 = Range("D1")           '指定要复制的位置
    With Rng1
    '获取与源单元格区域相同大小的单元格区域
    Set Rng2 = Rng2.Resize(.Rows.Count, .Columns.Count)
    End With
```

```
    Rng2.Value = Rng1.Value              '单元格值复制
End Sub
```

代码 4311 复制单元格的数据和公式

将PasteSpecial方法中的参数Paste设置为xlPasteFormulas，就会复制单元格的数据和公式。参考代码如下。

```
Sub 代码4311()
    Dim Rng1 As Range
    Dim Rng2 As Range
    Set Rng1 = Range("A1:A7")                '指定要复制的单元格区域
    Set Rng2 = Range("D1")                   '指定要复制的位置
    Rng1.Copy
    Rng2.PasteSpecial Paste:=xlPasteFormulas      '进行复制
End Sub
```

代码 4312 复制单元格的格式

将PasteSpecial方法中的参数Paste设置为xlPasteFormats，就会只复制单元格的格式。参考代码如下。

```
Sub 代码4312()
    Dim Rng1 As Range
    Dim Rng2 As Range
    Columns("D:D").Clear
    Set Rng1 = Range("A1:A7")          '指定要复制的单元格区域
    Set Rng2 = Range("D1")             '指定要复制的位置
    Rng1.Copy
    Rng2.PasteSpecial Paste:=xlPasteFormats
End Sub
```

代码 4313 复制单元格的批注

将PasteSpecial方法中的参数Paste设置为xlPasteComments，就会只复制单元格的批注。

参考代码如下。

```
Sub 代码4313()
    Dim Rng1 As Range
    Dim Rng2 As Range
    Columns("D:D").Clear
    Set Rng1 = Range("A1:A7")                              '指定要复制的单元格区域
    Set Rng2 = Range("D1")                                 '指定要复制的位置
    Rng1.Copy
    Rng2.PasteSpecial Paste:=xlPasteComments               '复制批注
End Sub
```

代码 4314　复制单元格的数据验证设置

将PasteSpecial方法中的参数Paste设置为xlPasteValidation，就会只复制单元格的数据验证设置。参考代码如下。

```
Sub 代码4314()
    Dim Rng1 As Range
    Dim Rng2 As Range
    Columns("D:D").Clear
    Set Rng1 = Range("A1:A7")                              '指定要复制的单元格区域
    Set Rng2 = Range("D1")                                 '指定要复制的位置
    Rng1.Copy
    Rng2.PasteSpecial Paste:=xlPasteValidation            '复制单元格的数据验证
End Sub
```

代码 4315　将单元格复制为链接

将单元格复制为链接，就是在另外一个区域使用简单的引用公式将其直接引用过去。参考代码如下。

```
Sub 代码4315()
    Dim Rng1 As Range
    Dim Rng2 As Range
```

```
    Set Rng1 = Range("A1:A7")              '指定要复制的单元格区域
    Set Rng2 = Range("D1")                 '指定要复制的位置
    Rng1.Copy
    Rng2.Select
    ActiveSheet.Paste Link:=True           '复制链接
End Sub
```

代码 4316 转置复制单元格区域

将PasteSpecial方法中的参数Transpose设置为True，就会将单元格区域进行转置复制。
参考代码如下。

```
Sub 代码4316()
    Dim Rng1 As Range
    Dim Rng2 As Range
    Set Rng1 = Range("A1:A7")              '指定要复制的单元格区域
    Set Rng2 = Range("D1")                 '指定要复制的位置(左上角单元格)
    Rng1.Copy
    Rng2.PasteSpecial Transpose:=True      '转置复制
End Sub
```

代码 4317 将单元格区域作为图像对象进行复制（无链接）

还可以将某个单元格区域作为图像对象进行复制，并粘贴到指定的单元格中。这种方法
得到的是一个图片，相当于对指定单元格区域进行截图。

将单元格区域作为图像对象进行复制，需要使用CopyPicture方法和Pictures对象。参考
代码如下。

```
Sub 代码4317()
    Dim Rng1 As Range
    Dim Rng2 As Range
    Dim myShape As Shape
    Set Rng1 = Range("A1:A7")              '指定要复制为图像对象的单元格区域
    Set Rng2 = Range("D1")                 '指定复制目标位置
```

```
    Rng1.CopyPicture xlScreen, xlBitmap        '复制单元格区域的屏幕图像
    Rng2.Select                                '选择保存位置
    Rng2.Parent.Pictures.Paste                 '进行粘贴
End Sub
```

代码 4318 将单元格区域作为图像对象进行复制（有链接）

下面的代码是有链接地将单元格区域作为图像对象进行复制，这样，当源单元格区域的数据发生变化时，复制图像上的数据也会随之发生变化。

```
Sub 代码4318()
    Dim Rng1 As Range
    Dim Rng2 As Range
    Dim myShape As Shape
    Set Rng1 = Range("A1:A7")                  '指定要复制为图像对象的单元格区域
    Set Rng2 = Range("D1")                     '指定复制目标位置
    Rng1.Copy                                  '复制单元格区域
    Rng2.Select                                '选择复制位置
    Rng2.Parent.Pictures.Paste Link:=True      '进行粘贴
End Sub
```

Chapter

05

Range对象：数据基本统计分析

表单数据的基本统计分析内容包括排序、筛选、分类汇总、分组等，其本质都是在操作Worksheet对象和Range对象。

第4章介绍了操作单元格的基本技能和技巧，本章将介绍数据基本统计分析的一些技能和参考代码。

其实，这些数据统计分析的代码都可以通过录制宏得到，之后再进行编辑加工即可。

5.1 数据排序

可以使用 Range 对象的 Sort 方法进行数据排序，该方法有很多参数，具体含义请看帮助信息。Sort 方法中各个参数的不同设置，会得到不同的排序结果。

排序还可以使用 Worksheet 对象的 Sorts 方法，这个方法更加灵活。

代码 5001 单条件普通排序（方法1）

下面的代码是使用Range对象的Sort方法进行数据排序，即对数据区域的第一列做降序排序，这里指定数据区域有标题。

```
Sub 代码5001()
    Dim ws As Worksheet
    Dim Rng As Range
    Set ws = ActiveSheet          '指定工作表
    Set Rng = ws.UsedRange        '指定数据区域
    With Rng
        .Sort key1:=.Cells(1), Order1:=xlDescending, Header:=xlYes
    End With
End Sub
```

示例数据及排序效果如图5-1和图5-2所示。

	A	B	C	D
1	数据1	数据2	数据3	数据4
2	1002	371	1311	1131
3	2878	2007	1985	1157
4	516	840	591	999
5	886	563	1680	2076
6	1624	2054	117	2323
7	2789	2309	796	2147
8	1585	1005	2089	2580
9	2108	2635	519	1770
10	314	2094	2525	1938
11	1810	1776	108	1940
12				

图5-1　单条件普通排序前

	A	B	C	D
1	数据1	数据2	数据3	数据4
2	2878	2007	1985	1157
3	2789	2309	796	2147
4	2108	2635	519	1770
5	1810	1776	108	1940
6	1624	2054	117	2323
7	1585	1005	2089	2580
8	1002	371	1311	1131
9	886	563	1680	2076
10	516	840	591	999
11	314	2094	2525	1938
12				

图5-2　单条件普通排序后

代码 5002 单条件普通排序 (方法 2)

下面的代码是使用Worksheet对象的Sorts方法进行数据排序,即对数据区域的第一列做降序排序,这里指定数据区域有标题。

```vba
Sub 代码5002()
    Dim ws As Worksheet
    Dim Rng As Range
    Set ws = ActiveSheet                    '指定工作表
    Set Rng = ws.UsedRange                  '指定数据区域
    With ws.Sort
        .SortFields.Clear                   '清除原来的排序条件
        .SetRange Rng                       '设置排序数据区域
        '下面添加排序字段:
        '1. 第一列排序——Key:=Rng.Cells(1)。
        '2. 按值排序——SortOn:=SortOnValues。
        '3. 降序排序——Order:=xlDescending。
        '4. 分别对数字和文本数据进行排序——ataOption:=xlSortNormal。
        .SortFields.Add Key:=Rng.Cells(1), _
                SortOn:=SortOnValues, _
                Order:=xlDescending, _
                DataOption:=xlSortNormal
        .Header = xlYes                     '数据区域有标题
        .SortMethod = xlPinYin              '中文按拼音排序
        .MatchCase = True                   '区分大小写
        .Apply
    End With
End Sub
```

代码 5003 多条件普通排序 (方法 1)

下面的代码是使用Range对象的Sort方法,对数据区域的指定几列做排序,排序方式每列不一样,这里指定数据区域有标题。

```
Sub 代码5003()
    Dim ws As Worksheet
    Dim Rng As Range
    Set ws = ActiveSheet                    '指定工作表
    Set Rng = ws.UsedRange                  '指定数据区域
    With Rng
        .Sort key1:=.Cells(1), Order1:=xlDescending, _
            key2:=.Cells(2), order2:=xlDescending, _
            key3:=.Cells(3), order2:=xlAscending, _
            Header:=xlYes
    End With
End Sub
```

代码 5004 多条件普通排序（方法2）

下面的代码是使用Worksheet对象的Sorts方法进行多条件排序。

```
Sub 代码5004()
    Dim ws As Worksheet
    Dim Rng As Range
    Set ws = ActiveSheet                    '指定工作表
    Set Rng = ws.UsedRange                  '指定数据区域
    With ws.Sort
        .SortFields.Clear                   '清除原来的排序条件
        .SetRange Rng                       '设置排序数据区域
        '下面设置排序字段：
        .SortFields.Add Key:=Rng.Cells(1), _
            SortOn:=SortOnValues, _
            Order:=xlDescending, _
            DataOption:=xlSortNormal
        .SortFields.Add Key:=Rng.Cells(2), _
            SortOn:=SortOnValues, _
            Order:=xlDescending, _
            DataOption:=xlSortNormal
```

```
    .SortFields.Add Key:=Rng.Cells(3), _
        SortOn:=SortOnValues, _
        Order:=xlAscending, _
        DataOption:=xlSortNormal
    .Header = xlYes              '数据区域有标题
    .SortMethod = xlPinYin       '中文按拼音排序
    .MatchCase = True            '区分大小写
    .Apply
  End With
End Sub
```

代码 5005　自定义排序（方法1）

对数据区域也可以按照自定义序列进行排序。

下面的代码通过使用Range对象的Sort方法来进行自定义排序。在程序中，自动为Excel添加自定义序列"薪酬,福利费,社保,公积金,办公费,差旅费,招待费,电话费"，排完序后自动删除。示例数据及排序效果如图5-3和图5-4所示。

```
Sub 代码5005()
  Dim ws As Worksheet
  Dim Rng As Range
  Set ws = ActiveSheet          '指定工作表
  Set Rng = ws.UsedRange        '指定数据区域
  '为Excel添加自定义序列
  Application.AddCustomList Array("薪酬", "福利费", "社保", "公积金", "办公费", "差旅
                          费", "招待费", "电话费")

  With Rng
    .Sort key1:=.Cells(1), _
        Order1:=xlAscending, _
        OrderCustom:=Application.CustomListCount + 1, _
        Header:=xlYes
  End With
  '删除这个自定义序列
  Application.DeleteCustomList Application.CustomListCount
```

End Sub

	A	B
1	项目	金额
2	办公费	1000
3	差旅费	3949
4	电话费	1294
5	福利费	1742
6	公积金	1490
7	社保	1030
8	薪酬	24052
9	招待费	2832
10		

图5-3 排序前

	A	B
1	项目	金额
2	薪酬	24052
3	福利费	1742
4	社保	1030
5	公积金	1490
6	办公费	1000
7	差旅费	3949
8	招待费	2832
9	电话费	1294
10		

图5-4 排序后

代码 5006 自定义排序（方法2）

使用Worksheet对象的Sorts方法也可以对数据区域按照自定义序列进行排序。这种方法不需要在Excel中添加自定义序列，所以使用起来很灵活。参考代码如下。

```
Sub 代码5006()
    Dim ws As Worksheet
    Dim Rng As Range
    Set ws = ActiveSheet              '指定工作表
    Set Rng = ws.UsedRange            '指定数据区域
    With ws.Sort
        .SortFields.Clear             '清除原来的排序条件
        .SetRange Rng                 '设置排序数据区域
        '下面设置排序字段：
        '1. 第一列排序——Key:=Rng.Cells(1)。
        '2. 按值排序——SortOn:=SortOnValues。
        '3. 升序排序——Order:=xlAscending。
        '4. 分别对数字和文本数据进行排序——ataOption:=xlSortNormal。
        '5. 自定义序列——CustomOrder:="薪酬,福利费,社保,公积金,办公费,差旅费,招待费,电话费"。
        .SortFields.Add Key:=Rng.Cells(1), _
                SortOn:=SortOnValues, _
                Order:=xlAscending, _
                DataOption:=xlSortNormal, _
```

```
                CustomOrder:="薪酬,福利费,社保,公积金,办公费,差旅费,招待费,电话费"
        .Header = xlYes                    '数据区域有标题
        .SortMethod = xlPinYin             '中文按拼音排序
        .MatchCase = True                  '区分大小写
        .Apply
    End With
End Sub
```

代码 5007 按颜色排序（方法1）

将SortFields对象的Add方法的SortOn参数设置为SortOnValues，是普通的按值排序；如果设置为SortOnCellColor，就是按单元格颜色排序；如果设置为SortOnFontColor，就是按字体颜色排序。

下面的代码是对第2列按照单元格颜色（红—黄—绿）进行排序。示例数据及排序效果如图5-5和图5-6所示。

```
Sub 代码5007()
    Dim ws As Worksheet
    Dim Rng As Range
    Set ws = ActiveSheet                   '指定工作表
    Set Rng = ws.UsedRange                 '指定数据区域
    With ws.Sort
        .SortFields.Clear                  '清除原来的排序条件
        .SetRange Rng                      '设置排序数据区域
        '下面设置排序字段:
        .SortFields.Add(Key:=Rng.Cells(2), _
            Order:=xlAscending, _
            SortOn:=xlSortOnCellColor).SortOnValue.Color = vbRed
        .SortFields.Add(Key:=Rng.Cells(2), _
            Order:=xlAscending, _
            SortOn:=xlSortOnCellColor).SortOnValue.Color = vbYellow
        .SortFields.Add(Key:=Rng.Cells(2), _
            Order:=xlAscending, _
            SortOn:=xlSortOnCellColor).SortOnValue.Color = vbGreen
```

```
        .Header = xlYes                    '数据区域有标题
        .SortMethod = xlPinYin             '中文按拼音排序
        .MatchCase = True                  '区分大小写
        .Apply
    End With
End Sub
```

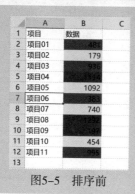

图5-5　排序前

图5-6　排序后

代码 5008　按颜色排序（方法2）

还有一种按颜色排序的方法是增加辅助列，将颜色编码，然后对颜色编码辅助列进行排序，即可完成各种颜色的排序。

下面的代码就是按照单元格颜色进行排序。

```
Sub 代码5008()
    Dim ws As Worksheet
    Dim Rng As Range
    Dim R As Long, C As Long, i As Long
    Set ws = Worksheets(1)                         '指定工作表
    With ws
        With .Range("A1").CurrentRegion            '获取数据区域的列数和行数
            C = .Columns.Count
            R = .Rows.Count
        End With
        .Columns(C + 1).Insert                     '在数据区域最右边插入1列
```

```
            .Columns(C + 1).ClearFormats
            For i = 2 To R                              '将各个单元格的颜色编号输入到新插入的列
                .Cells(i, C + 1).Value = .Cells(i, C).Interior.ColorIndex
            Next i
            '开始按颜色排序
            Set Rng = .Range("A1").CurrentRegion        '获取包括新插入列在内的数据区域
            With Rng
                .Sort Key1:=.Cells(1, C + 1), Order1:=xlAscending, Header:=xlYes
            End With
            .Columns(C + 1).Delete                      '删除插入的列
        End With
End Sub
```

代码 5009 | 对数组的元素值进行排序

对一维或二维数组的元素值进行排序，方法是将工作表作为中介，先将数组的元素值输入到工作表，然后对工作表中的数据进行排序，最后将工作表中排序后的数据保存到数组中。

下面的代码是对一个二维数组的元素值进行升序排序，排序后的数据保存到第二个工作表中。为了对比分析，这里没有删除工作表的数据。

```
Sub 代码5009()
    Dim ws1 As Worksheet, ws2 As Worksheet
    Dim myArray1 As Variant
    Dim myArray2 As Variant
    Set ws1 = Worksheets(1)              '指定工作表
    Set ws2 = Worksheets(2)              '指定工作表
    '准备数组数据
    For i = 1 To 20
        For j = 1 To 2
            ws2.Cells(i, j) = Rnd
        Next j
    Next i
    myArray1 = ws2.Range("A1:E20").Value
```

```
'开始排序
With ws1
    .Range("A1").Resize(20, 2) = myArray1
    .Range("A1:B20").Sort Key1:=.Range("A1")
    myArray2 = .Range("A1:E20").Value
End With
End Sub
```

5.2 数据筛选

除了可以通过操作 Excel 的"自动筛选"命令或"高级筛选"命令对数据进行筛选，还可以利用 VBA 来完成数据的筛选。

代码 5010　判断数据区域是否为筛选状态

判断数据区域是否为筛选状态，可以使用Worksheet对象的AutoFilterMode属性。参考代码如下。

```
Sub 代码5010()
    Dim ws As Worksheet
    Set ws = ActiveSheet          '指定工作表
    If ws.AutoFilterMode = True Then
        MsgBox "YES！当前工作表是筛选状态"
    Else
        MsgBox "NO！当前工作表不是筛选状态"
    End If
End Sub
```

代码 5011　建立自动筛选

利用AutoFilter可以建立自动筛选。在建立自动筛选之前，先判断工作表是否已经是筛选状态，如果是，就不用建立自动筛选；如果不是，就建立自动筛选。参考代码如下。

```
Sub 代码5011()
    Dim ws As Worksheet
    Dim Rng As Range
    Set ws = ActiveSheet                '指定工作表
    Set Rng = ws.UsedRange              '指定单元格区域
    If ws.AutoFilterMode = True Then
        MsgBox "YES！当前工作表已经是筛选状态了"
    Else
        Rng.AutoFilter
        MsgBox "OK！建立了自动筛选"
    End If
End Sub
```

代码 5012　取消自动筛选

当工作表是筛选状态时，再执行一遍AutoFilter命令，即可取消自动筛选。参考代码如下。

```
Sub 代码5012()
    Dim ws As Worksheet
    Dim Rng As Range
    Set ws = ActiveSheet                '指定工作表
    Set Rng = ws.UsedRange              '指定单元格区域
    If ws.AutoFilterMode = True Then
        Rng.AutoFilter
        MsgBox "OK！自动筛选已经取消了"
    Else
        MsgBox "工作表没有建立自动筛选，不用管它"
    End If
End Sub
```

代码 5013　基本筛选

筛选数据时使用Range对象的AutoFilter方法设置筛选条件即可。不过，在AutoFilter方法的参数中，Field参数是数据区域从左往右字段的索引号。

此外，筛选条件可以是精确的，也可以使用通配符做关键词匹配，还可以使用比较运算符做数值比较条件匹配。

下面的代码是筛选出地区是"华东"、商品是"彩电"的数据。示例数据及筛选结果如图5-7和图5-8所示。

```
Public Sub 代码5013()
    Dim ws As Worksheet
    Dim Rng As Range
    Set ws = ActiveSheet                '指定工作表
    Set Rng = ws.UsedRange              '指定单元格区域
    If ws.AutoFilterMode = False Then
        Rng.AutoFilter
    Else
        Rng.AutoFilter
        Rng.AutoFilter
    End If
    With Rng
        .AutoFilter Field:=2, Criteria1:="华东"
        .AutoFilter Field:=3, Criteria1:="彩电"
    End With
End Sub
```

图5-7　筛选前		图5-8　筛选后

代码 5014　筛选数据："或"条件

将AutoFilter方法的Operator参数设置为xlOr，或者使用Array函数，就可以在某个字段中同时筛选多个项目。

下面的代码就是从地区中筛选"华东"和"华南"，从商品中筛选"彩电""冰箱"和"空调"。筛选结果如图5-9所示。

```
Public Sub 代码5014()
    Dim ws As Worksheet
    Dim Rng As Range
    Set ws = ActiveSheet            '指定工作表
    Set Rng = ws.UsedRange          '指定单元格区域
    If ws.AutoFilterMode = False Then
        Rng.AutoFilter
    Else
        Rng.AutoFilter
        Rng.AutoFilter
    End If
    With Rng
        .AutoFilter Field:=2, Criteria1:="=华东", _
                    Operator:=xlOr, Criteria2:="=华南"
        .AutoFilter Field:=3, Criteria1:=Array("冰箱", "彩电", "空调"), _
                    Operator:=xlFilterValues
    End With
End Sub
```

	A	B	C	D	E
1	日期	地区	商品	销量	
4	2020-1-6	华南	彩电	46	
6	2020-1-17	华南	冰箱	18	
7	2020-1-18	华东	彩电	16	
18	2020-2-9	华南	彩电	19	
24	2020-2-21	华南	彩电	50	
27	2020-2-24	华南	冰箱	5	
38	2020-3-7	华东	彩电	25	
47	2020-3-21	华东	彩电	37	
54	2020-4-4	华东	彩电	24	
56	2020-4-11	华南	空调	14	
71	2020-5-7	华东	空调	9	
76	2020-5-21	华南	冰箱	16	
88	2020-6-15	华南	彩电	25	
89	2020-6-15	华东	彩电	8	
90	2020-6-16	华东	彩电	20	

图5-9　筛选结果

代码 5015 筛选数据："与"条件

将AutoFilter方法的Operator参数设置为xlAnd，就可以在某个字段中筛选出满足多个条件的数据。

下面的代码就是从日期中筛选2020年2月的数据。筛选结果如图5-10所示。

```
Public Sub 代码5015()
    Dim ws As Worksheet
    Dim Rng As Range
    Set ws = ActiveSheet                '指定工作表
    Set Rng = ws.UsedRange              '指定单元格区域
    If ws.AutoFilterMode = False Then
        Rng.AutoFilter
    Else
        Rng.AutoFilter
        Rng.AutoFilter
    End If
    With Rng
        .AutoFilter Field:=1, Criteria1:=">=2020-2-1", _
                    Operator:=xlAnd, _
                    Criteria2:="<=2020-2-29"
    End With
End Sub
```

	A	B	C	D	E
1	日期	地区	商品	销量	
15	2020-2-1	华南	小家电	48	
16	2020-2-4	华东	小家电	38	
17	2020-2-7	华东	小家电	27	
18	2020-2-9	华南	彩电	19	
19	2020-2-11	西北	彩电	18	
20	2020-2-13	西北	小家电	44	
21	2020-2-14	华南	电脑	9	
22	2020-2-16	西北	彩电	19	
23	2020-2-17	西南	冰箱	25	
24	2020-2-21	华南	彩电	50	
25	2020-2-21	西北	洗衣机	18	
26	2020-2-22	东北	冰箱	39	
27	2020-2-24	华南	冰箱	5	
28	2020-2-25	西北	冰箱	33	
29	2020-2-25	西南	电脑	3	
30	2020-2-26	华北	电脑	46	
31	2020-2-28	华北	洗衣机	48	
32	2020-2-28	华东	小家电	21	

图5-10 筛选结果

代码 **5016**　筛选数据：模糊条件（单条件）

在筛选条件中，使用星号（*），即可做关键词匹配筛选。

下面的代码是从姓名中筛选出所有姓"李"的员工，原始数据和筛选结果如图5-11和图5-12所示。

```vba
Public Sub 代码5016()
    Dim ws As Worksheet
    Dim Rng As Range
    Set ws = ActiveSheet                '指定工作表
    Set Rng = ws.UsedRange              '指定单元格区域
    If ws.AutoFilterMode = False Then
        Rng.AutoFilter
    Else
        Rng.AutoFilter
        Rng.AutoFilter
    End If
    With Rng
        .AutoFilter Field:=2, Criteria1:="李*"
    End With
End Sub
```

	A	B	C	D	E	F	G	H
1	工号	姓名	性别	所属部门	养老保险	医疗保险	失业保险	住房公积金
2	0001	刘晓晨	男	办公室	268.8	67.2	33.6	588.9
3	0004	祁正人	男	办公室	192.8	48.2	24.1	435.4
4	0005	张丽莉	女	办公室	180	45	22.5	387
5	0006	孟欣然	女	行政部	224	56	28	456.1
6	0007	毛利民	男	行政部	161.6	40.4	20.2	369.1
7	0008	马一晨	男	行政部	210.4	52.6	26.3	509.5
8	0009	王浩忌	男	行政部	234.4	58.6	29.3	522.4
9	0013	王玉成	男	财务部	183.2	45.8	22.9	468.3
10	0014	蔡齐豫	女	财务部	268.8	67.2	33.6	588.9
11	0015	秦玉邦	男	财务部	205.6	51.4	25.7	459.6
12	0016	马梓	女	财务部	176.8	44.2	22.1	424.6
13	0017	张慈淼	女	财务部	192.8	48.2	24.1	435.4
14	0018	李萌	女	财务部	180	45	22.5	387

图5-11　原始数据

	A	B	C	D	E	F	G	H
1	工号	姓名	性别	所属部门	养老保险	医疗保险	失业保险	住房公积
14	0018	李萌	女	财务部	180	45	22.5	387
16	0020	李然	男	技术部	161.6	40.4	20.2	369.1
39	0043	李辉	男	销售部	192.8	48.2	24.1	435.4
40	0044	李宇超	男	销售部	180	45	22.5	387
41	0045	李从熙	男	销售部	224	56	28	456.1
42	0046	李晓梦	女	销售部	161.6	40.4	20.2	369.1
50	0054	李雅苓	女	信息部	205.6	51.4	25.7	459.6
54	0058	李羽雯	女	后勤部	224	56	28	456.1
59								
60								

图5-12　筛选结果

代码 5017　筛选数据：模糊条件（多条件）

下面的代码是从姓名中，筛选出所有姓"李"和姓"王"的员工。筛选结果如图5-13所示。

```
Public Sub 代码5017()
    Dim ws As Worksheet
    Dim Rng As Range
    Set ws = ActiveSheet                '指定工作表
    Set Rng = ws.UsedRange              '指定单元格区域
    If ws.AutoFilterMode = False Then
        Rng.AutoFilter
    Else
        Rng.AutoFilter
        Rng.AutoFilter
    End If
    With Rng
        .AutoFilter Field:=2, Criteria1:="王*", Operator:=xlOr, Criteria2:="李*"
    End With
End Sub
```

图5-13　筛选结果

代码 5018　筛选前 / 后 N 个数据

对于数值型字段，可以筛选前N个或者后N个数据，此时需要设置Operator参数。

下面的代码是筛选"产品3"的销售额为前10的大客户。原始数据和筛选结果如图5-14和图5-15所示。

```
Public Sub 代码5018()
    Dim ws As Worksheet
    Dim Rng As Range
    Set ws = ActiveSheet              '指定工作表
    Set Rng = ws.UsedRange            '指定单元格区域
    If ws.AutoFilterMode = False Then
        Rng.AutoFilter
    Else
        Rng.AutoFilter
        Rng.AutoFilter
    End If
    With Rng
        .AutoFilter Field:=4, Criteria1:="10", Operator:=xlTop10Items
    End With
End Sub
```

图5-14　原始数据

图5-15　筛选结果

下面的代码是筛选"产品3"销售额最低的后5个客户。筛选结果如图5-16所示。

```vba
Public Sub 代码5018_1()
    Dim ws As Worksheet
    Dim Rng As Range
    Set ws = ActiveSheet                    '指定工作表
    Set Rng = ws.UsedRange                  '指定单元格区域
    If ws.AutoFilterMode = False Then
        Rng.AutoFilter
    Else
        Rng.AutoFilter
        Rng.AutoFilter
    End If
```

```
With Rng
    .AutoFilter Field:=4, Criteria1:="5", Operator:=xlBottom10Items
End With
End Sub
```

	A	B	C	D	E	F	G	H
1	客户	产品1	产品2	产品3	产品4	产品5	产品6	产品7
2	客户01	121	2110	589	2617	613	1736	1643
9	客户08	231	1989	344	2847	2976	1395	1849
12	客户11	2565	1231	634	1774	459	2487	1960
24	客户23	1340	1573	632	1063	1319	2045	1091
26	客户25	2356	2655	445	2839	1081	2278	2794
30								

图5-16　筛选结果

代码 5019　筛选高于 / 低于平均值的数据

对于数值型字段，还可以筛选高于或者低于平均值的数据，此时需要设置Operator参数。

下面的代码是筛选"产品3"的销售额高于平均销售额的所有客户。筛选结果如图5-17所示。

```
Public Sub 代码5019()
    Dim ws As Worksheet
    Dim Rng As Range
    Set ws = ActiveSheet            '指定工作表
    Set Rng = ws.UsedRange          '指定单元格区域
    If ws.AutoFilterMode = False Then
        Rng.AutoFilter
    Else
        Rng.AutoFilter
        Rng.AutoFilter
    End If
    With Rng
        .AutoFilter Field:=4, Criteria1:=33, Operator:=xlFilterDynamic
    End With
End Sub
```

	A	B	C	D	E	F	G	H
1	客户 ▾	产品1 ▾	产品2 ▾	产品3 ▾	产品4 ▾	产品5 ▾	产品6 ▾	产品7 ▾
5	客户04	1191	1787	2933	1539	1586	2389	1524
6	客户05	715	2108	2740	797	783	1060	499
7	客户06	207	2239	2741	2973	2589	2977	997
8	客户07	1765	2847	1872	1713	1221	134	2509
13	客户12	377	2067	2922	124	1736	2674	2237
14	客户13	567	2216	2192	2004	544	1545	2010
15	客户14	1349	1908	2110	1798	952	2224	2016
17	客户16	2074	870	2605	1948	301	696	596
21	客户20	2553	859	2544	899	1702	2462	323
22	客户21	2992	708	2601	921	1758	2631	1193
25	客户24	2722	1360	1692	105	2717	2185	690
27	客户26	2591	275	1710	2150	2793	758	772
29	客户28	844	1432	2061	355	2673	2158	1216

图5-17　筛选结果

下面的代码是筛选"产品3"销售额低于平均值的所有客户。筛选结果如图5-18所示。

```
Public Sub 代码5019_1()
    Dim ws As Worksheet
    Dim Rng As Range
    Set ws = ActiveSheet              '指定工作表
    Set Rng = ws.UsedRange            '指定单元格区域
    If ws.AutoFilterMode = False Then
        Rng.AutoFilter
    Else
        Rng.AutoFilter
        Rng.AutoFilter
    End If
    With Rng
        .AutoFilter Field:=4, Criteria1:=34, Operator:=xlFilterDynamic
    End With
End Sub
```

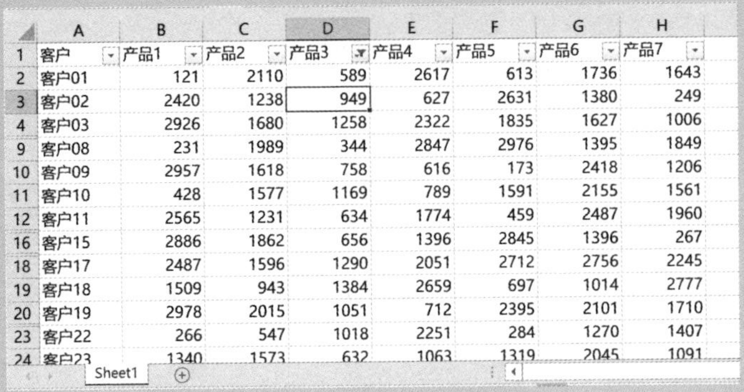

	A	B	C	D	E	F	G	H
1	客户	产品1	产品2	产品3	产品4	产品5	产品6	产品7
2	客户01	121	2110	589	2617	613	1736	1643
3	客户02	2420	1238	949	627	2631	1380	249
4	客户03	2926	1680	1258	2322	1835	1627	1006
9	客户08	231	1989	344	2847	2976	1395	1849
10	客户09	2957	1618	758	616	173	2418	1206
11	客户10	428	1577	1169	789	1591	2155	1561
12	客户11	2565	1231	634	1774	459	2487	1960
16	客户15	2886	1862	656	1396	2845	1396	267
18	客户17	2487	1596	1290	2051	2712	2756	2245
19	客户18	1509	943	1384	2659	697	1014	2777
20	客户19	2978	2015	1051	712	2395	2101	1710
23	客户22	266	547	1018	2251	284	1270	1407
24	客户23	1340	1573	632	1063	1319	2045	1091

图5-18 筛选结果

代码 5020 按颜色筛选数据

按颜色筛选数据也很简单，把Operator参数设置为xlFilterCellColor，并把Criteria1参数设置为指定颜色即可。

下面的代码是从数据表单的第2列中筛选出黄色单元格数据。原始数据和筛选结果如图5-19和图5-20所示。

```
Public Sub 代码5020()
  Dim ws As Worksheet
  Dim Rng As Range
  Set ws = ActiveSheet                    '指定工作表
  Set Rng = ws.UsedRange                  '指定单元格区域
  If ws.AutoFilterMode = False Then
    Rng.AutoFilter
  Else
    Rng.AutoFilter
    Rng.AutoFilter
  End If
  With Rng
    .AutoFilter Field:=2, Criteria1:=vbYellow, Operator:=xlFilterCellColor
  End With
End Sub
```

图5-19　原始数据　　　　　图5-20　筛选结果

代码 5021　创建智能表格

智能表格不仅具有筛选的所有功能，还有更加强大的数据分析功能。创建基于工作表数据的智能表格需要使用Worksheet对象的Add方法。

下面是对指定的数据区域创建智能表格的基本代码。原始数据与创建的智能表格如图5-21和图5-22所示。

```
Sub 代码5021()
    Dim ws As Worksheet
    Dim Rng As Range
    Set ws = ActiveSheet                    '指定工作表
    Set Rng = ws.UsedRange                  '指定单元格区域
    '删除可能存在的智能表格
    On Error Resume Next
    With Rng.ListObject
        .TableStyle = ""                    '清除样式
        .Unlist                             '转换为区域
    End With
    On Error GoTo 0
    '创建新的智能表格
    ws.ListObjects.Add(xlSrcRange, Rng, , xlYes).Name = "智能表格"       '创建智能表格
    ws.ListObjects("智能表格").TableStyle = "TableStyleMedium6"          '设置样式
End Sub
```

	A	B	C	D
1	日期	地区	商品	销量
2	2020-1-2	西北	冰箱	17
3	2020-1-4	西南	冰箱	49
4	2020-1-6	华南	彩电	46
5	2020-1-14	华东	小家电	30
6	2020-1-17	华南	冰箱	18
7	2020-1-18	华东	彩电	16
8	2020-1-19	华北	洗衣机	50
9	2020-1-22	华北	电脑	25
10	2020-1-23	华北	空调	8
11	2020-1-24	华北	冰箱	40
12	2020-1-24	华北	空调	22
13	2020-1-24	华北	冰箱	4
14	2020-1-27	西北	洗衣机	40
15	2020-2-1	华南	小家电	48
16	2020-2-4	华东	小家电	38
17	2020-2-7	华东	小家电	27
18	2020-2-9	华南	彩电	19
19	2020-2-11	西北	彩电	18

Sheet1

图5-21　原始数据

	A	B	C	D
1	日期	地区	商品	销量
2	2020-1-2	西北	冰箱	17
3	2020-1-4	西南	冰箱	49
4	2020-1-6	华南	彩电	46
5	2020-1-14	华东	小家电	30
6	2020-1-17	华南	冰箱	18
7	2020-1-18	华东	彩电	16
8	2020-1-19	华北	洗衣机	50
9	2020-1-22	华北	电脑	25
10	2020-1-23	华北	空调	8
11	2020-1-24	华北	冰箱	40
12	2020-1-24	华北	空调	22
13	2020-1-24	华北	冰箱	4
14	2020-1-27	西北	洗衣机	40
15	2020-2-1	华南	小家电	48
16	2020-2-4	华东	小家电	38
17	2020-2-7	华东	小家电	27
18	2020-2-9	华南	彩电	19
19	2020-2-11	西北	彩电	18

Sheet1

图5-22　创建的智能表格

代码 5022　执行高级筛选：“与”条件

高级筛选的原理是在工作表中设置条件区域，然后根据条件区域设置多条件筛选。高级筛选要使用AdvancedFilter方法。

下面的代码是筛选出“产品2”、“销售额”在1500元以上、“毛利率”在30%以上的数据。使用的示例数据如图5-23所示。条件区域及筛选结果如图5-24和图5-25所示。

```
Sub 代码5022()
    Dim Rng1 As Range
    Dim Rng2 As Range
    Dim c As Range
    Set Rng1 = Range("A1").CurrentRegion        '指定数据区域
    Set Rng2 = Range("K1:M2")
    '条件区域
    '清除旧的条件区域和筛选状态
    If ActiveSheet.FilterMode Then ActiveSheet.ShowAllData

    '在条件区域内设置筛选条件
    With Rng2
```

```
    .Clear
    .Cells(1, 1) = "产品"
    .Cells(1, 2) = "销售额"
    .Cells(1, 3) = "毛利率"
    .Cells(2, 1) = "产品2"
    .Cells(2, 2) = ">1500"
    .Cells(2, 3) = ">0.3"
End With
MsgBox "条件设置完毕。请仔细查看条件区域。"

'高级筛选数据
Rng1.AdvancedFilter Action:=xlFilterInPlace, CriteriaRange:=Rng2

'清除条件区域
For Each c In Rng2.Cells
    c.Clear     '删除条件区域
Next
End Sub
```

	A	B	C	D	E
1	省份	产品	销售额	毛利	毛利率
2	北京	产品1	2521	1897	75.2%
3	北京	产品2	2547	1069	42.0%
4	北京	产品3	2036	1532	75.2%
5	北京	产品4	478	197	41.2%
6	广州	产品1	535	201	37.6%
7	广州	产品2	1755	1189	67.7%
8	广州	产品3	486	117	24.1%
9	广州	产品4	2307	1140	49.4%
10	杭州	产品1	485	269	55.5%
11	杭州	产品2	9276	3792	40.9%
12	杭州	产品3	2312	974	42.1%
13	杭州	产品4	3142	1864	59.3%
14	昆明	产品1	1928	732	38.0%
15	昆明	产品2	2323	729	31.4%
16	昆明	产品3	1564	957	61.2%
17	昆明	产品4	504	476	94.4%
18	南京	产品1	317	161	50.8%
19	南京	产品2	567	243	42.9%

Sheet1　Sheet2　Sheet3

图5-23　示例数据

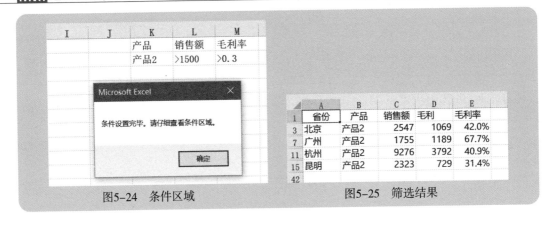

图5-24　条件区域　　　　　　　　图5-25　筛选结果

代码 5023　执行高级筛选："或"条件

下面的代码是筛选出"产品1"和"产品2"、"销售额"在2000元以上、"毛利"在1000元以上的数据。请注意筛选条件的设置。条件区域及筛选结果如图5-26和图5-27所示。

```
Sub 代码5023()
    Dim Rng1 As Range
    Dim Rng2 As Range
    Dim c As Range
    Set Rng1 = Range("A1").CurrentRegion        '指定数据区域
    Set Rng2 = Range("K1:M3")
    '条件区域
    '清除旧的条件区域和筛选状态
    If ActiveSheet.FilterMode Then ActiveSheet.ShowAllData

    '在条件区域内设置筛选条件
    With Rng2
        .Clear
        .Cells(1, 1) = "产品"
        .Cells(1, 2) = "销售额"
        .Cells(1, 3) = "毛利"
        .Cells(2, 1) = "产品1"
        .Cells(3, 1) = "产品2"
```

```
    .Cells(2, 2) = ">2000"
    .Cells(3, 2) = ">2000"
    .Cells(2, 3) = ">1000"
    .Cells(3, 3) = ">1000"
End With
MsgBox "条件设置完毕。请仔细查看条件区域。"

'高级筛选数据
Rng1.AdvancedFilter Action:=xlFilterInPlace, CriteriaRange:=Rng2

'清除条件区域
For Each c In Rng2.Cells
    c.Clear    '删除条件区域
Next
End Sub
```

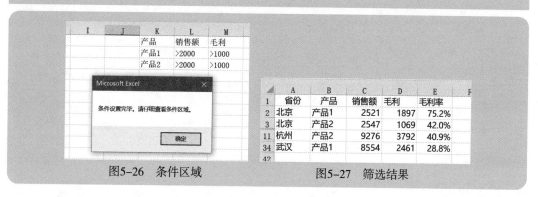

图5-26 条件区域   图5-27 筛选结果

代码 5024 撤销高级筛选

先判断工作表中是否存在高级筛选，如果有，就利用ShowAllData方法清除筛选。参考代码如下。

```
Sub 代码5024()
    Dim ws As Worksheet
    Set ws = ActiveSheet
    If ws.FilterMode Then ws.ShowAllData
End Sub
```

代码 5025　复制筛选出的数据

将AdvancedFilter方法中的参数Action设置为xlFilterCopy，并为参数CopyToRange指定复制目标区域，即可将筛选出的数据复制到指定的目标区域。

下面的代码将筛选的数据复制到一个新建的工作表中。

```vba
Sub 代码5025()
    Dim Rng As Range
    Dim RngD As Range
    Dim Rng1 As Range
    Dim Rng2 As Range
    Dim ws As Worksheet

    Set Rng1 = Range("A1").CurrentRegion          '指定数据区域
    Set Rng2 = Range("k1:M3")                     '条件区域
    Set Rng = Worksheets(1).Range("A1").CurrentRegion'指定数据区域

    With Worksheets
        Set ws = .Add(After:=.Item(.Count))       '新建一个工作表
        Set RngD = ws.Range("A1")
    End With

    '在条件区域内设置筛选条件
    With Rng2
        .Clear
        .Cells(1, 1) = "产品"
        .Cells(1, 2) = "销售额"
        .Cells(1, 3) = "毛利"
        .Cells(2, 1) = "产品1"
        .Cells(3, 1) = "产品2"
        .Cells(2, 2) = ">2000"
        .Cells(3, 2) = ">2000"
        .Cells(2, 3) = ">1000"
        .Cells(3, 3) = ">1000"
```

```
    End With

    '高级筛选并复制数据
    Rng1.AdvancedFilter Action:=xlFilterCopy, _
                CriteriaRange:=Rng2, _
                CopyToRange:=RngD
    '删除条件区域
    Rng2.Clear
End Sub
```

代码 5026   筛选不重复的数据

将高级筛选中的参数Unique设置为True，即可实现筛选不重复的数据。参考代码如下。

```
Sub 代码5026()
    Dim Rng As Range
    Set Rng = ActiveSheet.UsedRange          '指定数据区域
    Rng.AdvancedFilter Action:=xlFilterInPlace, Unique:=True
End Sub
```

代码 5027   其他应用 1：利用筛选删除数据区域内的所有空行

当工作表的数据区域有一些空行时，就会影响到数据的处理分析，可以使用筛选的方法
来删除这些空行。所谓空行，是指数据区域中某行的各列单元格都没有数据。

参考代码如下。示例数据及运行结果如图5-28和图5-29所示。

```
Sub 代码5027()
    Dim ws As Worksheet
    Dim Rng As Range
    Set ws = ActiveSheet
    Set Rng = ws.UsedRange                   '指定数据区域
    If ws.AutoFilterMode = False Then
        Rng.AutoFilter
    Else
```

```
        Rng.AutoFilter
        Rng.AutoFilter
    End If
    With Rng
        .AutoFilter Field:=1, Criteria1:="="
        .Offset(1).SpecialCells(xlCellTypeVisible).EntireRow.Delete
        .AutoFilter
    End With
End Sub
```

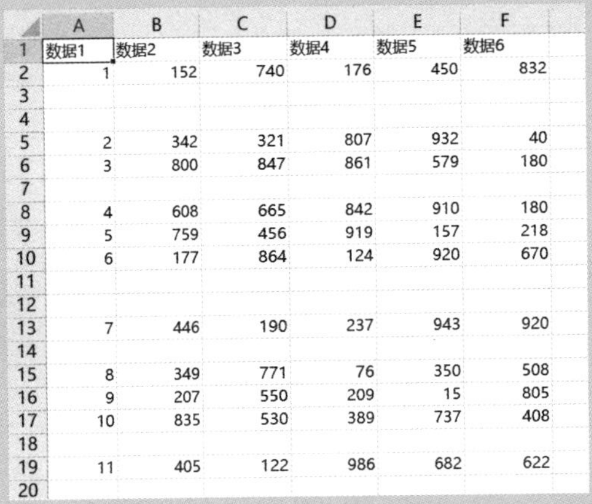

	A	B	C	D	E	F
1	数据1	数据2	数据3	数据4	数据5	数据6
2	1	152	740	176	450	832
3						
4						
5	2	342	321	807	932	40
6	3	800	847	861	579	180
7						
8	4	608	665	842	910	180
9	5	759	456	919	157	218
10	6	177	864	124	920	670
11						
12						
13	7	446	190	237	943	920
14						
15	8	349	771	76	350	508
16	9	207	550	209	15	805
17	10	835	530	389	737	408
18						
19	11	405	122	986	682	622
20						

图5-28　示例数据

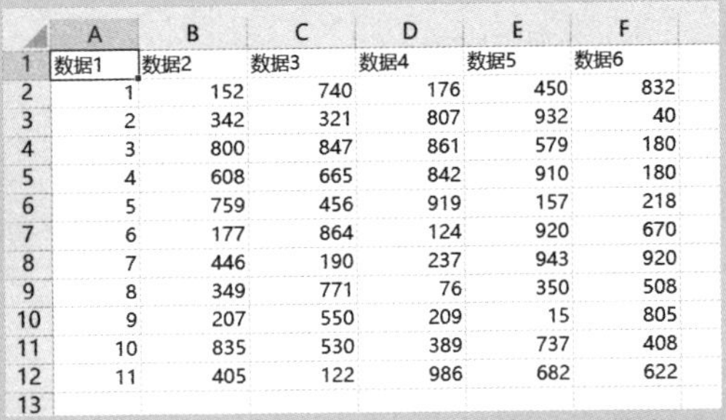

	A	B	C	D	E	F
1	数据1	数据2	数据3	数据4	数据5	数据6
2	1	152	740	176	450	832
3	2	342	321	807	932	40
4	3	800	847	861	579	180
5	4	608	665	842	910	180
6	5	759	456	919	157	218
7	6	177	864	124	920	670
8	7	446	190	237	943	920
9	8	349	771	76	350	508
10	9	207	550	209	15	805
11	10	835	530	389	737	408
12	11	405	122	986	682	622
13						

图5-29　运行结果

代码 5028　其他应用 2：制作明细表（单条件）

利用筛选制作明细表是最简单的方法，基本原理是筛选出指定条件的数据，然后复制到指定的工作表即可。

如图 5-30 和图 5-31 所示，“基本信息”工作表是员工的花名册数据；“明细表”工作表是指定部门的明细数据，单元格B2是指定部门名称。

	A	B	C	D	E	F	G	H	I	J	K	L	M
1	工号	姓名	性别	民族	部门	职务	学历	婚姻状况	出生日期	年龄	进公司时间	工龄	
2	0001	AAA1	男	满族	总经理办公室	总经理	博士	已婚	1968-10-9	51	1987-4-8	33	
3	0002	AAA2	男	汉族	总经理办公室	副总经理	硕士	已婚	1969-6-18	51	1990-1-8	30	
4	0003	AAA3	女	汉族	总经理办公室	副经理	本科	已婚	1979-10-22	40	2002-5-1	18	
5	0004	AAA4	男	回族	总经理办公室	职员	本科	已婚	1986-11-1	33	2006-9-24	13	
6	0005	AAA5	女	汉族	总经理办公室	职员	本科	已婚	1982-8-26	37	2007-8-8	12	
7	0006	AAA6	女	汉族	人力资源部	职员	本科	已婚	1983-5-15	37	2005-11-28	14	
8	0007	AAA7	男	锡伯	人力资源部	经理	本科	已婚	1982-9-16	37	2005-3-9	15	
9	0008	AAA8	男	汉族	人力资源部	副经理	本科	未婚	1972-3-19	48	1995-4-19	25	
10	0009	AAA9	男	汉族	人力资源部	职员	硕士	已婚	1978-5-4	42	2003-1-26	17	
11	0010	AAA10	男	汉族	人力资源部	职员	大专	已婚	1981-6-24	39	2006-11-11	13	
12	0011	AAA11	女	土家	人力资源部	职员	本科	未婚	1972-12-15	47	1997-10-15	22	
13	0012	AAA12	女	汉族	人力资源部	职员	本科	未婚	1971-8-22	48	1994-5-22	26	
14	0013	AAA13	男	汉族	财务部	副经理	本科	已婚	1978-8-12	41	2002-10-12	17	

基本信息　明细表

图5-30　示例数据

	A	B	C	D	E	F	G	H	I	J	K	L
1												
2	指定部门	人力资源部			制作							
3												
4	工号	姓名	性别	民族	部门	职务	学历	婚姻状况	出生日期	年龄	进公司时间	工龄
5	0006	AAA6	女	汉族	人力资源部	职员	本科	已婚	1983-5-15	37	2005-11-28	14
6	0007	AAA7	男	锡伯	人力资源部	经理	本科	已婚	1982-9-16	37	2005-3-9	15
7	0008	AAA8	男	汉族	人力资源部	副经理	本科	未婚	1972-3-19	48	1995-4-19	25
8	0009	AAA9	男	汉族	人力资源部	职员	硕士	已婚	1978-5-4	42	2003-1-26	17
9	0010	AAA10	男	汉族	人力资源部	职员	大专	已婚	1981-6-24	39	2006-11-11	13
10	0011	AAA11	女	土家	人力资源部	职员	本科	已婚	1972-12-15	47	1997-10-15	22
11	0012	AAA12	女	汉族	人力资源部	职员	本科	未婚	1971-8-22	48	1994-5-22	26
12	0082	AAA82	男	汉族	人力资源部	职员	本科	未婚	1985-5-22	35	2010-10-17	9
13												
14												

基本信息　明细表

图5-31　运行结果

下面是制作这个明细表的参考代码。

```
Sub 代码5028()
    Dim wsB As Worksheet
    Dim ws As Worksheet
    Dim Rng As Range
    Dim Dept As String
    Set wsB = Worksheets("基本信息")
    Set ws = Worksheets("明细表")
    ws.Rows("4:1000").Clear
    Set Rng = wsB.UsedRange
    Dept = ws.Range("B2")
    If wsB.AutoFilterMode = False Then
```

```
        Rng.AutoFilter
    Else
        Rng.AutoFilter
        Rng.AutoFilter
    End If
    With Rng
        .AutoFilter Field:=5, Criteria1:=Dept
        .SpecialCells(xlCellTypeVisible).Copy Destination:=ws.Range("A4")
        .AutoFilter
    End With
End Sub
```

代码 5029 其他应用3：制作明细表（多条件）

代码5028的例子是制作一个条件下的明细表，其实也可以制作多个条件下的明细表。下面就是一个示例，单元格B2指定部门，单元格B3指定学历，单元格B4指定性别，如图5-32所示。

	A	B	C	D	E	F	G	H	I	J	K	L
1												
2	指定部门	销售部			制作							
3	指定学历	本科										
4	指定性别	男										
5												
6	工号	姓名	性别	民族	部门	职务	学历	婚姻状况	出生日期	年龄	进公司时间	工龄
7	0044	AAA44	男	汉族	销售部	职员	本科	未婚	1977-7-14	42	2000-10-15	19
8	0045	AAA45	男	满族	销售部	职员	本科	未婚	1974-4-4	46	1996-1-14	24
9	0049	AAA49	男	汉族	销售部	职员	本科	未婚	1981-4-7	39	2005-5-10	15
10	0051	AAA51	男	锡伯	销售部	职员	本科	未婚	1980-2-9	40	2002-7-6	17
11												

图5-32　多条件的明细表

下面的代码对3个字段进行筛选。

```
Sub 代码5029()
    Dim wsB As Worksheet
    Dim ws As Worksheet
    Dim Rng As Range
    Dim Dept As String
    Dim Edu As String
    Dim Sex As String
```

```
    Set wsB = Worksheets("基本信息")
    Set ws = Worksheets("明细表")
    ws.Rows("6:1000").Clear
    Set Rng = wsB.UsedRange
    Dept = ws.Range("B2")
    Edu = ws.Range("B3")
    Sex = ws.Range("B4")

    If wsB.AutoFilterMode = False Then
        Rng.AutoFilter
    Else
        Rng.AutoFilter
        Rng.AutoFilter
    End If
    With Rng
        .AutoFilter Field:=5, Criteria1:=Dept
        .AutoFilter Field:=7, Criteria1:=Edu
        .AutoFilter Field:=3, Criteria1:=Sex
        .SpecialCells(xlCellTypeVisible).Copy Destination:=ws.Range("A6")
        .AutoFilter
    End With
End Sub
```

代码 5030　其他应用 4：获取不重复的项目清单

如果要从数据区域的某列获取一个不重复的项目清单，有两种方法可以实现：高级筛选不重复项；使用删除重复项工具。

下面是使用高级筛选的方法获取不重复部门名称列表的参考代码，示例数据是图5-30中的员工基本信息表。

```
Sub 代码5030()
    Dim wsB As Worksheet
    Dim ws As Worksheet
    Dim Rng As Range
```

```
Set wsB = Worksheets("基本信息")
Set ws = Worksheets("部门列表")
Set Rng = wsB.Range("E1:E" & wsB.UsedRange.Rows.Count)    '指定数据区域
ws.Range("A:A").Clear
With Rng
    .AdvancedFilter Action:=xlFilterInPlace, Unique:=True
    .SpecialCells(xlCellTypeVisible).Copy Destination:=ws.Range("A1")
End With
wsB.ShowAllData
End Sub
```

5.3 数据分列

数据分列就是把一列数据根据指定的规则分成几列保存。数据分列要使用 TextToColumns 方法。

TextToColumns 方法有很多参数，具体含义请查看帮助信息。

代码 5031 根据分隔符号进行分列（常规字符）

下面的代码就是根据空格进行分列。为了保护原始数据，先将原始数据复制到另一个工作表，再进行分列操作。示例数据及分列结果如图5-33和图5-34所示。

```
Sub 代码5031()
    Dim ws1 As Worksheet
    Dim ws2 As Worksheet
    Dim Rng As Range
    Set ws1 = Worksheets("Sheet1")
    Set ws2 = Worksheets("Sheet2")
    ws2.Cells.Clear
    Set Rng = ws1.Range("A:A")                          '指定单元格区域
    Rng.Copy Destination:=ws2.Range("A1")
    Set Rng = ws2.Range("A:A")
```

```
Rng.TextToColumns DataType:=xlDelimited, _
              Space:=True, _
              FieldInfo:=Array(Array(0, xlYMDFormat), _
                              Array(1, xlYMDFormat))
    ws2.Columns.AutoFit
End Sub
```

图5-33　示例数据　　　　　　　　　　　图5-34　分列结果

代码 5032　根据分隔符号进行分列（其他字符）

除了使用常规的分隔符号（逗号、分号、空格等），还可以指定自定义符号进行分列。下面的代码是使用横杠（－）进行分列。示例数据及分列结果分别如图5-35和图5-36所示。

```
Sub 代码5032()
    Dim ws1 As Worksheet
    Dim ws2 As Worksheet
    Dim Rng As Range
    Set ws1 = Worksheets("Sheet1")
    Set ws2 = Worksheets("Sheet2")
    ws2.Cells.Clear
    Set Rng = ws1.Range("A:A")          '指定单元格区域
    Rng.Copy Destination:=ws2.Range("A1")
    Set Rng = ws2.Range("A:A")
```

```
Rng.TextToColumns DataType:=xlDelimited, Other:=True, OtherChar:="-"
With ws2
    .Range("A1:D1") = Array("Data1", "Data2", "Data3", "Data4")
    .Columns.AutoFit
End With
End Sub
```

图5-35　示例数据　　　　　　　　　图5-36　分列结果

代码 5033　根据固定宽度进行分列

另外，也可以按固定宽度分列。下面的代码是将8位数字的日期分列成3列，分别是年、月、日的数字。示例数据及分列结果如图5-37和图5-38所示。

```
Sub 代码5033()
    Dim ws1 As Worksheet
    Dim ws2 As Worksheet
    Dim Rng As Range
    Set ws1 = Worksheets("Sheet1")
    Set ws2 = Worksheets("Sheet2")
    ws2.Cells.Clear
    Set Rng = ws1.Range("A:A")            '指定单元格区域
    Rng.Copy Destination:=ws2.Range("A1")
    Set Rng = ws2.Range("A:A")
    Rng.TextToColumns DataType:=xlFixedWidth, _
            FieldInfo:=Array(Array(0, xlGeneralFormat), Array(4, xlGeneralFormat),
```

```
                Array(6, xlGeneralFormat))
    With ws2
        .Range("A1:C1") = Array("年", "月", "日")
        .Columns.AutoFit
    End With
End Sub
```

这里，xlGeneralFormat也可以用1来表示，因此可以修改为

```
FieldInfo:=Array(Array(0, 1, Array(4, 1), Array(6,1))
```

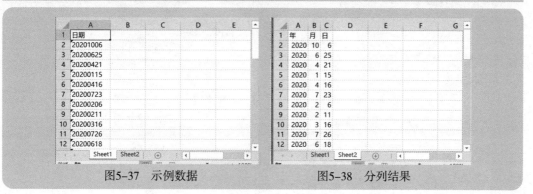

图5-37   示例数据   图5-38   分列结果

Chapter

06

Chart对象：操作图表

Excel提供了很多种图表类型和绘制图表的工具，不论是手动制作图表，还是利用VBA自动化制作图表，都是很容易的。

在VBA中，操作图表就是操作Chart对象，本章将介绍利用VBA对Chart对象进行操作的一些实用方法和技巧。

6.1 制作图表的基本方法

制作图表的核心是掌握 Chart 对象的相关属性和方法，学习中建议先录制制作图表的宏，对录制的宏代码进行分析，以便尽快掌握制作图表的基本方法和语句。

代码 6001　制作图表的基本方法（ChartObject 对象方法）

制作图表可以使用ChartObjects对象的Add方法，以及使用ChartObject对象的相关属性设置图表元素。

下面的代码是对工作表数据创建一个基本的柱形图。示例数据及制作的图表如图6-1所示。

```
Sub 代码6001()
    Dim ws As Worksheet
    Dim Rng As Range
    Dim Cht As ChartObject
    Dim n As Long
    Set ws = Worksheets("Sheet1")                          '指定数据源工作表
    On Error Resume Next
    ws.ChartObjects.Delete                                 '删除工作表上已经存在的图表
    On Error GoTo 0
    n = ws.Range("A10000").End(xlUp).Row                   '获取数据个数
    Set Rng = ws.Range("A1:B" & n)                         '指定绘图数据区域
    Set Cht = ws.ChartObjects.Add(130, 10, 350, 200)       '创建一个新图表
    With Cht.Chart
        .ChartType = xlColumnClustered                     '指定图表类型：柱形图
        .SetSourceData Source:=Rng, PlotBy:=xlColumns       '指定数据源和绘图方式
        .HasTitle = True                                   '有标题
        .ChartTitle.Text = "制作图表示例"                    '设置图表标题
        .Legend.Delete                                     '删除图例
```

```
        End With
    End Sub
```

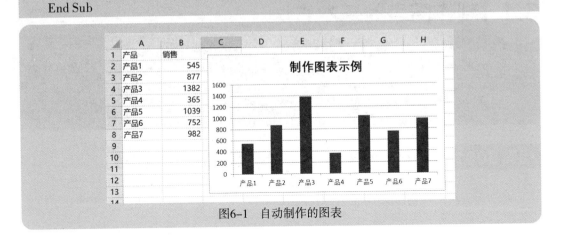

图6-1　自动制作的图表

代码 6002　制作图表的基本方法（Chart 对象方法）

制作图表还可以使用Charts对象的Add方法，以及使用Chart对象相关属性设置图表元素。参考代码如下。制作图表效果如图6-1所示。

```
Sub 代码6002()
    Dim ws As Worksheet
    Dim Rng As Range
    Dim Cht As Chart
    Dim n As Long
    Set ws = Worksheets("Sheet1")                       '指定数据源工作表
    On Error Resume Next
    ws.ChartObjects.Delete                              '删除工作表上已经存在的图表
    On Error GoTo 0
    n = ws.Range("A10000").End(xlUp).Row                '获取数据个数
    Set Rng = ws.Range("A1:B" & n)                      '指定绘图数据区域
    Set Cht = Charts.Add
    With Cht
        .ChartType = xlColumnClustered                  '指定图表类型: 柱形图
        .SetSourceData Source:=Rng, PlotBy:=xlColumns    '指定数据源和绘图方式
```

```
        .HasTitle = True                                        '有标题
        .ChartTitle.Text = "制作图表示例"                        '设置图表标题
        .Legend.Delete                                          '删除图例
        .Location Where:=xlLocationAsObject, Name:=ws.Name      '嵌入图表，保存在当前工作表
    End With
    With ws.ChartObjects(1).Chart.ChartArea                     '设置图表位置和大小
        .Left = 130                                             '图表距屏幕左侧距离
        .Top = 10                                               '图表距屏幕顶部距离
        .Height = 200                                           '图表高度
        .Width = 350                                            '图表宽度
    End With
End Sub
```

代码 6003 批量制作多个图表

可以通过循环的方法制作多个图表并进行布局。

下面的代码就是这样的一个示例。示例效果如图6-2所示。

```
Sub 代码6003()
    Dim ws As Worksheet
    Dim Rng As Range
    Dim Cht As ChartObject
    Dim i As Long
    Dim pl As Long
    Dim tl As Long
    Set ws = Worksheets("Sheet1")                               '指定数据源工作表
    On Error Resume Next
    ws.ChartObjects.Delete                                      '删除工作表上已经存在的图表
    On Error GoTo 0
    For i = 1 To 4
        Set Rng = ws.Range(ws.Cells(1, i + 1), ws.Cells(8, i + 1))
        pl = (((i - 1) Mod 2) + 1) * 200 + 70                   '计算每个图表的左侧距离
        tl = ((i - 1) \ 2 + 1) * 150 - 145                      '计算每个图表的顶部距离
        Set Cht = ws.ChartObjects.Add(pl, tl, 200, 150)         '创建一个新图表
```

```
        With Cht.Chart
            .ChartType = xlColumnClustered          '指定图表类型: 柱形图
            .SetSourceData Source:=Rng, PlotBy:=xlColumns   '指定数据源和绘图方式
            .HasTitle = True                        '有标题
            .ChartTitle.Font.Size = 10
            .ChartTitle.Text = ws.Cells(1, i + 1) & "地区销售"
            .Legend.Delete                          '删除图例
        End With
    Next i
End Sub
```

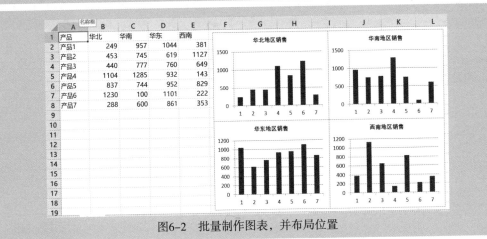

图6-2　批量制作图表，并布局位置

代码 6004　制作能够选择图表类型的图表

在实际工作中，可能需要对同一数据绘制不同类型的图表。下面的代码可以建立一个能够通过选择图表类型来绘制图表的模型，从而使绘制图表更加方便。示例效果如图6-3所示。

这里是对数据和图表的工作表设置了Change事件，当单元格E2的选择变化时，根据E2的内容自动绘制新的图表。

```
Private Sub Worksheet_Change(ByVal Target As Range)
    If Target.Row <> 1 And Target.Column <> 5 Then Exit Sub
    Dim ws As Worksheet
    Dim Rng As Range
```

```
        Dim Cht As ChartObject
        Dim ChtType As Long
        Set ws = Worksheets("Sheet1")                   '指定数据源工作表
        On Error Resume Next
        ws.ChartObjects.Delete                          '删除工作表上已经存在的图表
        On Error GoTo 0
        Set Rng = ws.Range("A1:B8")                     '指定绘图数据区域
        Set Cht = ws.ChartObjects.Add(160, 50, 350, 200)  '创建一个新图表
        Select Case Range("E2")
            Case "柱形图"
                ChtType = xlColumnClustered
            Case "条形图"
                ChtType = xlBarClustered
            Case "折线图"
                ChtType = xlLine
            Case "散点图"
                ChtType = xlXYScatter
            Case "饼图"
                ChtType = xlPie
            Case "圆环图"
                ChtType = xlDoughnut
            Case "面积图"
                ChtType = xlArea
        End Select
        With Cht.Chart
            .ChartType = ChtType                        '指定图表类型
            .SetSourceData Source:=Rng, PlotBy:=xlColumns  '指定数据源和绘图方式
            .HasTitle = True                            '有标题
            .ChartTitle.Text = Range("E2")              '设置图表标题
            .Legend.Delete                              '删除图例
        End With
    End Sub
```

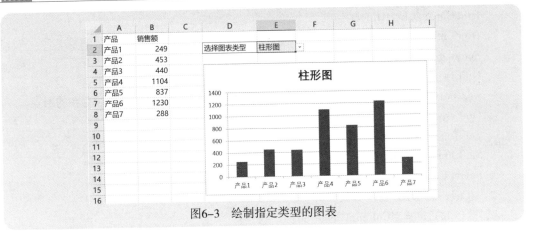

图6-3　绘制指定类型的图表

代码 6005　绘制动态数据源的图表

可以根据不同数据源的图表绘制动态图表。下面的代码是选择要分析的产品，并分析不同地区的销售情况。示例效果如图6-4所示。

```
Private Sub Worksheet_Change(ByVal Target As Range)
    If Target.Row <> 1 And Target.Column <> 8 Then Exit Sub
    Dim ws As Worksheet
    Dim Rng As Range
    Dim n As Long
    Dim Cht As ChartObject
    Dim ChtType As Long
    Set ws = Worksheets("Sheet1")
    On Error Resume Next
    ws.ChartObjects.Delete
    On Error GoTo 0
    n = WorksheetFunction.Match(ws.Range("H1"), ws.Range("B1:E1"), 0)
    Set Rng = ws.Range("A2").Offset(, n).Resize(7)
    Set Cht = ws.ChartObjects.Add(300, 20, 350, 200)          '创建一个新图表
    With Cht.Chart
        .ChartType = xlColumnClustered                         '指定图表类型: 柱形图
        .SeriesCollection.NewSeries                            '添加系列
```

```
            .FullSeriesCollection(1).Values = Rng                '设置值系列
            .FullSeriesCollection(1).XValues = ws.Range("A2:A8")    '设置分类轴
            .HasTitle = True
            .ChartTitle.Text = Range("H1") & "销售分析"
            .Legend.Delete
        End With
    End Sub
```

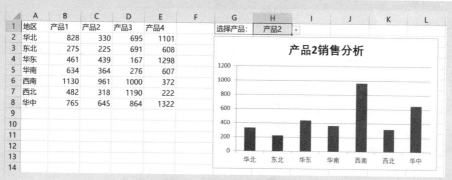

图6-4　制作的动态图表

6.2　格式化图表

绘制完图表后，需要对图表进行进一步编辑加工，这时可以使用图表对象的有关属性和方法来完成。下面介绍图表编辑加工的主要内容。

代码 6006　更改图表的类型

利用ChartType属性，可以更改图表的类型。下面的代码是将目前的柱形图类型更改为条形图。

```
Sub 代码6006()
    Dim Cht As ChartObject
    Dim ws As Worksheet
```

```
        Set ws = Worksheets(1)                '指定有图表的工作表
        Set Cht = ws.ChartObjects(1)          '指定图表
        With Cht.Chart
            MsgBox "该图表的类型为柱形图，下面将该图表改为条形图"
            .ChartType = xlBarClustered
            MsgBox "下面再恢复为柱形图"
            .ChartType = xlColumnClustered
        End With
    End Sub
```

代码 6007　设置图表大小（ChartObject 对象）

使用ChartObject对象的Height属性和Width属性可以改变图表的大小。参考代码如下。

```
Sub 代码6007()
    Dim Cht As ChartObject
    Dim ws As Worksheet
    Dim oldHeight As Long
    Dim oldWidth As Long
    Set ws = Worksheets(1)                '指定有图表的工作表
    Set Cht = ws.ChartObjects(1)          '指定图表
    With Cht
        oldHeight = .Height
        oldWidth = .Width
        MsgBox "目前图表的大小为:" _
            & "高度 " & oldHeight & ",  宽度 " & oldWidth _
            & vbCrLf & "下面将改变图表大小，宽度增加100，高度增加30"
        .Height = .Height + 30
        .Width = .Width + 100
        MsgBox "下面将恢复图表的原始尺寸"
        .Height = oldHeight
        .Width = oldWidth
    End With
End Sub
```

代码 6008　设置图表大小（Chart 对象）

下面的代码是使用Chart对象的ChartArea属性返回ChartArea对象，再使用ChartArea对象的Height属性和Width属性来改变图表大小。ChartArea对象是指图表的图表区。

```
Sub 代码6008()
    Dim Cht As Chart
    Dim ws As Worksheet
    Dim oldHeight As Long
    Dim oldWidth As Long
    Set ws = Worksheets(1)                    '指定有图表的工作表
    Set Cht = ws.ChartObjects(1).Chart        '指定图表
    With Cht.ChartArea
        oldHeight = .Height
        oldWidth = .Width
        MsgBox "目前图表的大小为:" _
            & "高度 " & oldHeight & ", 宽度 " & oldWidth _
            & vbCrLf & "下面将改变图表大小，宽度增加100，高度增加30"
        .Height = .Height + 30
        .Width = .Width + 100
        MsgBox "下面将恢复图表的原始尺寸"
        .Height = oldHeight
        .Width = oldWidth
    End With
End Sub
```

代码 6009　设置图表在工作表的位置（ChartObject 对象）

使用ChartObject对象的Left属性和Top属性，可以改变图表在工作表的位置。
下面的代码是将图表从当前位置变更到以单元格E2为左上角的位置。

```
Sub 代码6009()
    Dim Cht As ChartObject
    Dim ws As Worksheet
```

```
    Set ws = Worksheets(1)                '指定有图表的工作表
    Set Cht = ws.ChartObjects(1)          '指定图表
    With Cht
        .Left = ws.Range("E2").Width * (ws.Range("E2").Column – 1)
        .Top = ws.Range("E2").Height * (ws.Range("E2").Row – 1)
    End With
End Sub
```

代码 6010　设置图表在工作表的位置（Chart 对象）

使用Chart对象的ChartArea属性返回ChartArea对象，再使用ChartArea对象的Left属性和Top属性，也可以改变图表在工作表的位置。

下面的代码是将图表从当前位置变更到以单元格E2为左上角的位置。

```
Sub 代码6010()
    Dim Cht As Chart
    Dim ws As Worksheet
    Set ws = Worksheets(1)                '指定有图表的工作表
    Set Cht = ws.ChartObjects(1).Chart    '指定图表
    With Cht.ChartArea
        .Left = ws.Range("E2").Width * (ws.Range("E2").Column – 1)
        .Top = ws.Range("E2").Height * (ws.Range("E2").Row – 1)
    End With
End Sub
```

代码 6011　设置图表标题格式

利用ChartTitle属性，可以对图表的标题格式(包括字体、位置、颜色等)进行重新设置。参考代码如下。

```
Sub 代码6011()
    Dim Cht As Chart
    Dim ws As Worksheet
    Set ws = Worksheets(1)                '指定有图表的工作表
```

```
    Set Cht = ws.ChartObjects(1).Chart          '指定图表
    With Cht.ChartTitle
        .Text = "设置图表格式练习"               '标题文字
        .Left = 7                               '标题距图表区左侧边缘距离
        .Top = 3                                '标题距图表区顶部边缘距离
        .Interior.Color = vbYellow              '标题填充颜色
        With .Font                              '设置字体
            .Size = 13
            .Name = "微软雅黑"
            .Bold = True
            .Color = vbBlue
            .Underline = xlSingle
        End With
    End With
End Sub
```

代码 6012 　设置图例格式

还可以使用Legend属性，对图表的图例格式(包括字体、位置、颜色等)进行设置，参考代码如下。

```
Sub 代码6012()
    Dim Cht As Chart
    Dim ws As Worksheet
    Set ws = Worksheets(1)                      '指定有图表的工作表
    Set Cht = ws.ChartObjects(1).Chart          '指定图表
    With Cht
        .HasLegend = True                       '显示图例
        With .Legend
            .Position = xlLegendPositionBottom  '图例在图表底部
            .Height = 50                        '图例高度
            .Width = 100                        '图例宽度
            With .Font                          '设置字体
                .Size = 13
```

```
                .Name = "微软雅黑"
                .Bold = True
                .Color = vbBlue
                .Underline = xlSingle
            End With
        End With
    End With
End Sub
```

代码 6013 设置图表区格式

使用ChartArea属性及其他有关属性，可以设置图表的图表区（即图表的整个图表区）的格式，如大小、字体、填充颜色等。参考代码如下。

```
Sub 代码6013()
    Dim Cht As Chart
    Dim ws As Worksheet
    Set ws = Worksheets(1)                '指定有图表的工作表
    Set Cht = ws.ChartObjects(1).Chart    '指定图表
    With Cht.ChartArea
        .Height = 230                     '设置图表高度
        .Width = 400                      '设置图表宽度
        .Interior.ColorIndex = 31         '设置图表区填充颜色
        With .Border                      '设置边框
            .LineStyle = xlContinuous
            .Weight = xlThin
            .ColorIndex = 12
        End With
        With .Font                        '设置字体
            .Size = 11
            .Name = "宋体"
            .Color = vbWhite
        End With
    End With
End Sub
```

代码 6014　设置绘图区格式

使用PlotArea属性及其他有关属性，可以设置图表绘图区的格式。参考代码如下。

```
Sub 代码6014()
    Dim Cht As Chart
    Dim ws As Worksheet
    Set ws = Worksheets(1)                        '指定有图表的工作表
    Set Cht = ws.ChartObjects(1).Chart            '指定图表
    With Cht.PlotArea
        .Top = 20                                 '距图表区顶部的距离
        .Left = 10                                '距图表区左侧的距离
        .Height = Cht.ChartArea.Height – 20       '设置绘图区高度
        .Width = Cht.ChartArea.Width – 20         '设置绘图区宽度
        .Interior.ColorIndex = 31                 '设置绘图区填充颜色
        With .Border                              '设置绘图区边框
            .LineStyle = xlContinuous
            .Weight = xlThin
            .ColorIndex = 12
        End With
    End With
End Sub
```

代码 6015　设置数值坐标轴格式

使用Axes属性及其他有关属性，可以设置图表数值坐标轴的有关格式。参考代码如下。

```
Sub 代码6015()
    Dim Cht As Chart
    Dim ws As Worksheet
    Set ws = Worksheets(1)                        '指定有图表的工作表
    Set Cht = ws.ChartObjects(1).Chart            '指定图表
```

```
        With Cht.Axes(xlValue)                      '设置数值轴
            With .Border                            '设置线条
                .LineStyle = xlContinuous
                .Weight = xlThin
                .ColorIndex = 53
            End With
            .MinimumScale = 0                        '最小刻度
            .MaximumScale = 1500                     '最大刻度
            .MajorUnit = 300                         '设置主要刻度
            .MajorTickMark = xlTickMarkOutside       '设置刻度线类型
            .HasTitle = True                         '显示坐标轴标题
            With .AxisTitle                          '设置坐标轴标题格式
                .Text = "销售额"
                .Font.Size = 12
                .Font.ColorIndex = 31
                .Orientation = xlVertical
            End With
            With .TickLabels.Font                    '设置坐标轴标签格式
                .Name = "宋体"
                .Size = 10
                .ColorIndex = 3
            End With
        End With
    End Sub
```

<hr/>

代码 6016 设置分类坐标轴格式

使用Axes属性及其他有关的属性，可以设置图表分类坐标轴的有关格式。参考代码如下。

```
Sub 代码6016()
    Dim Cht As Chart
    Dim ws As Worksheet
    Set ws = Worksheets(1)                          '指定有图表的工作表
    Set Cht = ws.ChartObjects(1).Chart              '指定图表
```

```
    With Cht.Axes(xlCategory)                    '设置数值轴
        With .Border
            .LineStyle = xlContinuous
            .Weight = xlThin
            .ColorIndex = 53
        End With
        .MajorTickMark = xlTickMarkOutside       '设置刻度线类型
        .HasTitle = True                         '显示坐标轴标题
        With .AxisTitle                          '设置坐标轴标题格式
            .Text = "产品"
            .Font.Size = 12
            .Font.ColorIndex = 31
        End With
        With .TickLabels.Font                    '设置坐标轴标签格式
            .Name = "宋体"
            .Size = 10
            .ColorIndex = 31
        End With
    End With
End Sub
```

代码 6017　设置数据系列格式

设置数据系列格式需要使用SeriesCollection对象，设置的内容包括系列的间隙宽度、重叠比例、填充颜色、边框等。参考代码如下。

```
Sub 代码6017()
    Dim Cht As Chart
    Dim ws As Worksheet
    Set ws = Worksheets(1)                       '指定有图表的工作表
    Set Cht = ws.ChartObjects(1).Chart           '指定图表
    With Cht.ChartGroups(1)
        .GapWidth = 50                           '设置系列的间隙宽度
        .Overlap = –20                           '设置系列的重叠比例
```

```
        End With
        With Cht.SeriesCollection(1)              '选择第1个数据系列
            With .Border                          '设置系列边框
                .LineStyle = xlContinuous
                .Weight = xlThin
                .ColorIndex = 34
            End With
            With .Format.Fill.ForeColor           '设置系列填充颜色
                .ObjectThemeColor = msoThemeColorAccent5
                .Brightness = 0.3
            End With
        End With
        With Cht.SeriesCollection(2)              '选择第2个数据系列
            With .Border                          '设置系列边框
                .LineStyle = xlContinuous
                .Weight = xlThin
                .Color = vbGreen
            End With
            With .Format.Fill.ForeColor           '设置系列填充颜色
                .ObjectThemeColor = msoThemeColorAccent6
                .Brightness = 0.4
            End With
        End With
```

代码 6018　设置数据标签格式（所有系列）

使用ApplyDataLabels方法为所有系列添加数据标签，使用DataLabels对象来设置数据标签格式。下面是为柱形图的所有系列设置数据标签的简单示例。

```
    Sub 代码6018()
        Dim Cht As Chart
        Dim ws As Worksheet
        Dim ChtLab As DataLabels
        Set ws = Worksheets(1)                    '指定有图表的工作表
```

```
    Set Cht = ws.ChartObjects(1).Chart                  '指定图表
    With Cht
        .ApplyDataLabels                                 '为所有系列添加标签
        Set ChtLab = .SeriesCollection(1).DataLabels     '设置第1个系列标签格式
        With ChtLab
            .Position = xlLabelPositionOutsideEnd
            .Orientation = xlHorizontal
            .NumberFormat = "#,##0"
            With .Format.TextFrame2.TextRange.Font
                .Fill.ForeColor.RGB = vbRed
                .Size = 10
                .Bold = True
            End With
        End With
        '下面练习删除第2个系列标签
        .SeriesCollection(2).DataLabels.Delete
    End With
End Sub
```

代码 6019　设置数据标签格式（指定系列）

使用SetElement方法为指定系列添加数据标签，使用DataLabels属性来设置数据标签格式。下面是为柱形图所选择的系列设置数据标签的简单示例。

```
Sub 代码6019()
    Dim Cht As Chart
    Dim ws As Worksheet
    Dim ChtLab As DataLabels
    Set ws = Worksheets(1)                              '指定有图表的工作表
    Set Cht = ws.ChartObjects(1).Chart                  '指定图表
    With Cht
        .FullSeriesCollection(1).Select                  '选择要添加数据标签的系列
        .SetElement (msoElementDataLabelOutSideEnd)
        Set ChtLab = .SeriesCollection(1).DataLabels     '设置系列标签格式
```

```
    With ChtLab
        .Position = xlLabelPositionOutsideEnd
        .Orientation = xlHorizontal
        .NumberFormat = "#,##0"
        With .Format.TextFrame2.TextRange.Font
            .Fill.ForeColor.RGB = vbRed
            .Size = 10
            .Bold = True
        End With
    End With
    End With
End Sub
```

代码 6020　设置数据标签格式（饼图）

饼图比较特殊，为饼图添加标签并设置格式有几个特殊的设置。下面是显示饼图的数据标签的示例代码，显示了3个内容：系列名称、值、百分比，并且百分比保留2位小数。

```
Sub 代码6020()
    Dim Cht As Chart
    Dim ws As Worksheet
    Dim ChtLab As DataLabels
    Set ws = Worksheets(1)                                  '指定有图表的工作表
    Set Cht = ws.ChartObjects(1).Chart                      '指定图表
    With Cht
        .ApplyDataLabels xlDataLabelsShowValue, , , , , True, True, True '添加标签
        Set ChtLab = .SeriesCollection(1).DataLabels        '设置标签格式
        With ChtLab
            .Position = xlLabelPositionOutsideEnd            '显示在外面
            .Separator = "" & Chr(13) & ""                   '新行显示
            .NumberFormat = "0.00%"                          '百分比显示占比
            With .Format.TextFrame2.TextRange.Font           '设置字体
                .Fill.ForeColor.RGB = vbBlue
                .Size = 9
```

```
        End With
      End With
    '下面练习删除系列标签
    Stop
    .SeriesCollection(1).DataLabels.Delete
  End With
End Sub
```

代码 6021　设置网格线格式

使用SetElement方法为图表添加网格线，使用Gridlines对象来设置网格线格式。下面是为图表设置网格线格式的简单示例。

```
Sub 代码6021()
  Dim Cht As Chart
  Dim ws As Worksheet
  Dim ChtGrid As Gridlines
  Set ws = Worksheets(1)                                    '指定有图表的工作表
  Set Cht = ws.ChartObjects(1).Chart                        '指定图表
  With Cht
    .SetElement (msoElementPrimaryValueGridLinesMajor)      '添加主数值轴网格线
    .SetElement (msoElementPrimaryCategoryGridLinesMajor)   '添加主分类轴网格线
    '设置主数值网格线格式
    Set ChtGrid = .Axes(xlValue).MajorGridlines
    With ChtGrid.Format.Line
      .Visible = msoTrue
      .Weight = 0.25
      .ForeColor.ObjectThemeColor = msoThemeColorBackground1
      .ForeColor.Brightness = -0.15
    End With
    '设置主分类轴网格线格式
    Set ChtGrid = .Axes(xlCategory).MajorGridlines
    With ChtGrid.Format.Line
      .Visible = msoTrue
```

```
        .Weight = 0.25
        .ForeColor.ObjectThemeColor = msoThemeColorBackground1
        .ForeColor.Brightness = −0.15
      End With
      '下面练习删除网格线
      Stop
      MsgBox "下面删除网格线"
        .Axes(xlValue).MajorGridlines.Delete        '删除主数值轴网格线
        .Axes(xlCategory).MajorGridlines.Delete      '删除主分类轴网格线
    End With
End Sub
```

代码 6022　设置数据表格式

使用SetElement方法为图表添加数据表，使用DataTable对象来设置数据表格式。下面是简单示例。

```
Sub 代码6022()
    Dim Cht As Chart
    Dim ws As Worksheet
    Dim ChtTable As DataTable
    Set ws = Worksheets(1)                 '指定有图表的工作表
    Set Cht = ws.ChartObjects(1).Chart     '指定图表
    With Cht
      .SetElement (msoElementDataTableShow)   '显示数据表
      '设置数据表格式
      Set ChtTable = .DataTable
      With ChtTable
        .HasBorderOutline = True
        .ShowLegendKey = True
        With .Font
          .Name = "隶书"
          .Size = 10
          .Italic = True
```

```
            End With
        End With
        '下面练习不显示数据表
        Stop
        MsgBox "下面不显示数据表"
        ChtTable.Delete           '不显示数据表
    End With
End Sub
```

6.3　更改图表类型

图表可以随时更改类型，可以将图表的所有系列统一更改为指定类型图表，也可以单独设置某个系列的图表类型，同时更改绘制的坐标轴。

代码 6023　改变整个图表所有系列的图表类型

改变整个图表所有系列的图表类型很简单，使用Chart对象的ChartType属性即可。参考代码如下。

```
Sub 代码6023()
    Dim Cht As Chart
    Dim ws As Worksheet
    Set ws = Worksheets(1)                    '指定有图表的工作表
    Set Cht = ws.ChartObjects(1).Chart        '指定图表
    With Cht
        MsgBox "目前的图表类型是簇状柱形图，下面将更改为堆积柱形图"
        .ChartType = xlColumnStacked
        MsgBox "已经更改为堆积柱形图，下面将改为折线图"
        .ChartType = xlLine
        MsgBox "已经更改为折线图，下面将改为圆环图"
        .ChartType = xlDoughnut
        MsgBox "已经更改为圆环图，下面将再改为簇状柱形图"
```

```
        .ChartType = xlColumnClustered
    End With
End Sub
```

代码 6024   改变某个系列的图表类型

改变某个系列的图表类型也很简单，选择该系列，然后使用Chart对象的ChartType属性即可。参考代码如下。

```
Sub 代码6024()
    Dim Cht As Chart
    Dim ws As Worksheet
    Set ws = Worksheets(1)                    '指定有图表的工作表
    Set Cht = ws.ChartObjects(1).Chart        '指定图表
    With Cht
        MsgBox "目前该系列的图表类型是簇状柱形图，下面将更改为折线图"
        .SeriesCollection(2).ChartType = xlLine
        MsgBox "，下面再将该系列恢复为簇状柱形图"
        .SeriesCollection(2).ChartType = xlColumnClustered
    End With
End Sub
```

代码 6025   将某个系列绘制在次坐标轴

可以将某个系列绘制在次坐标轴，并更改图表类型。参考代码如下。

```
Sub 代码6025()
    Dim Cht As Chart
    Dim ws As Worksheet
    Set ws = Worksheets(1)                    '指定有图表的工作表
    Set Cht = ws.ChartObjects(1).Chart        '指定图表
    With Cht.SeriesCollection(3)              '选择系列3"增长率"
        .AxisGroup = xlSecondary             '绘制在次坐标轴
        .ChartType = xlLineMarkers            '更改为数据点折线图
```

```
        End With
    End Sub
```

6.4 图表保存与删除

图表可以作为嵌入对象保存在当前工作表中，也可以单独保存为一个图表工作表，还可以作为图片保存到文件夹，或者把图表放置在批注中。

代码 6026　改变图表保存位置（Location 方法）

利用Location方法可以改变图表的保存位置。参考代码如下。

```
Sub 代码6026()
    Dim Cht As Chart
    Dim ws As Worksheet
    Set ws = Worksheets(1)                      '指定有图表的工作表
    Set Cht = ws.ChartObjects(1).Chart          '指定图表
    '保存为新工作表
    Cht.Location Where:=xlLocationAsNewSheet, Name:="同比分析"
    '再保存到指定工作表
    Sheets("同比分析").Location Where:=xlLocationAsObject, Name:="Sheet1"
End Sub
```

代码 6027　将图表保存为图像文件（Export 方法）

利用图表的Export方法，可以将图表保存为图像文件。图表可以保存为JPG、GIF等格式文件。

下面的代码是将图表以JPG格式保存到本工作簿所在的文件夹。

```
Sub 代码6027()
    Dim Cht As Chart
    Dim ws As Worksheet
```

```
    Set ws = ThisWorkbook.Worksheets(1)          '指定有图表的工作表
    Set Cht = ws.ChartObjects(1).Chart           '选择第一个图表
    '如果文件夹里有相同名称的图片，就删除
    On Error Resume Next
    Kill ThisWorkbook.Path & "\" & myFileName
    On Error GoTo 0
    '开始保存
    Cht.Export Filename:=ThisWorkbook.Path & "\同比分析.jpg"
    MsgBox "保存成功！"
End Sub
```

代码 6028　将图表放置在批注中

　　活动图表是无法放置到单元格中的，但可以将图表保存为图像，然后再将这个图像加载到批注中。

　　在下面的程序中，首先将图表以JPG格式保存到本工作簿所在的文件夹，图像文件名为"同比分析.jpg"，然后再设置批注，显示图表图片。

　　运行程序后，就会在单元格B1的批注中添加一个图表图像。

```
Sub 代码6028()
    Dim Cht As Chart
    Dim ws As Worksheet
    Dim Rng As Range
    Set ws = ThisWorkbook.Worksheets(1)          '指定有图表的工作表
    Set Rng = ws.Range("B1")                     '指定放置图表的单元格
    Set Cht = ws.ChartObjects(1).Chart           '选择第一个图表
    '------先保存图表为图片文件------
    On Error Resume Next
    Kill ThisWorkbook.Path & "\" & myFileName
    On Error GoTo 0
    Cht.Export Filename:=ThisWorkbook.Path & "\同比分析.jpg"
    '------设置批注，显示图片文件------
    On Error Resume Next
    Rng.Comment.Delete                           '删除原有的批注
```

```
    On Error GoTo 0
    With Rng.AddComment.Shape
        .Height = 300
        .Width = 500
        .Fill.UserPicture picturefile:=ThisWorkbook.Path & "\同比分析.jpg"
    End With
    Rng.Comment.Visible = False
    MsgBox "批注设置成功"
End Sub
```

代码 6029　删除工作表上的指定图表

删除图表很简单，使用Delete方法即可。
在下面的程序中，将删除指定工作表上的指定图表。

```
Sub 代码6029()
    Dim Cht As ChartObject
    Dim ws As Worksheet
    Set ws = ThisWorkbook.Worksheets(1)      '指定有图表的工作表
    Set Cht = ws.ChartObjects(4)             '选择要删除的图表
    Cht.Delete
    MsgBox "指定图表已经删除"
End Sub
```

代码 6030　删除工作表上的所有图表

删除工作表上的所有图表，也是使用Delete方法。
在下面的程序中，将删除指定工作表上的所有图表。

```
Sub 代码6030()
    Dim ws As Worksheet
    Set ws = ThisWorkbook.Worksheets(1)      '指定有图表的工作表
    ws.ChartObjects.Delete
    MsgBox "所有图表全部删除"
End Sub
```

6.5 常见图表的制作方法

本节介绍常见图表的制作和格式化参考示例，仅供参考。在实际工作中，可以根据具体情况进行完善。

代码 6031 制作柱形图

下面的代码是绘制普通簇状柱形图，包括图表的一些基本格式化。示例效果如图6-5所示。

```vba
Sub 代码6031()
    Dim ws As Worksheet
    Dim Rng As Range
    Dim ChtObj As ChartObject
    Dim Cht As Chart
    Set ws = Worksheets("Sheet1")
    Set Rng = ws.Range("A1:B8")
    Set ChtObj = ws.ChartObjects.Add(130, 10, 350, 200)
    Set Cht = ChtObj.Chart
    With Cht
        .ChartType = xlColumnClustered
        .SetSourceData Source:=Rng, PlotBy:=xlColumns
        .HasTitle = True
        With .ChartTitle
            .Text = "地区销售分析"
            With .Format.TextFrame2.TextRange.Font
                .Size = 13
                .Name = "微软雅黑"
            End With
        End With
        .Legend.Delete
```

```
        .SetElement (msoElementPrimaryValueGridLinesMajor)
        .SetElement (msoElementPrimaryCategoryGridLinesMajor)
        .SetElement (msoElementDataLabelOutSideEnd)
        .ChartGroups(1).GapWidth = 70
        .FullSeriesCollection(1).Format.Fill.ForeColor.RGB = RGB(146, 208, 80)
    End With
End Sub
```

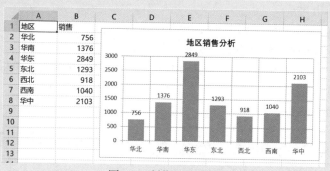

图6-5　制作的柱形图

代码 6032　制作条形图

下面的代码是绘制普通簇状条形图，包括图表的一些基本格式化，注意这里还对坐标轴做了逆序调整。示例效果如图6-6所示。

```
Sub 代码6032()
    Dim ws As Worksheet
    Dim Rng As Range
    Dim ChtObj As ChartObject
    Dim Cht As Chart
    Set ws = Worksheets("Sheet1")
    Set Rng = ws.Range("A1:B8")
    Set ChtObj = ws.ChartObjects.Add(130, 10, 350, 200)
    Set Cht = ChtObj.Chart
    With Cht
```

```
            .ChartType = xlBarClustered
            .SetSourceData Source:=Rng, PlotBy:=xlColumns
            .Axes(xlCategory).ReversePlotOrder = True
        With .Axes(xlValue)
            .Delete
            .MajorGridlines.Delete
        End With
            .Legend.Delete
            .SetElement (msoElementDataLabelOutSideEnd)
            .ChartGroups(1).GapWidth = 50
            .FullSeriesCollection(1).Format.Fill.ForeColor.RGB = RGB(146, 208, 80)
            .HasTitle = True
        With .ChartTitle
            .Text = "地区销售分析"
        With .Format.TextFrame2.TextRange.Font
            .Size = 14
            .Name = "微软雅黑"
        End With
        End With
        End With
    End With
End Sub
```

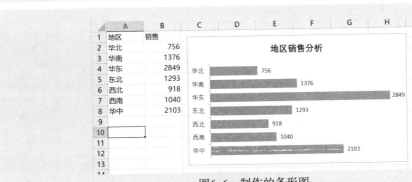

图6-6　制作的条形图

代码 6033 制作折线图

下面的代码是绘制普通带有数据点的折线图，包括图表的一些基本格式化。示例效果如图6-7所示。

```vba
Sub 代码6033()
    Dim ws As Worksheet
    Dim Rng As Range
    Dim ChtObj As ChartObject
    Dim Cht As Chart
    Set ws = Worksheets("Sheet1")
    Set Rng = ws.Range("A1:B13")
    Set ChtObj = ws.ChartObjects.Add(130, 5, 370, 210)
    Set Cht = ChtObj.Chart
    With Cht
        .ChartType = xlLineMarkers
        .SetSourceData Source:=Rng, PlotBy:=xlColumns
        .Legend.Delete
        .SetElement (msoElementPrimaryValueGridLinesMajor)
        .SetElement (msoElementPrimaryCategoryGridLinesMajor)
        .SetElement (msoElementDataLabelTop)
        .HasTitle = True
        With .ChartTitle
            .Text = "各月销售统计分析"
            With .Format.TextFrame2.TextRange.Font
                .Size = 13
                .Name = "微软雅黑"
            End With
        End With
    End With
End Sub
```

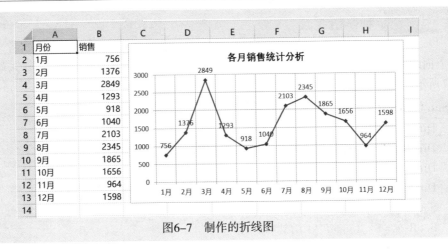

图6-7 制作的折线图

代码 6034 制作 *XY* 散点图

下面的代码是绘制*XY*散点图，包括图表的一些基本格式化。请注意图表的两个坐标轴刻度和趋势线的设置。示例效果如图6-8所示。

```
Sub 代码6034()
    Dim ws As Worksheet
    Dim Rng As Range
    Dim ChtObj As ChartObject
    Dim Cht As Chart
    Set ws = Worksheets("Sheet1")
    Set Rng = ws.Range("A1:B31")
    Set ChtObj = ws.ChartObjects.Add(130, 5, 450, 300)
    Set Cht = ChtObj.Chart
    With Cht
        .ChartType = xlXYScatter
        .SetSourceData Source:=Rng, PlotBy:=xlColumns
        .Legend.Delete
        .SetElement (msoElementPrimaryValueGridLinesMajor)
        .SetElement (msoElementPrimaryCategoryGridLinesMajor)
        With Cht.Axes(xlValue)
```

```
            .MinimumScale = 0
            .MaximumScale = 2500
            .MajorUnit = 500
            .HasTitle = True
            With .AxisTitle
                .Text = "销售成本"
                .Orientation = xlVertical
            End With
        End With
        With Cht.Axes(xlCategory)
            .MinimumScale = 0
            .MaximumScale = 10000
            .MajorUnit = 2000
            .HasTitle = True
            With .AxisTitle
                .Text = "销售量"
                .Orientation = xlHorizontal
            End With
        End With
        .HasTitle = True
        With .ChartTitle
            .Text = "销量-销售成本分析"
            With .Format.TextFrame2.TextRange.Font
                .Size = 13
                .Name = "微软雅黑"
            End With
        End With
        With .FullSeriesCollection(1)
            .Trendlines.Add
            .Trendlines(1).DisplayEquation = True
        End With
    End With
End Sub
```

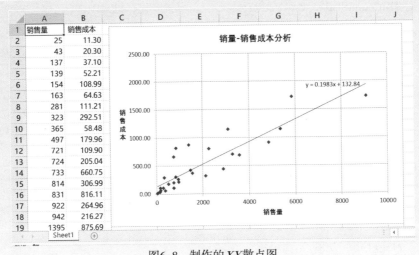

	A	B	C	D	E	F	G	H	I	J
1	销售量	销售成本								
2	25	11.30								
3	43	20.30								
4	137	37.10								
5	139	52.21								
6	154	108.99								
7	163	64.63								
8	281	111.21								
9	323	292.51								
10	365	58.48								
11	497	179.96								
12	721	109.90								
13	724	205.04								
14	733	660.75								
15	814	306.99								
16	831	816.11								
17	922	264.96								
18	942	216.27								
19	1395	875.69								

图6-8　制作的XY散点图

代码 6035 　制作饼图

饼图的重点是显示各个扇形的数据标签，下面是饼图的基本绘制代码。示例效果如图6-9所示。

```
Sub 代码6035()
    Dim ws As Worksheet
    Dim Rng As Range
    Dim ChtObj As ChartObject
    Dim Cht As Chart
    Set ws = Worksheets("Sheet1")
    Set Rng = ws.Range("A1:B8")
    Set ChtObj = ws.ChartObjects.Add(130, 10, 330, 240)
    Set Cht = ChtObj.Chart
    With Cht
        .ChartType = xlPie
        .SetSourceData Source:=Rng, PlotBy:=xlColumns
        .HasTitle = True
        With .ChartTitle
```

```
        .Text = "地区销售分析"
        .Left = 5
        With .Format.TextFrame2.TextRange.Font
            .Size = 13
            .Name = "微软雅黑"
        End With
    End With
    .Legend.Delete
    .ApplyDataLabels xlDataLabelsShowValue, , , , , True, True, True
    Set ChtLab = .SeriesCollection(1).DataLabels
    With ChtLab
        .Position = xlLabelPositionOutsideEnd
        .Separator = "" & Chr(13) & ""
        .NumberFormat = "0.00%"
        With .Format.TextFrame2.TextRange.Font
            .Size = 9
        End With
    End With
    End With
End Sub
```

图6-9 制作的饼图

代码 6036 制作气泡图

气泡图用于反映3个变量之间的关系，在投资分析中是很有用的。下面是一个制作气泡图的简单示例，请注意气泡图数据标签的设置方法。示例效果如图6-10所示。

```vba
Sub 代码6036()
    Dim ws As Worksheet
    Dim Rng As Range
    Dim RngY As Range
    Dim RngB As Range
    Dim ChtObj As ChartObject
    Dim Cht As Chart
    Set ws = Worksheets("Sheet1")
    Set Rng = ws.Range("B2:D8")
    Set ChtObj = ws.ChartObjects.Add(260, 10, 380, 210)
    Set Cht = ChtObj.Chart
    With Cht
        .ChartType = xlBubble
        .SetSourceData Source:=Rng, PlotBy:=xlColumns
        .Axes(xlValue).MajorGridlines.Delete
        With .FullSeriesCollection(1).Format.Fill
            .Visible = msoTrue
            .ForeColor.RGB = RGB(2, 112, 192)
            .Transparency = 0.25
        End With
        With .FullSeriesCollection(1)
            .ApplyDataLabels
            .HasLeaderLines = False
            With .DataLabels
                .Position = xlLabelPositionCenter
                .Format.TextFrame2.TextRange.InsertChartField msoChartFieldRange, "=Sheet1!A2:A8", 0
                .ShowRange = True
                .ShowValue = False
                .Format.TextFrame2.TextRange.Font.Fill.ForeColor.RGB = vbWhite
```

```
            End With
         End With
         .HasTitle = True
         With .ChartTitle
            .Text = "项目投资分析"
            With .Format.TextFrame2.TextRange.Font
               .Size = 13
               .Name = "微软雅黑"
            End With
         End With
         .Legend.Delete
      End With
   End Sub
```

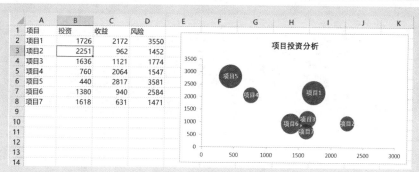

图6-10　制作的气泡图

07

Shape对象：操作形状

Shape对象是形状对象，如自选图形、任意多边形、图片等。Shape对象是Shapes集合的成员。Shapes集合包含所有图形。其实，图表对象也是一种Shape对象。

本章将介绍Shape对象的一些实用操作方法和技巧，为处理图形提供参考代码。

7.1 获取Shape对象的基本信息

Shape 对象的基本信息，包括类型、大小、位置和文本字符等，可以使用相关的属性来获取。

代码 7001 获取 Shape 对象的文字

Shape对象的文字就是插入到Shape对象中的文字字符串。

获取Shape对象的文字可以利用TextEffect属性（针对艺术字对象）、TextFrame属性（针对除艺术字以外的其他Shape对象）、Characters属性和Text属性。

参考代码如下。运行效果如图7-1所示。

```
Sub 代码7001()
    Dim CpaStr As String
    Dim Shp As Shape
    Dim ws As Worksheet
    Set ws = ThisWorkbook.Worksheets(1)        '指定工作表
    Set Shp = ws.Shapes(1)                     '指定Shape对象
    If Shp.Type = msoTextEffect Then
        CpaStr = Shp.TextEffect.Text
    Else
        CpaStr = Shp.TextFrame.Characters.Text
    End If
    MsgBox "该Shape对象的标题文字为:" & vbCrLf & CpaStr
End Sub
```

图7-1　获取形状的文本字符

代码 7002 获取 Shape 对象的大小

利用Shape对象的Height属性和Width属性，可以获取Shape对象的高度和宽度。参考代码如下。运行效果如图7-2所示。

```
Sub 代码7002()
    Dim Shp As Shape
    Dim ws As Worksheet
    Set ws = ThisWorkbook.Worksheets(1)        '指定工作表
    Set Shp = ws.Shapes(1)                     '指定Shape对象
    MsgBox "该Shape对象的大小为:" & vbCrLf & "高 " & Shp.Height & ", 宽 " & Shp.Width
End Sub
```

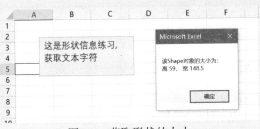

图7-2　获取形状的大小

代码 7003 获取 Shape 对象的位置

获取Shape对象的位置，即Shape对象距工作表顶部和左侧的位置。

获取Shape对象的位置要使用Left属性和Top属性。

参考代码如下。运行效果如图7-3所示。

```
Sub 代码7003()
    Dim Shp As Shape
    Dim ws As Worksheet
    Set ws = ThisWorkbook.Worksheets(1)        '指定工作表
    Set Shp = ws.Shapes(1)                     '指定Shape对象
    MsgBox "该Shape对象的位置为:" & vbCrLf & "左侧 " & Shp.Left & ", 顶部 " & Shp.Top
End Sub
```

图7-3　获取形状的位置

代码 7004　获取 Shape 对象的左上角 / 右下角单元格地址

利用Shape对象的TopLeftCell属性和BottomRightCell属性，可以获取指定对象左上角的单元格地址和指定对象右下角的单元格地址。

参考代码如下。运行效果如图7-4所示。

```
Sub 代码7004()
    Dim Shp As Shape
    Dim ws As Worksheet
    Set ws = ThisWorkbook.Worksheets(1)        '指定工作表
    Set Shp = ws.Shapes(1)                      '指定Shape对象
    MsgBox "该Shape对象的左上角单元格地址：" & Shp.TopLeftCell.Address _
    & vbCrLf & "该Shape对象的右下角单元格地址：" & Shp.BottomRightCell.Address
End Sub
```

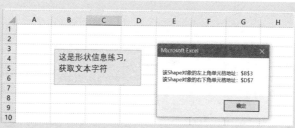

图7-4　获取形状的左上角/右下角单元格地址

代码 7005 获取 Shape 对象的类型

获取Shape对象的类型是使用Type属性，下面的代码是获取常见Shape对象的类型。运行效果如图7-5所示。

```
Sub 代码7005()
    Dim Shp As Shape
    Dim ws As Worksheet
    Set ws = ThisWorkbook.Worksheets(1)        '指定工作表
    Set Shp = ws.Shapes(1)                     '指定Shape对象
    Select Case Shp.Type
        Case msoTextBox
            MsgBox "文本框"
        Case msoFreeform
            MsgBox "任意多边形"
        Case msoLine
            MsgBox "线条"
        Case msoTextEffect
            MsgBox "艺术字"
        Case msoAutoShape
            MsgBox "对象"
        Case msoCallout
            MsgBox "标注"
        Case msoCanvas
            MsgBox "画布"
        Case msoChart
            MsgBox "图表"
        Case msoComment
            MsgBox "批注"
        Case msoFormControl
            MsgBox "表单控件"
        Case msoOLEControlObject
            MsgBox "OLE 控件对象"
        Case msoGraphic
```

```
        MsgBox "图形"
    Case msoIgxGraphic
        MsgBox "SmartArt 图形"
    Case msoInk
        MsgBox "墨迹"
    Case msoMedia
        MsgBox "媒体"
    Case msoPicture
        MsgBox "图片"
    Case msoPlaceholder
        MsgBox "占位符"
    Case mso3DModel
        MsgBox "3D模型"
    End Select
End Sub
```

图7-5　获取形状的类型

7.2 插入Shape对象的基本方法

　　插入 Shape 对象可以使用 Shape 对象的 AddShape 方法。对于某些常用的 Shape 对象，还可以使用具体的方法，如插入文本框使用 AddTextbox 等。

　　下面首先介绍插入 Shape 对象的基本方法。

代码 7006 插入任意类型的 Shape 对象

插入Shape对象一般使用Shapes对象的AddShape方法，可以在工作表内插入任意类型的Shape对象。

AddShape方法有5个参数，分别用来指定Shape对象的类型、左侧距离、顶部距离、宽度和高度。

下面的代码是在第一个工作表中插入一个矩形对象，并指定名称为"矩形练习"。

```
Sub 代码7006()
    Dim Shp As Shape
    Dim ws As Worksheet
    Set ws = ThisWorkbook.Worksheets(1)
    Set Shp = ws.Shapes.AddShape(Type:=msoShapeRectangle, _
        Left:=50, Top:=20, Width:=200, Height:=100)
    Shp.Name = "矩形练习"
    ' 也可以使用下面的语句
    ' Set Shp = ws.Shapes.AddShape(msoShapeRectangle, 50, 100, 200, 100)
End Sub
```

代码 7007 插入文本框

可以使用Shapes对象的AddTextbox方法，直接插入文本框，并在文本框中输入需要的文字。

AddTextbox方法有5个参数，第1个参数是指定文本框里文字的方向，后4个参数分别指定左侧距离、顶部距离、宽度和高度。

文字的方向有以下4种情况。

- msoTextOrientationUpward：向上。
- msoTextOrientationDownward：向下。
- msoTextOrientationHorizontal：水平。
- msoTextOrientationVertical：垂直。

参考代码如下。运行效果如图7-6所示。

```
Sub 代码7007()
    Dim Shp As Shape
```

```
Dim ws As Worksheet
Set ws = ThisWorkbook.Worksheets(1)
Set Shp = ws.Shapes.AddTextbox(msoTextOrientationHorizontal, 100, 30, 200, 100)
With Shp
    With .TextFrame    '设置文本框格式
        .HorizontalAlignment = xlHAlignCenter        '文本框里的文字水平居中对齐
        .VerticalAlignment = xlVAlignCenter          '文本框里的文字水平垂直居中对齐
        With .Characters
            .Text = "这是一个文本水平方向输入字符的文本框"      '文本框里输入的文字
            With .Font                                     '设置文本框的字体
                .Name = "微软雅黑"
                .Size = 16
                .Color = vbRed
            End With
        End With
    End With
End With
End Sub
```

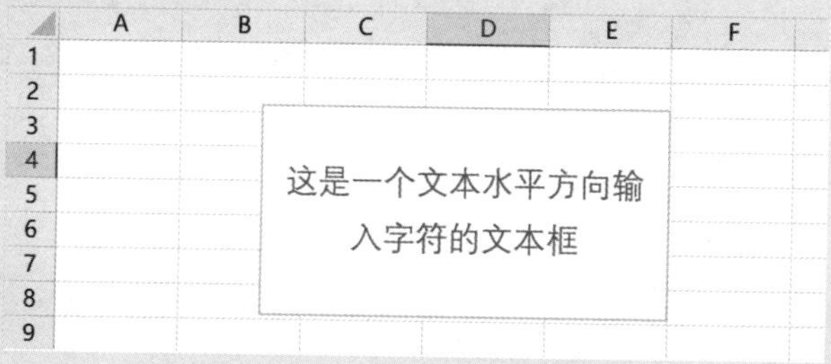

图7-6　插入的文本框

代码 7008　插入线条

使用Shapes 对象的AddLine方法，可以在指定坐标位置插入线条。

AddLine方法有4个参数，分别指定起点X坐标和Y坐标，以及终点X坐标和Y坐标。

下面的代码是在工作表中插入一个线条，并设置其线形和颜色。运行效果如图7-7所示。

```
Sub 代码7008()
    Dim Shp As Shape
    Dim ws As Worksheet
    Set ws = ThisWorkbook.Worksheets(1)
    Set Shp = ws.Shapes.AddLine(40, 120, 180, 50)
    With Shp.Line
        .EndArrowheadStyle = msoArrowheadOpen        '指定箭头
        .Weight = xlThick                            '设置粗细
        .ForeColor.RGB = vbRed                       '设置颜色
    End With
End Sub
```

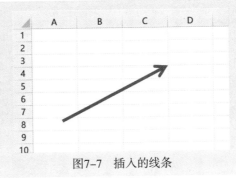

图7-7　插入的线条

代码 7009　插入多边形

使用Shapes对象的AddPolyline方法，可以插入开放的折线或闭合的多边形，该方法需要设置多边形的坐标参数。

下面的代码是插入一个闭合三角形。运行效果如图7-8所示。

```
Sub 代码7009()
    Dim Shp As Shape
    Dim ws As Worksheet
    Dim triArray(1 To 4, 1 To 2) As Single
    Set ws = ThisWorkbook.Worksheets(1)
'指定多边形各个节点坐标，注意，如果是闭合图像，最后一个坐标与第一个相同
```

```
        triArray(1, 1) = 30
        triArray(1, 2) = 20
        triArray(2, 1) = 90
        triArray(2, 2) = 140
        triArray(3, 1) = 230
        triArray(3, 2) = 80
        triArray(4, 1) = 30
        triArray(4, 2) = 20
        Set Shp = ws.Shapes.AddPolyline(triArray)
        With Shp
            .Fill.ForeColor.RGB = vbYellow          '设置填充颜色
            .Line.Weight = xlThin                   '设置粗细
            .Line.ForeColor.RGB = vbBlue            '设置颜色
        End With
    End Sub
```

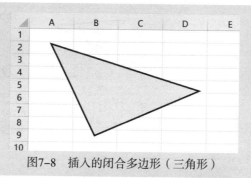

图7-8　插入的闭合多边形（三角形）

如果最后一个坐标与第一个坐标不一样，插入的形状就是开口的多边形，例如，最后一个坐标改成如下的情况，就得到如图7-9所示的图形（为对比方便，不填充颜色）。

```
    Sub 代码7009_1()
        Dim Shp As Shape
        Dim ws As Worksheet
        Dim triArray(1 To 4, 1 To 2) As Single
        Set ws = ThisWorkbook.Worksheets(1)
        triArray(1, 1) = 30
        triArray(1, 2) = 20
```

```
    triArray(2, 1) = 90
    triArray(2, 2) = 140
    triArray(3, 1) = 230
    triArray(3, 2) = 80
    triArray(4, 1) = 120
    triArray(4, 2) = 70
    Set Shp = ws.Shapes.AddPolyline(triArray)
    With Shp.Line
        .Weight = xlThin                '设置粗细
        .ForeColor.RGB = vbBlue         '设置颜色
    End With
End Sub
```

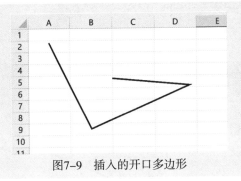

图7-9　插入的开口多边形

代码 7010　插入艺术字

　　使用Shapes对象的AddTextEffect方法来插入艺术字，该方法有很多参数，具体可参阅帮助信息。

　　下面的代码是插入一个艺术字，文字是"学习插入的艺术字"，并对字体进行设置。运行效果如图7-10所示。

```
Sub 代码7010()
    Dim Shp As Shape
    Dim ws As Worksheet
    Set ws = ThisWorkbook.Worksheets(1)
```

```
    Set Shp = ws.Shapes.AddTextEffect( _
        PresetTextEffect:=msoTextEffect4, _
        Text:="学习插入的艺术字", _
        FontName:="隶书", _
        FontSize:=32, _
        FontBold:=msoCTrue, _
        FontItalic:=msoFalse, _
        Left:=50, _
        Top:=40)
    Shp.Rotation = -10
    With Shp.Fill
        .ForeColor.RGB = vbYellow
        .BackColor.RGB = vbRed
    End With
End Sub
```

图7-10　插入的艺术字

代码 7011　插入窗体控件

插入窗体控件使用AddFormControl方法，该方法有5个参数，分别指定控件类型、左侧和顶部距离、宽度和高度。

下面的代码是插入一个命令按钮，标题输入"统计汇总"，并指定一个宏"汇总"。运行效果如图7-11所示。

```
Sub 代码7011()
    Dim Shp As Shape
    Dim ws As Worksheet
```

```
    Set ws = ThisWorkbook.Worksheets(1)
    Set Shp = ws.Shapes.AddFormControl(xlButtonControl, 40, 50, 100, 30)
    With Shp
        .TextFrame.Characters.Caption = "统计汇总"        '设置标题文字
        .OnAction = "汇总"                                '指定要运行的宏
    End With
End Sub
```

图7-11　插入的命令按钮

7.3　Shape对象的编辑和格式化

Shape 对象的编辑和格式化内容主要包括添加文字、设置边框、设置填充和设置位置等。这些格式化操作很简单，下面介绍几个操作方法和技巧。

代码 7012　设置形状位置

设置形状位置需要使用Shape对象的Left和Top属性。

下面的代码是在工作表中插入5个命令按钮，均匀布局在工作表左侧，并输入不同的标题，指定不同的宏。运行效果如图7-12所示。

```
Sub 代码7012()
    Dim Shp As Shape
    Dim ws As Worksheet
    Dim i As Integer
    Dim CapB As Variant
```

```
    Dim MacB As Variant
    Set ws = ThisWorkbook.Worksheets(1)
    CapB = Array("初始化", "更新数据", "同比分析", "预算分析", "成本分析")
    MacB = Array("初始化程序","更新数据程序","同比分析程序","预算分析程序","成本分
            析程序")
    For i = 0 To UBound(CapB)
        Set Shp = ws.Shapes.AddFormControl(xlButtonControl, 40, 20 + i * 50, 100, 30)
        With Shp
            .TextFrame.Characters.Caption = CapB(i)
            .OnAction = MacB(i)
        End With
    Next i
End Sub
```

图7-12　插入的5个命令按钮，均匀布局排列

代码 7013　设置形状格式

　　形状编辑方法基本相同。一般需要操作的是文本框、矩形等，在编辑形状的文本字符时，使用TextFrame属性、Characters属性和Text属性等编辑文本字符；使用Font属性和Fill属性来格式化字体和填充颜色。

　　下面的代码是对指定的文本框重新输入新的文字，同时设置字体和填充颜色，调整文本框大小。运行前后的对比效果分别如图7-13和图7-14所示。

```vba
Sub 代码7013()
    Dim Shp As Shape
    Dim ws As Worksheet
    Set ws = ThisWorkbook.Worksheets(1)
    Set Shp = ws.Shapes(1)                          '指定要编辑的形状
    With Shp
        .Height = 50
        .Width = 200
        With .TextFrame
            .HorizontalAlignment = xlHAlignCenter
            .VerticalAlignment = xlVAlignCenter
            With .Characters                        '设置文本格式
                .Text = "现在输入的是新的文字"       '输入文字
                With .Font                          '设置字体
                    .Name = "微软雅黑"
                    .Size = 18
                    .Bold = True
                    .Italic = True
                    .Color = vbBlue
                End With
            End With
        End With
        With .Fill                                  '设置背景色和前景色
            .BackColor.RGB = vbRed
            .ForeColor.RGB = vbYellow
        End With
    End With
End Sub
```

图7-13　原始的文本框　　　　　　图7-14　编辑后的文本框

代码 7014　删除 Shape 对象

删除Shape对象可以使用Delete方法。下面的代码是删除工作表上的所有自选图形。

```
Sub 代码7014()
    Dim Shp As Shape
    Dim ws As Worksheet
    Set ws = Worksheets(1)        '指定工作表
    For Each Shp In ws.Shapes
        Shp.Delete                '删除Shape对象
    Next
End Sub
```

7.4　综合应用：建立账簿目录

下面将介绍一个综合应用示例：分别为每个工作表插入返回目录的形状按钮，并建立形状与目录工作表的超链接，当单击这个形状按钮时，返回到目录；而在目录工作表中，插入多个矩形按钮，并建立矩形与各个工作表的超链接，单击某个矩形按钮，即可自动切换到指定的工作表。

代码 7015　设计账簿目录，建立与每个工作表的超链接

```
Sub 代码7015()
    Dim Shp As Shape
    Dim wb As Workbook
    Dim ws As Worksheet
    Dim wsML As Worksheet
    Dim i As Integer
    Set wb = ThisWorkbook
    Set wsML = wb.Worksheets("目录")
```

```vba
'删除每个工作表的形状
On Error Resume Next
For i = 1 To wb.Worksheets.Count
    For Each Shp In wb.Worksheets(i).Shapes
        Shp.Delete
    Next
Next i
On Error GoTo 0


'为目录工作表插入形状按钮，并建立与各个工作表的超链接
For i = 2 To wb.Worksheets.Count
    Set ws = wb.Worksheets(i)
    Set Shp = wsML.Shapes.AddShape(msoShapeRectangle, 30, 10+(i-2)*30, 70, 20)
    With Shp.TextFrame
        .Characters.Caption = ws.Name
        .HorizontalAlignment = xlHAlignCenter
        .VerticalAlignment = xlVAlignCenter
    End With
    wsML.Hyperlinks.Add Anchor:=Shp, Address:="", _
        SubAddress:=ws.Name & "!A1", ScreenTip:="激活工作表" & ws.Name
Next i


'为各个工作表插入形状按钮，并建立与目录工作表的超链接
For i = 2 To wb.Worksheets.Count
    Set ws = wb.Worksheets(i)
    Set Shp = ws.Shapes.AddShape(msoShapeRectangle, 1, 1, 60, 20)
    Shp.Fill.ForeColor.RGB = vbYellow
    With Shp.TextFrame
        .Characters.Caption = "返回"
        .HorizontalAlignment = xlHAlignCenter
        .VerticalAlignment = xlVAlignCenter
        With .Characters.Font
            .Color = vbRed
```

```
        .Bold = True
      End With
    End With
    wsML.Hyperlinks.Add Anchor:=Shp, Address:="", _
      SubAddress:="目录!A1", ScreenTip:="返回目录" & ws.Name
  Next i
End Sub
```

运行程序后就得到目录页和各个工作表的超链接按钮，如图7-15和图7-16所示。

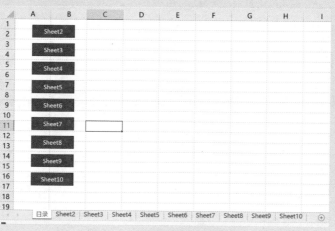

图7-15　目录页的超链接按钮

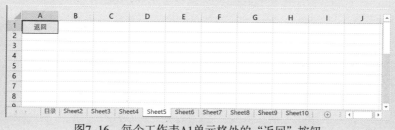

图7-16　每个工作表A1单元格处的"返回"按钮